安徽省高等学校“十三五”省级规划教材 / 高职计算机类精品教材

计算机应用基础
项目化教程

主　编　吕宗明　张小奇
副主编　胡　敏　黎　颖　蔡冠群　于中海

中国科学技术大学出版社

内容简介

本书作为“安徽省高等学校省级质量工程项目”研究成果，从现代办公应用中所遇到的实际问题出发，采用“项目引导、任务驱动”的项目化教学编写方式，完美演绎“基于工作过程”“教、学、做”一体化的教学理念和实践特点。以 Windows 7 和 Office 2010 为平台，以 7 个工程项目下分 29 个任务的框架翔实地介绍了本书的内容。具体包括：了解计算机文化、轻松驾驭计算机、制作办公文档、制作电子报表、制作演示文稿、网络与 Internet 应用、常用工具软件的安装与使用等。每个任务案例按照“任务的提出”→“解决方案分析”→“相关知识点”→“任务的实施”→“总结与提高”五部分全面铺陈展开。每个任务案例均来自于企业工程实践，具有典型性、实用性、趣味性和可操作性。读者能够通过任务案例完成相关知识的学习和技能的训练。

本书图文并茂、条理清晰、通俗易懂、内容丰富，在讲解每个知识点时都匹配相应的实例，方便读者上机实践。编者们匠心独运，在难以理解和掌握的部分内容上给出相关提示，让读者能够快速地提高操作技能，因而本书具有很强的实用性和可操作性。本书既可作为高等院校及各类社会培训学校的实用教材，也可供各类计算机从业人员和自学者参考使用。

图书在版编目(CIP)数据

计算机应用基础项目化教程/吕宗明，张小奇主编.—合肥：中国科学技术大学出版社，2016.7(2019.8 重印)

ISBN 978-7-312-03984-3

Ⅰ.计… Ⅱ.①吕… ②张… Ⅲ.电子计算机—教材 Ⅳ.TP3

中国版本图书馆 CIP 数据核字(2016)第 123286 号

出版 中国科学技术大学出版社
安徽省合肥市金寨路 96 号
http://press.ustc.edu.cn
https://zgkxjsdxcbs.tmall.com
印刷 安徽省瑞隆印务有限公司
发行 中国科学技术大学出版社
经销 全国新华书店
开本 787 mm×1092 mm 1/16
印张 16.5
字数 423 千
版次 2016 年 7 月第 1 版
印次 2019 年 8 月第 4 次印刷
定价 35.00 元

前　言

联合国重新规定的新世纪文盲标准中，将“不能使用计算机进行学习、交流和管理的人”称为第三类文盲，运用计算机进行信息处理已成为当代大学生的必备能力，提高大学生的信息素养成为计算机基础课程教学需要解决的核心问题。有鉴于此，我们根据教育部计算机基础教学指导委员会《关于进一步加强高等学校计算机基础教学的意见》和《高等学校非计算机专业计算机基础课程教学基本要求》，结合最新的《全国高等学校（安徽考区）计算机水平考试一级大纲》，编写了本教材。

计算机应用基础是大学非计算机专业的公共必修课程，是学习其他计算机相关技术课程的前导和基础课程。本教材从现代办公应用中所遇到的实际问题出发，采用“项目引导、任务驱动”的项目化教学编写方式，体现“基于工作过程”“教、学、做”一体化的教学理念和实践特点。教学内容主要包括 Windows 7 的操作使用，Office 2010 的综合应用以及 Internet 的基本应用等。本书具有如下特点：

1. 面向实际需求精选案例，注重应用能力培养。

本着既注重培养学生自主学习能力、创新意识，又注意为今后的学习打下更好的基础的原则，精心选择了针对性、实用性极强的案例。每个项目案例均来自企业工程实践，具有典型性、实用性、趣味性和可操作性。

2. 以案例为主线，构建完整的教学设计布局。

按照“任务的提出”→“解决方案分析”→“相关知识点”→“任务的实施”→“总结与提高”五部分内容展开，由浅入深，循序渐进，将知识点融入各任务中，学生在完成任务的过程中不仅掌握了相关计算机知识，还锻炼了分析问题、解决问题的能力，提升了信息素养。

全书分为 7 个工程项目，共 29 个任务。另外还有配套的《计算机应用基础项目化教程实训指导》，以供读者学习。

本书由吕宗明、张小奇主编，胡敏、黎颖、蔡冠群、于中海任副主编。参加编写的有刘永志、苏文明、蔡小爱、张宝春、龚勇、刘训星、何学成、张海民、裴云霞、王玉、潘文等。我们在编写本书的过程中参考了相关文献，在此向这些文献的作者深表感谢。由于作者水平有限，书中难免有错误与不足之处，恳请专家和广大读者批评指正。

编　者

2016 年 3 月

目　录

项目一　了解计算机文化

学习内容

任务一　趣话计算机

任务二　理解计算机系统组成与工作原理

任务三　利用计算机进行信息处理

学习目标

(1) 了解计算机的发展过程、特点、分类及应用领域。

(2) 理解计算机的系统结构，软、硬件的基本概念及相互关系。

(3) 了解微机的基本结构及组成部分的基本功能、性能指标。

(4) 掌握数制及转换方法；理解编码、指令等概念。

(5) 熟练掌握微机的基本使用[开机、关机、键盘(指法)、鼠标]。

任务一　趣话计算机

一、任务的提出

小张在中学阶段由于学习任务重，虽然接触过计算机，但对计算机了解并不是很多。小张现在进入了大学，认识到电子计算机的诞生使人类社会迈进了一个崭新时代，了解到计算机的出现使人类迅速进入了信息社会，计算机彻底改变了人们的工作方式和生活方式，对人类的历史发展有着不可估量的影响。小张决定先了解计算机的发展，熟悉计算机的特点、分类和应用领域，并简单了解计算机未来发展的趋势。

二、解决方案分析

电子计算机是一种能够自动、高速地进行算术和逻辑运算的电子设备。它是20世纪科学技术发展最伟大的发明创造之一，是第三次工业革命中出现的最辉煌成就。它的出现与发展大大地推动了科学技术的发展，对人类社会的生产和生活也产生了极其深远的影响。

目前，电子计算机已被广泛地应用于科学技术研究、国防建设、工农业生产以及人民生活等各个领域，计算机已成为现代人类活动中不可缺少的工具。要全面认识计算机就要了解其诞生发展过程、分类、基本特点和应用领域。

三、任务的实施

（一）计算机的诞生与发展

1. 计算机的诞生

20 世纪科学技术的发展，带来了大量的数据处理问题，尤其是军事上对导弹轨道的计算，对改进计算工具提出了更迫切的要求，电子计算机应运而生。世界上第一台计算机“ENIAC”（Electronic Numerical Integrator And Calculator ——电子数字积分计算机）于 1946 年在美国宾夕法尼亚大学研制成功，它是当时数学、物理等理论研究成果和电子管等电子器件相结合的结果，如图 1.1 所示。

图 1.1 电子数字积分计算机“ENIAC”

ENIAC 是一个重达 30 t 的庞然大物，占地 170 m^2，全机用了 18 000 多个电子管，1 500 多个继电器，10 000 多只电容器，70 000 多个电阻，功率 150 kW，运算速度为每秒 5 000 次加法运算。ENIAC 的功能虽然无法与今天的计算机相比，但它的诞生却是科学技术发展史上一次意义重大的事件，具有划时代的意义，标志着计算机时代的到来。

2. 计算机的发展

人类所使用的计算工具随着生产的发展和社会的进步，经历了从简单到复杂、从低级到高级的发展，计算工具相继出现了如算盘、计算尺、手摇机械计算机、电动机械计算机等。

电子计算机在短短的 60 多年里经过了电子管、晶体管、集成电路（IC）和超大规模集成电路（VLSI）四个阶段的发展，使计算机的体积越来越小，功能越来越强，价格越来越低，应用越来越广泛。目前，电子计算机正朝智能化（第五代）计算机方向发展。

(1) 第一代电子计算机（1946～1957 年）

第一代电子计算机体积较大，运算速度较低，存储容量不大，价格昂贵而且使用也不方便。为了解决这一问题，所需编制的程序的复杂程度将难以表述。这一代计算机主要用于科学计算，且只在重要部门或科学研究部门使用。

(2) 第二代电子计算机(1958～1964 年)

第二代计算机全部采用晶体管作为电子器件，其运算速度比第一代计算机提高了近百倍，体积也仅为原来的几十分之一，在软件方面开始使用计算机算法语言。这一代计算机不仅用于科学计算，还用于数据处理和事务处理及工业控制。

(3) 第三代电子计算机(1965～1970 年)

第三代计算机主要特征是以中、小规模集成电路为电子器件，并且出现操作系统，使计算机的功能越来越强，应用范围越来越广。这一代计算机不仅用于科学计算，还用于文字处理、企业管理、自动控制等领域，同时还出现了计算机技术与通信技术相结合的信息管理系统，可用于生产管理、交通管理、情报检索等领域。

(4) 第四代电子计算机(1970 年以后)

第四代计算机是指采用大规模集成电路(LSI)和超大规模集成电路(VLSI)为主要电子器件制成的计算机。例如 80386 微处理器，在面积约为 10 mm×10 mm 的单个芯片上，可以集成大约 32 万个晶体管。

第四代计算机的另一个重要分支是以大规模、超大规模集成电路为基础发展起来的微处理器和微型计算机。

(5) 第五代计算机

第五代计算机把信息采集、存储、处理、通信和人工智能相结合，具有形式推理、联想、学习和解释能力。它的系统结构将突破传统的冯·诺依曼机器的概念，实现高度的并行处理。

3. 我国计算机技术的发展概况

我国从 1956 年开始研制第一代计算机。1958 年研制成功第一台电子管小型计算机——103 计算机。1959 年研制成功运行速度为每秒 1 万次的 104 计算机，这是我国研制的第一台大型通用电子数字计算机，其主要技术指标均超过了当时日本的计算机，与英国同期已开发的运算速度最快的计算机相比也毫不逊色。

20 世纪 60 年代初，我国开始研制和生产第二代计算机。1965 年研制成功第一台晶体管计算机——DJS-5 小型机，随后又研制成功并小批量生产 121、108 等 5 种晶体管计算机。

我国于 1965 年开始研究第三代计算机，并于 1973 年研制成功了集成电路的大型计算机——150 计算机。150 计算机字长 48 位，运算速度达到每秒 100 万次，主要用于石油、地质、气象和军事部门。1974 年又研制成功了以集成电路为主要器件的 DJS 系列计算机。

1977 年 4 月我国研制成功第一台微型计算机 DJS-050，从此揭开了中国微型计算机的发展历史，我国的计算机发展开始进入第四代计算机时期。如今在微型计算机方面，我国已研制开发了长城系列、紫金系列、联想系列等微机，并取得了迅速发展。

在国际科技竞争日益激烈的今天，高性能计算机技术及应用水平已成为展示综合国力的一种标志。1983 年由国防科技大学研制成功的银河-Ⅰ号亿次运算巨型计算机，是我国自行研制的第一台亿次运算计算机系统，该系统的研制成功填补了国内巨型机的空白，使我国成为世界上为数不多的能研制巨型机的国家之一。1992 年研制成功了银河-Ⅱ号十亿次通用、并行巨型计算机。1995 年 5 月，曙光 1000 研制完成，这是我国独立研制的第一套大规模并行计算机系统。1997 年研制成功了银河-Ⅲ号百亿次并行巨型计算机，该机的系统综合技术达到国际先进水平，被国家选作军事装备之用。1998 年，曙光 2000-Ⅰ诞生，它的峰值运算为每秒 200 亿次。1999 年，曙光 2000-Ⅱ超级服务器问世，其峰值速度达到了每秒 1 117

亿次，内存高达 50 GB。1999 年 9 月，神威-Ⅰ号并行计算机研制成功并投入运行，其峰值运算速度达到了每秒 3 840 亿次，它是我国在巨型计算机研制和应用领域取得的重大成果，标志着我国继美国、日本之后，成为世界上第 3 个具备研制高性能计算机能力的国家。

近几年来，我国的高性能计算机和微型计算机的发展更为迅速。曙光信息产业有限公司于 2004 年末推出了全球运算速度最快的商品化高性能计算机——曙光 4000A，它采用 2 192 个主频为 2.4 GHz 的 64 位处理器，运算峰值达每秒 10 万亿次，位居世界高性能计算机的第 10 位，进一步缩短了我国高性能计算机与世界顶级水平的差距。2013 年 11 月，"天河二号"超级计算机系统，以峰值计算速度每秒 5.49 亿亿次，持续计算速度每秒 3.29 亿亿次双精度浮点运算的优异性能，成为全球最快的超级计算机。2002 年 9 月，我国首款可商业化、拥有自主知识产权的 32 位通用高性能 CPU 龙芯 1 号研制成功，标志我国在现代通用微处理设计方面实现了零的突破。2005 年 4 月，我国首款 64 位通用高性能微处理器龙芯 2 号正式发布，最高频率为 500 MHz，功耗仅为 3～5 W，已达到 Pentium Ⅲ的水平。我国的微机生产近几年处于世界领先水平，如联想、长城、方正、同创、同方、浪潮等一批国产微机品牌，它们已稳步占领了世界大部分市场。

4. 微型机的发展

微型计算机简称微型机或微机，具有体积小、重量轻、功耗小、可靠性高、对使用环境要求低、价格低廉、易于成批生产等特点，所以微机一出现，就显示出它强大的生命力。第一台微型计算机——1974 年，罗伯茨用 8080 微处理器装配了一种专供业余爱好者试验用的计算机"牛郎星"(Altair)。第一台真正的微型计算机——1976 年，乔布斯和沃兹尼克设计成功了他们的第一台微型计算机，它被装在一个木盒子里，有一块较大的电路板，8 KB 的存储器，能发声，且可以显示高分辨率图形。1977 年，沃兹尼克设计了世界上第一台真正的个人计算机——Apple Ⅱ，并"追认"他们在"家酿计算机俱乐部"展示的那台机器为 Apple Ⅰ。1978 年初，他们又为 Apple Ⅱ增加了磁盘驱动器。

微型计算机大致经历了六个阶段：

第一阶段(1971～1973 年)：微处理器有 Intel 4004/4040/8008。1971 年 Intel 公司研制出 MCS-4 微型计算机(CPU 为 4040，4 位机)，后来又推出以 8008 为核心的 MCS-8 型。

第二阶段(1974～1977 年)：微型计算机的发展和改进阶段，微处理器有 Intel 8080/8085、M6800、Z80。初期产品有 MCS-80 型(CPU 为 8080，8 位机)，后期又有 TRS-80 型(CPU 为 Z80)和 Apple-Ⅱ型(CPU 为 6502)，此两种型号在 20 世纪 80 年代初期曾一度风靡世界。

第三阶段(1978～1984 年)：16 位微型计算机的发展阶段，微处理器有 Intel 8086/8088/80186/80286、M68000、Z8000。微型计算机代表产品是 IBM-PC(CPU 为 8086)。本阶段的顶峰产品是 Apple 公司的 Macintosh(1984 年)和 IBM 公司的 PC/AT286(1986 年)微型计算机。

第四阶段(1985～1992 年)：此阶段为 32 位微型计算机的发展阶段。微处理器相继推出 Intel 80386/80486。386、486 微型计算机是系列产品。

第五阶段(1993～2005 年)：1993 年，Intel 公司推出了 Pentium 或称 P5(中文译名为"奔腾")的微处理器。

1998 年 Intel 公司先后又推出了 Pentium Ⅱ、Celeron、Pentium Ⅲ、Pentium Ⅳ等。其他公司也推出了相同档次的 CPU，如 K6、Athlon XP、VIA C3 等。

第六阶段(2006 年以后):2006 年 Intel 公司推出新一代基于 Core 微架构的产品。AMD 公司发布了面向台式机的 64 位处理器 Athlon 64 和 Athlon 64 FX,标志着 64 位微机的到来。

由此可见,微型计算机的性能主要取决于它的核心器件——微处理器(CPU)的性能。

5. 计算机的发展趋势

目前,计算机以超大规模集成电路为基础,未来计算机将朝着巨型化、微型化、网络化、智能化与多媒体化的方向发展。

(1) 巨型化

随着科学技术的迅速发展,尤其一些高端技术的快速发展,要求计算机具有更高的运算速度,更大的存储容量和更高的可靠性,从而促使计算机朝巨型化方向发展。

(2) 微型化

随着计算机应用领域的不断扩展,人们要求计算机的体积更小,重量更轻,能适用于各种场合,从而促使计算机在向微型化方向发展。计算机的微型化是当前研究计算机最明显、最广泛的发展趋向,目前便携式计算机、笔记本电脑都已逐步普及。

(3) 网络化

随着网络技术的发展,把不同区域的计算机通过通信线路联成一个网络,以实现资源共享和信息交换。

(4) 智能化

智能化是指具有“听觉”“视觉”“嗅觉”和“触觉”,甚至具有“情感”等感知能力和推理、联想、学习等思维功能的计算机系统,能够解决复杂问题。

(5) 多媒体化

多媒体技术是 20 世纪末兴起的一门跨学科的新技术,就是使计算机不仅能处理文字和数字,而且还能处理图像、文本、音频、视频等多种媒介,使计算机的功能更加完善并且提高计算机应用能力。

(二) 计算机的分类

按照信息、元件、规模和用途的不同,电子计算机也相应有着不同的分类。下面主要介绍两种计算机的分类方法。

1. 按计算机用途划分

电子计算机按用途可以分为通用计算机和专用计算机两种。

专用计算机是为完成某些特定的任务而专门设计研制的计算机,它的特点是在某领域是高效的,但是其功能单一、适应性较差。

通用计算机的用途广泛,可以完成不同的应用任务,其功能齐全,适应性较强,但其效率、速度和经济性相对讲要低些。一般使用的计算机都是通用计算机。

2. 按计算机系统规模划分

“规模”主要是指计算机所配置的设备数量、输入输出量、存储量和处理速度等多方面的综合规模能力。根据美国电气和电子工程师协会(IEEE)1989 年提出的标准来划分的,即把计算机分成巨型机、小巨型机、大型主机、小型主机、工作站和个人计算机等 6 类。

(1) 巨型机(Supercomputer)

巨型机又称为超级计算机,在所有计算机类型中其占地最大,价格最贵,功能最强,其浮点运算速度最快(2013 年,“天河二号”峰值计算速度每秒 5.49 亿亿次)。目前巨型机多用于战略武器(如核武器和反导武器)的设计,空间技术,石油勘探,中、长期天气预报以及社会模拟等领域。巨型机的研制水平、生产能力及其应用程度,已成为衡量一个国家经济实力和科技水平的重要标志。目前只有少数国家的几家公司能够生产。

(2) 小巨型机(Minisupercomputer)

小巨型机是小型超级电脑或称桌上型超级计算机,出现于 20 世纪 80 年代中期。它的功能低于巨型机,速度能达到 1 TELOPS,即每秒 10 亿次,价格也只有巨型机的十分之一。

(3) 大型主机(Mainframe)

大型主机称作大型电脑,覆盖国内通常说的大、中型机。其特点是大型、通用,内存可达 1 KMB 以上,整机处理速度高达 300 MIPS～750 MIPS,具有很强的处理和管理能力。它主要用于大银行、大公司、规模较大的高校和科研院所。在计算机向网络化发展的当前,大型主机仍有其生存空间。

(4) 小型主机(Minicomputer 或 Minis)

小型主机结构简单,可靠性高,成本较低,不需要经过长期培训即可维护和使用,对于广大中、小用户较为适用。

(5) 工作站(Workstation)

工作站是介于 PC 机和小型主机之间的一种高档微机,其运算速度快,具有较强的联网功能,用于特殊领域,如图像处理、计算机辅助设计等。它与网络系统中的“工作站”在用词上相同,但含义不同。网络上的“工作站”泛指联网用户的结点,以区别于网络服务器,常常由一般的 PC 机充当。

(6) 个人计算机(Personal Computer)

我们通常说的电脑、微机或计算机,一般指的就是 PC 机。它出现于 20 世纪 70 年代,以其设计先进(总是率先采用高性能的微处理器 MPU)、软件丰富、功能齐全、价格便宜等优势而拥有广大的用户,因而大大推动了计算机的普及应用。PC 机的主流是 IBM 公司在 1981 年推出的 PC 机系列及其众多的兼容机。可以这么说,PC 机无所不在,无所不用,除了台式的,还有膝上型、笔记本、掌上型、手表型等。

(三) 计算机的基本特点

1. 运算速度快

计算机的运算速度通常是指每秒钟所执行的指令条数。一般情况下,计算机的运算速度可以达到上百万次,目前最快的已达到十万亿次以上。计算机的高速运算能力,为完成那些计算量大,时间性要求强的工作提供了保证,例如天气预报。

2. 计算精确度高

计算机内部数据采用二进制数的表示方法,其有效位数越多,精确度也就越高。因此,计算精确度可用增加位数(字长)来获得,另外还可通过算法来提高精度。

3. 具有很强的“记忆”和逻辑判断能力

计算机的存储器使计算机具有类似“记忆”的功能,它能够存储大量信息。由于计算机内部数据采用二进制数的表示方法,所以计算机除了能进行算术运算外,还能进行逻辑运算,做出逻辑判断,并根据判断的结果自动选择以后应执行什么操作。

4. 自动化程度高

由于采用存贮程序的工作方法，一旦输入所编制好的程序，只要给定运行程序的条件，计算机从开始工作直到得到计算处理结果，整个工作过程都可以在程序控制下自动进行，一般在运算处理过程中不需要人的直接干预。对工作过程中出现的故障，计算机还可以自动进行"诊断""隔离"等处理，这是电子计算机的一个基本特点，也是它和其他计算工具最本质的区别所在。

5. 存储容量大

计算机能够储存大量数据和资料，而且可以长期保留，并能根据需要随时存取、删除和修改其中的数据。目前的计算机配备了大容量的内存和外存，如微型机的内存容量已达几GB，硬盘容量已达 1 000 GB。

6. 适用范围广，通用性强

计算机是靠存储程序控制进行工作的。在不同的应用领域中，只要编制和运行相对应的应用程序软件，计算机就能在此领域中很好地服务，即通用性强。

（四）计算机的主要应用领域

目前，计算机渗透到社会生产、生活的各个领域，产生了巨大的经济效益和社会影响。计算机应用领域大体可分为以下几个方面：

1. 科学计算

科学研究、工程技术的计算是计算机应用的一个基本方面，也是计算机最早应用的领域。科学计算是指科学研究和工程技术中遇到的问题的求解，也称数值计算。数值计算的特点是计算公式复杂，计算量大和数值变化范围大，原始数据相应较少。这类问题只有具有高速运算和信息存储能力，以及高精度的计算机系统才能完成。

2. 数据处理

数据处理是对数值、文字、图表等信息数据及时地加以记录、整理、检索、分类、统计、综合和传递，得出人们所要求的有关信息，它是目前计算机最广泛的应用领域。数据处理的特点是原始数据多，时间性强，计算公式相应比较简单。例如，银行用计算机记账；图书馆用计算机查书目、借书、查资料；学校用计算机统计学生成绩、管理学籍等。

3. 过程控制

过程控制又叫实时控制，是指利用计算机进行生产过程、实时过程的控制，它要求很快的反应速度和很高的可靠性，以提高产量和质量，提高生产率，改善劳动条件，节约原料消耗，降低成本，达到过程的最优控制。例如工业的流程控制、交通运输管理等。在家用电器中也大量应用了计算机的自动控制功能，如电冰箱自动除霜、空调自动调风、电视的自动选台和遥控、洗衣机控制洗涤和甩干时间、微波炉控制加热时间和速度等。

4. 计算机辅助

计算机辅助系统包括计算机辅助设计（CAD）、计算机辅助制造（CAM）、计算机辅助测试（CAT）、计算机辅助教育（CAE）和计算机模拟（CS）等。

计算机辅助设计（Computer Aided Design）是指通过计算机帮助各类设计人员进行设计，取代传统的从图纸设计到加工流程编制和调试的手工计算及操作过程，使设计速度加快，使设计精度、质量提高。

计算机辅助制造（Computer Aided Manufacturing）是指用计算机进行辅助生产设备的

管理、控制和操作的技术。

计算机辅助教育(Computer Aided Education)包括计算机辅助教学(CAI)和计算机管理教学(CMI)。其中CAI可以通过教学软件帮助学生形象直观地学习一些难于理解的知识,对于提高学生的学习兴趣和能力都具有很大的帮助。

计算机辅助测试(Computer Aided Test)是利用计算机处理大批量数据,完成各种复杂测试工作的系统。

计算机模拟(Computer Simulation)是利用计算机模拟进行工程、产品、决策的试验、模拟军事学习以及模拟训练等。

5. 人工智能

人工智能是使计算机能模拟人类的感知、推理、学习和理解等某些智能行为,实现自然语言理解与生成、定理机器证明、自动程序设计、自动翻译、图像识别、声音识别等。目前人工智能主要表现在机器人、专家系统与模式识别三个方面。

6. 计算机网络

计算机网络是利用通信设备和线路将地理位置不同的、功能独立的多个计算机系统连接起来所形成的"网"。利用计算机网络,可以使一个地区、一个国家,甚至在世界范围内计算机与计算机之间实现软件、硬件和信息资源共享,这样可以大大促进地区间、国际间的通信与各种数据的传递与处理,同时也改变了人们的时空概念。计算机网络的应用已渗透到社会生活的各个方面。网络正在逐渐改变人们的生活方式和工作方式。

除了以上几种主要的应用外,计算机的应用领域还包括多媒体和家庭生活娱乐等。

任务二　理解计算机系统组成与工作原理

一、任务的提出

小张已经了解计算机的发展、特点、分类和应用领域,也接触了学校的计算机,但对计算机如何工作及其内部的硬件结构和软件系统不了解,小张想通过本任务初步了解计算机的工作原理,并熟悉计算机的硬件构成和软件系统。

二、解决方案分析

计算机系统分为计算机硬件系统和计算机软件系统,计算机硬件系统又包括主机和外部设备,计算机软件系统包括系统软件和应用软件。本任务主要是了解计算机的系统结构和工作原理,计算机的硬件结构可以通过计算机组装与维护实训室里的相关内部硬件设备和图片来让大家有个初步认识。了解了计算机的结构以后计算机的工作原理就不难理解。

三、任务的实施

（一）计算机系统组成

计算机系统是一个整体的概念，一个完整的计算机系统包括硬件系统和软件系统两大部分。计算机系统的基本组成如图 1.2 所示，它们构成一个完整的计算机系统。

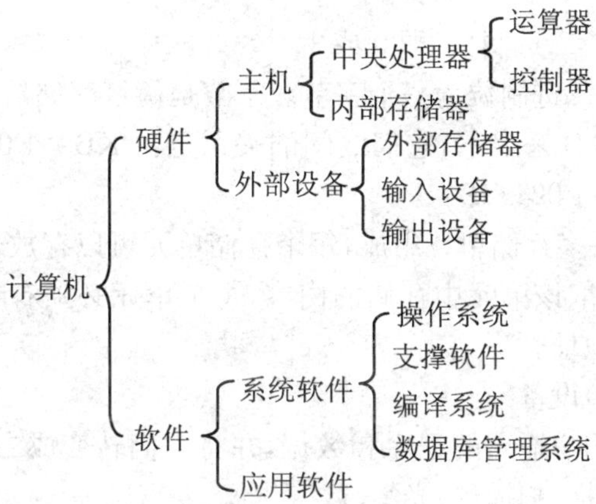

图 1.2 计算机系统

计算机硬件系统是指构成计算机的物理设备，是看得见、摸得到的物理实体的总称，是计算机进行工作的物质基础，是计算机软件运行的场所。

计算机软件系统是指在硬件设备上运行的各种程序以及文档的集合。程序是用户用于指挥计算机执行各种操作从而完成指定任务的指令的集合；文档是各种信息的集合。

通常所说的计算机一般都包括硬件和软件两个部分，而把不包括软件的计算机称为“裸机”。

1. 计算机硬件系统基本结构

计算机系统的硬件由运算器、控制器、存储器、输入/输出设备等组成，它们之间采用总线结构连接并与外部设备实现信息传送，其基本结构如图 1.3 所示。

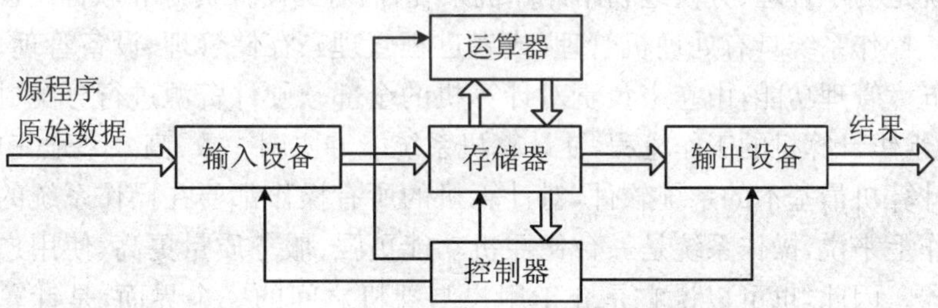

图 1.3 计算机硬件系统基本结构

(1) 运算器

运算器又称为算术逻辑单元(Arithmetic Logic Unit，ALU)，是计算机对数据进行加工处理的部件，它的主要功能是对二进制数码的算术运算和逻辑运算。运算器在控制器的控制下实现其功能，运行结果由控制器送到内存中。

(2) 控制器

控制器是计算机的指挥中心，用来控制计算机各部件协调工作，并使整个处理过程有条不紊的进行。控制器的基本功能是从内存中取指令和执行指令，然后根据该指令功能向有关部件发出控制命令，执行该命令，最后还要接收各部件返回的信息。

(3) 存储器

存储器具有记忆功能，是计算机用来存储信息的重要功能部件。一般来说，存储器分为两种：内存储器和外存储器。

与存储器相关术语：

① 位(Bit)：存放一位二进制数，即 0 或 1。

② 字节(Byte)：8 个二进制位为一个字节。字节是衡量存储器的基本单位，简称 B。容量一般用 KB、MB、GB、TB 来表示，它们之间的关系是：1 KB = 1 024 B，1 MB = 1 024 KB，1 GB = 1 024 MB，1 TB = 1 024 GB。

③ 地址：存储器由许多存储单元组成，每个存储单元可以存放若干位二进制代码(一般为 8 位)。为了有效地存取该单元中存储的内容，每个单元必须有唯一的物理编号来标识，此编号称为存储单元的地址。

(4) 输入/输出(I/O)设备

输入设备用来接收用户输入的程序和数据，并将它们转变成二进制存放到内存中。常用的输入设备有键盘、鼠标、扫描仪、光笔、数字化仪、麦克风等。

输出设备用于将存放在内存中的信息显示或打印出来。常用的输出设备有显示器、打印机、绘图仪、音箱等。

2. 计算机软件系统

软件是指程序以及开发、使用和维护程序所需要的所有文档的集合。程序是完成指定任务的一系列指令的集合，程序可以用机器语言、汇编语言编写，也可以用高级语言编写。软件通常分为系统软件和应用软件两大类。

(1) 系统软件

系统软件是指控制计算机的运行，管理计算机的各种资源，并为应用软件提供支持和服务的一类软件。系统软件通常包括操作系统、语言处理程序和数据库管理系统。

① 操作系统

操作系统是为了合理、方便地利用计算机系统，而对其硬件资源和软件资源进行管理和控制的软件。操作系统具有处理机管理(或者进程管理)、存储管理、设备管理、文件管理和作业管理等五大管理功能，由它来负责对计算机的全部软硬件资源进行分配、控制、调度和回收，合理地组织计算机的工作流程，使计算机系统能够协调一致，高效率地完成处理任务。操作系统是计算机最基本的系统软件，对计算机的所有操作都要在操作系统的支持下才能进行。从操作上来说，操作系统是一台比裸机功能更强、服务质量更高、使用户感觉方便友好的虚拟机器。因此，也可以说它是介于用户与裸机之间的一个界面，是计算机的操作平台，用户通过它来使用计算机。

常用的操作系统有：Windows、Unix、Linux 和 DOS。

② 语言处理程序

计算机语言是程序设计最重要的工具，它是指计算机能够接受和处理的、具有一定格式的语言。计算机语言的发展有机器语言、汇编语言和高级程序设计语言三个阶段。

机器语言是用二进制代码表示的语言，是计算机唯一可以直接识别和执行的语言。由于计算机并不懂得人类的语言，它只能识别由 0 和 1 组成的代码，因此，人要和机器进行联系，就要编出由 0 和 1 组成的数字代码。这种计算机所能接受的代码，称为机器指令，它由操作码和操作数组成。机器语言不易学习和使用，且不同类型机器的机器语言不同，只有专业人员使用。

汇编语言是为了解决机器语言难于理解和记忆，用易于理解和记忆的名称和符号（指令助记符）表示机器指令中的操作码，用十六进制或八进制形式表示操作数，例如用 ADD 表示加法。由于指令助记符的含义和功能十分接近，这就提高了程序的可读性，便于程序的编写、检查和修改。这种用指令助记符组成的语言叫做汇编语言，用汇编语言编写的程序就是汇编语言源程序。用汇编语言编写的源程序与机器语言编写的程序相比有了很大的进步。但是汇编语言仍然是依赖于机器的。因此，我们可以说，汇编语言是一种面向机器的语言。其缺点在于，为一种机器编制好的汇编语言程序，难以移植成为其他机器的汇编语言程序。

为了解决机器语言和汇编语言的种种缺陷，人们又创造了许多计算机"高级语言"。从 20 世纪 50 年代中期开始，逐步发展了面向问题（面向过程）和面向对象的程序设计语言，称为高级语言。高级语言表达方式接近被描述的问题，接近于自然语言和数学表达式，易于人们接受和掌握。当前，计算机高级语言已有百余种，得到广泛应用的有十几种，每种高级语言都有其适合的应用领域。如 Basic 语言简单易学，适合于初学者学习；Pascal 语言适用于教学；C 语言适用于系统软件的开发。

必须指出，用任何高级语言编写的程序（源程序）都要通过编译程序翻译成机器语言程序（目标程序）后才能被计算机执行，如图 1.4 所示；或者通过解释程序边解释边执行。

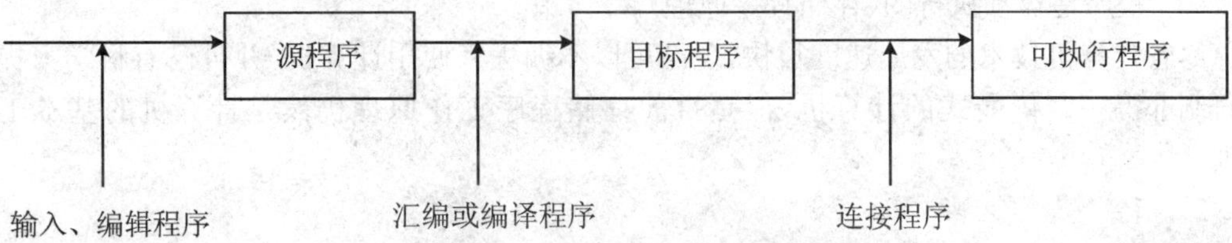

图 1.4　可执行程序的生成过程

随着计算机网络技术和多媒体技术的发展及应用，出现了被称为是第四代的程序设计语言，如 Java 语言，它是一个集网络程序设计和多媒体程序设计为一体的程序设计语言。

③ 数据库管理系统

数据库管理系统是 20 世纪 60 年代后期才产生并发展起来的，它是计算机科学中发展最快的领域之一，主要面向解决数据处理中的非数值计算问题，如档案管理、财务管理、图书资料管理及仓库管理等方面的数据处理。这类数据的特点是数据量大，数据处理的主要内容为数据的存储、查询、修改、排序、分类、统计等。

根据数据库管理系统所基于的数据模型（数据库中数据的组织模式），可将其分为三种模型：层次型、网络型、关系型。目前关系型数据库管理系统最为流行，如 Foxbase、Visual FoxPro、Access、Oracle、Sybase、SQL Server 等。其中 Oracle 是目前世界上最为流行的一种数据库管理系统，其特点是可移植性好，使用范围广，可在大、中、小型计算机的各种操作系统环境下使用。

④ 服务性软件

服务性软件主要面向计算机维护的，是为计算机软、硬件服务的一种工具性软件，这类软件品种繁多，主要包括硬件维护软件、病毒检测与清除软件、系统性能测试软件等。

(2) 应用软件

应用软件是为计算机在特定领域中的应用而开发的专用软件，它由各种应用系统、软件包和用户程序组成。各种应用系统和软件包是提供给用户使用的，针对某一类应用而开发的独立软件系统，例如科学计算、工程设计、文字处理、辅助教学、游戏等方面的程序。在Windows环境下，微软公司的集成软件包 Microsoft Office 中的 Word、Excel、PowerPoint 等都属于应用软件。

(二) 计算机的基本工作原理

1. 冯·诺依曼原理

目前，计算机基本工作原理都是采用以"存储程序"(将解题程序存放到存储器)和"程序控制"(控制程序顺序执行)为基础的设计思想。这个思想是美籍匈牙利数学家冯·诺依曼于1945年提出的，称之为冯·诺依曼原理。根据这个原理，使用计算机前要把处理的信息(数据)和处理的步骤(程序)事先编排好，并以二进制数的形式输入到计算机内存储器中，然后由计算机控制器严格地按照程序逻辑顺序逐条执行，完成对信息的加工处理。这种基于"存储程序"和"程序控制"原理的计算机，称为冯·诺依曼型计算机。

它包括以下三个方面的内容：

(1) 计算机的硬件由五部分组成：输入设备、输出设备、运算器、存储器和控制器。

(2) 计算机中的信息是以二进制表示的。

(3) 程序是自动执行的(存储程序原理)。

尽管计算机技术的发展速度很快，现已可以不编程来使用计算机，并且已有科学家提出了研制非冯·诺依曼式的计算机，但是目前存储程序工作原理仍然是计算机的基本工作原理。

2. 指令

计算机能够直接识别并执行的指令为机器指令。一台计算机可以识别许多机器指令，每一条指令都有不同的作用，计算机能够执行的全部指令集合称为指令系统。

一条指令由两个部分组成：操作码和地址码。

(1) 操作码：指明计算机应执行操作的二进制代码，它对应于一个动作，代表一种功能。如加法、减法、取数、存数等。

(2) 地址码：指明被操作的数据在存储器中的地址，也可以是操作数本身。

指令按其功能可分为五类。

(1) 数据处理型指令：主要完成对数据的运算，如算术和逻辑运算。

(2) 数据传送型指令：实现数据存取和数据传送等操作。

(3) 控制转移类指令：主要是控制程序本身的执行顺序，实现程序的分支和转移。

(4) 输入输出型指令：实现输入输出设备与主机之间的数据传递，如读写数据。

(5) 硬件控制型指令：控制和管理计算机的硬件。

指令的执行过程分为以下几个步骤：

(1) 取指令：按照指令计数器地址，从内存中取出指令并送往指令寄存器。

(2) 分析指令:分析指令寄存器中的指令,从中找到指令的操作码或操作数(或操作数的地址)。

(3) 执行指令:根据分析结果,由控制器发出一系列控制信息,完成该指令的操作。

(4) 反复:指令计数器加1,反复上述3个过程。如果遇到转移指令,则将转移地址放入指令计数器;如果为结束指令,则结束。

3. 程序的自动执行

所谓的程序是指令的有序集合,即用计算机能够读懂的"语言"(即指令集合)进行解题,而解决问题的过程就是指令的有序组合过程,也称程序设计过程。

启动一个程序的执行只需将该程序的第一条指令在内存中的地址放入程序计数器(PC);从PC中取出程序的第一条指令地址,再从地址中取出指令到CPU内部的指令译码器进行译码;由控制器发出相应的控制信号,按该指令的要求完成相关的操作;之后自动从内存中取出下一条指令,送到CPU中进行译码并执行;直到把程序中的指令执行完毕为止。程序的自动执行过程如图1.5所示。

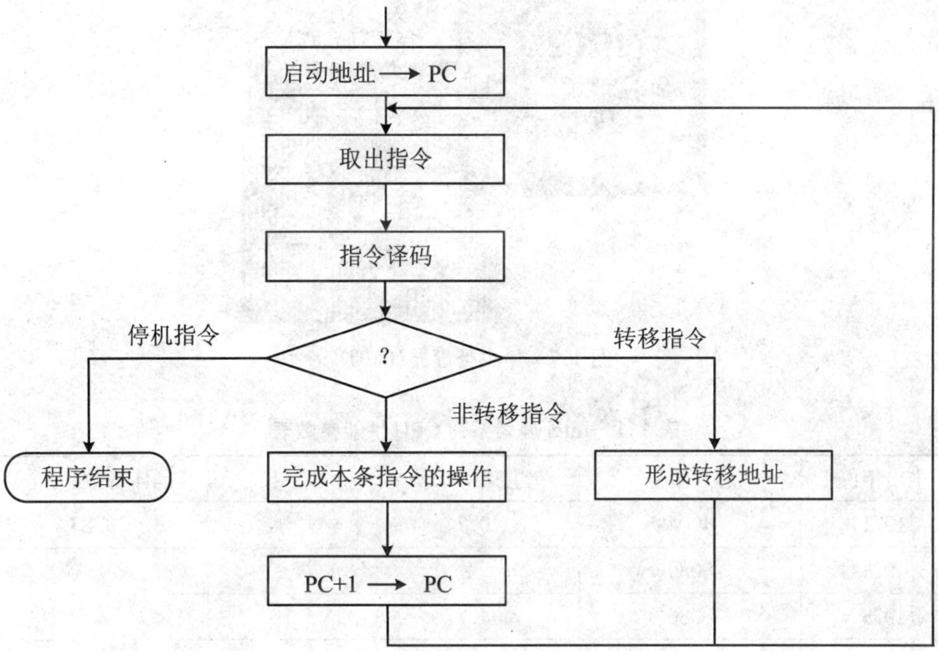

图1.5 计算机自动执行程序的过程

(三) 微型计算机硬件系统

目前计算机中发展最快,应用最广泛的是微型计算机。微机的硬件配置一般由主机、显示器、键盘、鼠标等组成,如图1.6所示。

1. 中央处理器(CPU)

运算器、控制器和一组寄存器,合在一个芯片上称为中央处理器,简称CPU(Central Processing Unit),其外形如图1.7所示。

CPU运算器和数据线的位数反映了CPU的档次,表1.1给出了Intel公司生产的CPU性能参数。

图 1.6　常见的微型机

图 1.7　中央处理器(CPU)

表 1.1　Intel 公司系列 CPU 性能参数表

推出年份	芯片型号	主频(MHz)	字长	晶体管数(万个)
1971	4004	0.74	4	0.23
1974	8080	2	8	0.6
1978	8086	4.77	16	2.9
1982	80286	6～25	16	13.4
1985	80386	12～40	32	27.5
1989	80486	25～100	32	125
1993	Pentium	60～200	32	310
1995	Pentium Pro	66～233	32	550
1997	Pentium Ⅱ	233～450	32	750
1999	Pentium Ⅲ	1 000	32	900
2000	Pentium Ⅳ	1 300～2 000	32	4 200
2001	Itanium	733～1 600	64	22 000
2005	Pentium D	2 800	64	23 000

目前除了 Intel 公司以外，生产 CPU 的著名公司还有 AMD、IBM、Cyrix 等，其中 AMD 大有赶超 Intel 之势。

2. 主机板

主机板是主机箱中的重要组成部分，是一块多层集成电路板，它将微机的各部件有机地连接起来，构成一个完整的硬件系统，如图 1.8 所示。主机板上有一些插口，可以插入其他扩展卡，用以扩大计算机的功能，提高计算机的性能和效率。

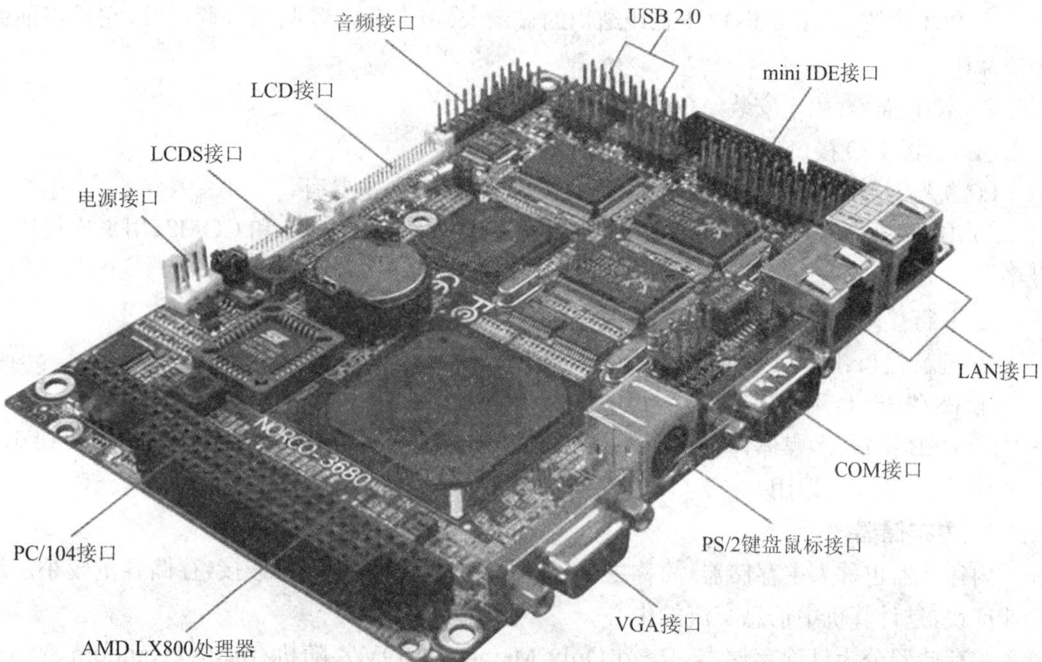

图 1.8 主机板

(1) CPU 插座

CPU 需要插在主板上，主板上就要有位置，这就是 CPU 插座。CPU 插座有 Slot(插卡式)和 Socket(针座式)两种。

(2) 总线

总线是计算机各种功能部件之间传送信息的公共通信干线，它是由导线组成的传输线束。

常见的总线标准有：ISA(工业标准体系结构)、PCI(外围设备部件连接)和 AGP(图形加速端口)三种。

根据总线上传输信号，将计算机总线分为三类：数据总线、地址总线、控制总线。

① 数据总线(Data Bus)是 CPU 向内存储器、I/O 接口传送数据的通道；它也是从内存、I/O 接口向 CPU 传送数据的道路。它的宽度(总线的根数)决定了 CPU 与外部部件并行传送二进制位的最多位数。

② 地址总线(Address Bus)是 CPU 向内存和 I/O 接口传递地址信息的通道，它的宽度决定了微型机的直接寻址能力。386 以上的 CPU 有 32 根(PⅡ～PⅣ已是 36 根)地址线，最大寻址空间可达 2^{32}，即 4 GB。

③ 控制总线(Control Bus)是 CPU 向内存和 I/O 接口传递控制信号以及接收来自外部设备的状态信号的通道。

(3) 主板插槽

① IDE 插槽:用于连接硬盘和光驱,针脚为 40 个。

② 软驱插槽:用来连接软盘驱动器。

③ 内存插槽:用于安装内存条。

④ ISA 插槽:最长插槽,用于安装 ISA 总线结构的显示卡、声卡等。

⑤ PCI 插槽:用于安装 PCI 总线结构的显示卡、声卡及内置调制解调器等,它是当前的主流插槽。

⑥ AGP 插槽:用于安装 AGP 总线结构的显示卡。

(4) 主板 I/O 接口

PC 机与外部设备之间的数据交换要通过 I/O 接口。主要有:

① 串行接口(COM):主机板上一般有两个 9 针串行口 COM1 和 COM2,用来连接串行设备。

② 并行接口:也叫打印口,共 25 针,一般用来连接打印机。

③ 键盘接口:5 针圆形插口,用于连接一般键盘。

④ PS/2 接口:用于连接 PS/2 口的键盘和鼠标。

⑤ USB 接口:多媒体计算机的外部接口,它能将多个外部设备相互串联,最多可接 127 个外部设备,且即插即用。

3. 内存储器

内存储器也称为主存储器,简称主存或者内存,直接与 CPU 相连接,存储容量较小。运算速度快,是计算机中信息交流的中心。

内存储器分为只读存储器(Read Only Memory,ROM)、随机存储器(Random Access Memory,RAM)和高速缓冲存储器(Cache)。

① 只读存储器:是指只能读数据,而不能住里写数据的存储器。ROM 一般用来存放计算机开机时所必需的数据和程序,它保存的信息不会因断电而消失。

② 随机存储器:是计算机工作的存储区,用来存放计算机开机以后的临时数据和程序,断电后,随机存储器中保存的信息会全部消失。

RAM 按信息存储方式可分为静态 RAM(SRAM)和动态 RAM(DRAM)。RAM 通常由几个芯片组成一个内存条(如图 1.9 所示),可以很方便地插入主板的内存槽内。

图 1.9 内存条

③ 高速缓冲存储器：是指在 CPU 与内存之间设置一级或两级高速小容量存储器。一级 Cache 被集成到 CPU 芯片内，其容量较小；二级 Cache 固化在主板上，容量比一级 Cache 大。在计算机工作时，系统先将数据由外存读入 RAM 中，再由 RAM 读入 Cache 中，然后 CPU 直接从 Cache 中取数据进行操作。设置 Cache 就是为了解决 CPU 和 RAM 速度不匹配问题。

4. 外存储器

外存储器又称为辅助存储器，简称辅存或者外存。外存的存储容量大，但存储速度较慢，一般用来存放暂时不用的数据、程序和中间结果。外存只能与内存交换信息，不能被计算机系统的其他部件直接访问。常用的外存有硬盘、光盘、U 盘、SD 卡等。

(1) 硬盘存储器

硬(磁)盘存储器由硬盘机和硬盘控制器组成。硬盘的存储原理和软盘类似，它是由多个金属盘片组成，可以有多个磁头同时读写。数据在硬盘上也是以扇区为单位存取的，每个单位的地址由柱面号、磁头号和扇区号唯一确定。每一扇区的容量一般为 512 B。硬盘的存储容量大，存取速度快。

为了便于区分不同的磁盘驱动器，每个磁盘驱动器都被分配一个字母代号。一般软盘为 A、B 驱动器，硬盘为 C 驱动器。

(2) 光盘存储器

光盘存储器由光盘和光盘驱动器组成。光盘存储容量大，常用的 CD-ROM 盘片可以存储 650 MB 的信息。DVD 光盘是一种新的 CD 产品，现在已用得比较广泛，其容量有 4.7 GB、7.5 GB、17 GB 等多种，速度也快。光盘的存储原理不同于磁表面存储器，它是将激光聚焦成很细的激光束照射在记录媒体上，使介质发生微小的物理或化学变化，从而将信息记录下来；又根据这些变化，利用激光将光盘上记录的信息读出。

此外，光盘存储器还有一次写入型光盘和可擦写光盘。

① 一次写入型光盘(Write Once Read Memory，WORM)简称 WO。WORM 可由用户写入数据，但只能写一次，写入后不能擦除修改。一次写入多次读出的 WORM 适用于用户存储不能随意更改文档，可用于资料永久性保存，也可用于自制多媒体光盘或光盘拷贝。

② 可擦写光盘(Magneto Optical，MO)是能够重写的光盘，它的操作完全和硬盘相同，故称磁光盘。MO 可反复使用一万次、可保存 50 年以上。MO 磁光盘具有可换性、高容量和随机存取等优点，但速度较慢，一次投资较高。由于一般光驱不具备写入功能，故可擦写光盘要有刻录机(可擦写光盘驱动器)才能工作。

(3) U 盘

U 盘(有的称为闪盘、优盘、魔盘)是一种可以直接插在通用串行总线 USB 端口上进行读写的新一代外存储器，如图 1.10 所示。它具有容量大、体积小、携带方便、保存信息可靠等优点，目前它已取代软盘被人们普遍使用。

图 1.10　U 盘

(4) SD 卡

SD 卡(Secure Digital Memory Card)是一种基于半导体快闪记忆器的新一代记忆设备,如图 1.11 所示。SD 卡由日本松下、东芝及美国 SanDisk 公司于 1999 年 8 月共同开发研制。大小犹如一张邮票的 SD 记忆卡,重量只有 2 克,但却拥有高记忆容量、快速数据传输率、极大的移动灵活性以及很好的安全性。

图 1.11　SD 卡

SD 卡在 24 mm×32 mm×2.1 mm 的体积内结合了 SanDisk 快闪记忆卡控制与 MLC (Multi-Level Cell)技术和 Toshiba(东芝)0.16 u 及 0.13 u 的 NAND 技术,通过 9 针的接口界面与专门的驱动器相连接,不需要额外的电源来保持其上记忆的信息,而且它是一体化固体介质,没有任何移动部分,所以不用担心机械运动的损坏。

5. 输入设备

(1) 键盘

键盘是用户向计算机发布命令和输入数据的设备。Windows 系列普遍使用 104 键的通用扩展键盘,其形式如图 1.12 所示。

图 1.12　键盘平面图

键盘上键位的排列有一定的规律,其排列按用途可分为:基本键区、功能键区、全屏幕编辑键区、小键盘区。

① 基本键区。基本键区是操作键盘的主要区域,各种字母、数字、符号以及汉字等信息都是通过这一区域的操作输入计算机的(数字及运算符还可以通过小键盘输入)。

此键区的一些按键的作用如下:

· Caps Lock:大小写字母切换键。

· Enter:回车键或换行键。

· Shift:上档键,常与其他键或鼠标组合使用。

· Ctrl:控制键,常与其他键或鼠标组合使用。

· Alt:变换键,常与其他键组合使用。

· BackSpace:退格键,按一次,消除光标左边的一个字符。

· Tab:制表键,按一次,光标跳 8 格。

② 功能键区。键盘操作一般有两大类:一类是输入具体的内容;另一类是代表某种功能。功能键区的键位就属于第二类。

此键区的一些按键的作用如下:

· Esc 键:一般用于退出某一环境或删除错误操作。

· 功能键(F1~F12):不同的程序可以对它们有不同的操作功能定义,具体表示什么操作由具体的应用软件来定义。

· PrtSc(或 Print Screen)键:这是屏幕复制键,利用此键可以实现将屏幕上的内容在打印机上输出。方法是:把打印机电源打开并与主机相连,再按本键即可。

· 暂停键(Pause/Break):操作时直接击打一下该键,就可暂停程序的执行,如需要继续往下执行时,可以击打任意一个字符键。

③ 全屏幕编辑键区。编辑是指在整个屏幕范围内,通过移动光标来进行有关的编辑操作。该键区的光标移动键在具有全屏幕编辑功能的程序中才起作用。

此键区的一些按键的作用如下:

· ↑、↓、←、→:分别表示光标上移一行、光标下移一行、光标左移一列、光标右移一列。

· Home、End、Page Up、Page Down:光标移动键,它们的操作与具体软件的定义有关。

· Del:删除光标位置的一个字符。

· Insert:设置改写或插入状态。

④ 小键盘区(数字/全屏幕操作键区)。该键区的键位几乎全是其他键区的重复键位,它为提高纯数字数据输入的速度而设。

· Num Lock:控制转换键。当右上角的指示灯(Num Lock)亮时,表示小键盘的输入锁定在数字状态,当需要小键盘输入为全屏幕操作键的下档操作键时,可以击打一下(Num Lock)键,即可以看见(Num Lock)指示灯灭,此时表示小键盘已处于全屏幕操作状态,输入为下档全屏幕操作键。

(2) 鼠标

鼠标(Mouse)的主要用途是用来定位光标或用来完成某种特定的操作。常用的鼠标有两种:机械式和光电式,如图 1.13 所示。

按照鼠标按键数目的不同,鼠标可分为两键鼠标、三键鼠标和四键鼠标;按照鼠标与计算机连接方式来分,鼠标又可分为有线鼠标和无线鼠标两类。无线鼠标是以红外线遥控,其遥控距离不能太长,通常在 2 m 以内。

使用鼠标时,通常是先移动鼠标,使屏幕上的光标定位在某一指定位置上,然后再通过鼠标上的按键来确定所选项目或完成指定的功能,鼠标有 5 种基本操作:指向、单击、双击、

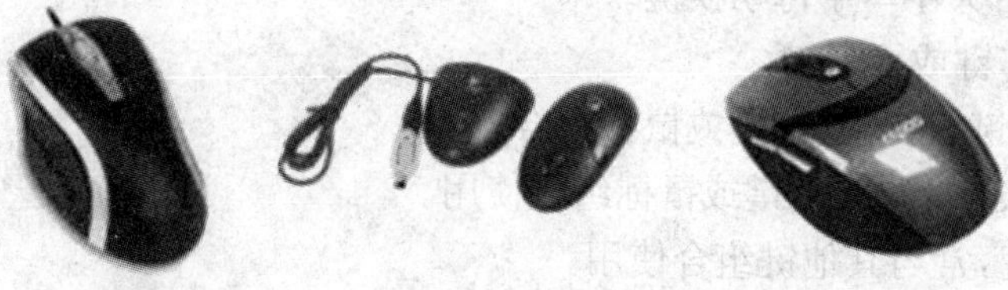

图 1.13　鼠标

拖动和右键单击。

常见的其他输入设备还有光笔、扫描仪、数码设备(相机、摄像机、MP3 播放器等)、触摸屏等。

6. 输出设备

(1) 显示器

显示器是一种最重要的输出设备,它可以显示键盘输入的命令和数据,也可以将计算结果以字符、图形或图像的形式显示出来。显示器由监视器和显示控制适配器(显卡)两部分组成。监视器通过一个 9 针或 15 针的插头连接到主机箱内的显卡上。

显示器按显示的颜色可以分为彩色显示器和单色显示器;按显示器件可分为 CRT 阴极射线管显示器、LCD 液晶显示器、PDP 等离子体显示器等。

显示器的主要技术参数有:

① 屏幕尺寸:指矩形屏幕的对角线长度,以英寸为单位。

② 宽度比:屏幕横向与纵向的比例,一般为 4∶3。

③ 点距:指屏幕上荧光点间的距离,它决定像素的大小,以及屏幕能达到的最高显示分辨率,点距越小越好。现有的点距规格有 0.20 mm、0.25 mm、0.28 mm 等。

④ 像素:指屏幕上能被独立控制其颜色和亮度的最小区域,即荧光点,是显示画面的最小组成单位。屏幕上像素点的多少与屏幕尺寸和点距有关。

⑤ 显示分辨率:指屏幕像素的点阵。通常写成(水平点数)×(垂直点数)的形式。分辨率越高屏幕越清晰。常用的分辨率有:1 024×768、1 024×1 024、1 600×1 200 等。

⑥ 灰度和颜色:灰度指像素三基色的差别,用二进制数进行编码,位数越多级数越多。增加颜色种类和灰度等级,主要受到显示存储器容量的限制。

⑦ 刷新频率:每秒钟内屏幕画面更新的次数称为刷新频率。刷新频率越高,画面闪烁越小。在设置显示器刷新频率时,不要超过显示器允许的最高频率,否则有可能烧坏显示器,一般为 75 Hz。

(2) 打印机

打印机是计算机系统中常用的设备之一,如图 1.14 所示。它可以将计算机处理结果用各种图表、字符的形式打印在纸上。目前最普及的打印机按印字的工作原理可以分为击打式和非击打式两种。打印机常见的有针式打印机、喷墨打印机、激光打印机等。打印机与主机之间通过打印适配器连接。

打印机的技术指标主要有打印速度、打印分辨率、打印噪声等。打印速度常用每分钟输出纸张数来衡量,它决定了打印的效率;打印分辨率以每英寸多少点来衡量,它决定了打印的质量。

常见的其他输出设备还有绘图仪、投影仪等。

图 1.14　打印机

7. 其他多媒体设备

(1) 声卡和麦克风

声卡要连接麦克风(话筒)和音箱来使用。麦克风插在主板机箱声卡的麦克风接口上(通常此接口上有一个话筒的标志),而音箱则连接在声卡的 Line Out 接口上。

(2) 网卡

网卡是一种将多台计算机连接在一起组建局域网的网络设备。

(3) 调制解调器

调制解调器(Modem)俗称“猫”,其作用是将计算机与电话线连接起来,将模拟信号与数字信号进行转换。常用的调制解调器有 ISDN、DDN、ADSL 等,有内置式和外置式两种。

(四) 计算机的主要技术指标

计算机性能是由体系结构、所用器件、配置外部设备以及软件资源等多方面因素决定的。因此,评价一台计算机的性能,必须综合各项指标。计算机主要技术指标有字长、存储容量、运算速度、外部设备配置和软件配置等。

1. 字长

字长是指计算机 CPU 内部运算器和寄存器的位数。微型机 CPU 的字长为 4~64 位,目前 64 位居多。字长越长,运算精度就越高。

2. 主频(时钟频率)

主频是时钟脉冲发生器所产生的时钟信号频率,用兆赫(MHz)为单位来表示。它是用于协调计算机操作的节拍,它决定了计算机处理信息的速度。对于微型机,常使用的时钟频率有几兆、数十兆、数百兆、数千兆。

3. 存储容量

存储容量指计算机系统配备的内存总字节数。

4. 存储周期

存储周期指存储器连续两次读取(或写入)所需的最短时间,半导体存储器的存储周期约为几十到几百毫微秒之间。

5. 磁盘容量

磁盘容量就是硬盘、软盘和 U 盘存储器的大小,它反映了计算机存取数据的能力。目前台式机的硬盘容量通常是 80 GB、160 GB,最大的有 1 000 GB。

除了以上几个主要指标以外,还有一些评价计算机的综合指标,例如性能价格比、兼容性、系统完整性、安全性等。

任务三　利用计算机进行信息处理

一、任务的提出

在计算机内部，无论是存储过程、处理过程、传输过程，还是用户数据、各种指令，使用的全都是0、1组成的二进制数，所以了解二进制数的概念、运算，数制转换及二进制编码对于用好计算机是十分重要的。本任务要求掌握常用数制及其转换和二进制的算术、逻辑运算，了解数值、西文字符和汉字的编码规则。

二、解决方案分析

计算机的基本元件是由大量晶体管组成的超大规模集成电路。对于晶体管来说，有两种稳定的状态，即导通与截止。计算机依赖于晶体管的这种特性来实现信息的处理，而这种状态分别使用0与1表示。在计算机中都以二进制表示，它有以下优点：

(1) 物理上易于实现，可靠性强。

由于电压的高低、电流的有无等状态分明，正好可以使用0与1表示。另外这两种状态分明，系统的抗干扰能力强，信息的可靠性高。

(2) 运算规则简单，通用性强。

二进制的运算规则简单，如二进制的乘法运算规则只有3种：

$$1\times0=0\times1=0;\quad 0\times0=0;\quad 1\times1=1$$

二进制不仅可以实现各种数值信息的编码，还可实现各种非数值信息的编码，所以通用性强。

三、任务的实施

(一) 数制

1. 进位计数制

用进位的方法进行计数的数制称为进位计数制，简称进制。如逢十进一的十进制，逢二进一的二进制。无论哪种进位计数制，我们都可以把 P 进制数用一般表达式来表示：

$$N=N_{n-1}\times P^{n-1}+N_{n-2}\times P^{n-2}+\cdots+N_1\times P^1+N_0\times P^0+N_{-1}\times P^{-1}+\cdots+N_{-m}\times P^{-m}$$

式中：N_i 为第 i 位的数码(系数)；

P 为进位基数，即数码的个数。进位制不同，数码的个数不同；

P^i 为位权；

n 为整数部分位数，为正整数；

m 为小数部分位数，为正整数。

(1) 十进制(Decimal)

十进制数是人们十分熟悉的计数体制。它用 0、1、2、3、4、5、6、7、8、9 十个数字符号，按照一定规律排列起来表示数值的大小。

任意一个十进制数，如 326 可表示为$(326)_{10}$或 326D。有时表示十进制数后的下标 10 或 D 也可以省略。

十进制的特点是：

① 每一个位置(数码)只能出现十个数字符号 0～9 中的其中一个。通常把这些符号的个数称为基数，十进制数的基数为 10。

② 同一个数字符号在不同的位置代表的数值是不同的。

③ 十进制的基本运算规则是“逢十进一”。

如：5453.25 可写成如下形式：

$$5453.25 = 5\times10^3 + 4\times10^2 + 5\times10^1 + 3\times10^0 + 2\times10^{-1} + 5\times10^{-2}$$

这称作十进制数 5453.25 的按权展开式。

一般地说，n 位十进制正整数$[X]_{10} = a_{n-1}a_{n-2}\cdots a_1a_0$可表达为以下形式：

$$(X)_{10} = a_{n-1}\times10^{n-1} + a_{n-2}\times10^{n-2} + \cdots + a_1\times10^1 + a_0\times10^0$$

(2) 二进制(Binary)

与十进制类似，二进制的基数为 2，即二进制中只有两个数字符号 0 和 1。二进制的基本运算规则是“逢二进一”，各位的权为 2 的幂。

任意一个二进制数，如 1011 可表示为$(1011)_2$或 1011B。

如二进制数 111011.101 可以写成如下形式：

$$(111011.101)_2 = 1\times2^5 + 1\times2^4 + 1\times2^3 + 0\times2^2 + 1\times2^1 + 1\times2^0 + 1\times2^{-1} + 0\times2^{-2} + 1\times2^{-3}$$

一般地说，n 位二进制正整数 $[X]_2$表达式可以写成：

$$(X)_2 = a_{n-1}\times2^{n-1} + a_{n-2}\times2^{n-2} + \cdots + a_1\times2^1 + a_0\times2^0$$

其中 $a_0,a_1,\cdots,a_{n-1}$为系数，可取 0 或 1 两种值；$2^0,2^1,\cdots,2^{n-1}$为各数位的权。

为了简化二进制的表示，又引入了八进制和十六进制。

(3) 八进制(Octal)

在八进制中，基数为 8，它有 0、1、2、3、4、5、6、7 八个数字符号，八进制的基本运算规则是“逢八进一”，各数位的权是 8 的幂。

任意一个八进制数，如 1067 可表示为$(1067)_8$或 1067O。

n 位八进制正整数的表达式可写成：

$$(X)_8 = a_{n-1}\times8^{n-1} + a_{n-2}\times8^{n-2} + \cdots + a_1\times8^1 + a_0\times8^0$$

例如：

$$(327)_8 = 3\times8^2 + 2\times8^1 + 7\times8^0$$

(4) 十六进制(Hexadecimal Notation)

在十六进制中，基数为 16。它有 0、1、2、3、4、5、6、7、8、9、A、B、C、D、E、F 十六个数字符号。十六进制的基本运算规则是“逢十六进一”，各数位的权为 16 的幂。

n 位十六进制正整数的表达式可写成：

$$(X)_{16} = a_{n-1}\times16^{n-1} + a_{n-2}\times16^{n-2} + \cdots + a_1\times16^1 + a_0\times16^0$$

例如：

$$(327)_{16}=3\times16^2+2\times16^1+7\times16^0$$

上面介绍的几种进制数之间存在一定的对应关系，表 1.2 给出了它们之间的关系。

表 1.2　各种进制数的对应关系

十进制	二进制	八进制	十六进制
0	0000	0	0
1	0001	1	1
2	0010	2	2
3	0011	3	3
4	0100	4	4
5	0101	5	5
6	0110	6	6
7	0111	7	7
8	1000	10	8
9	1001	11	9
10	1010	12	A
11	1011	13	B
12	1100	14	C
13	1101	15	D
14	1110	16	E
15	1111	17	F

2. 不同进制之间的转换

(1) 二进制、八进制和十六进制数转换成十进制数

任意 P 进制数转换为十进制数，采用"按权展开相加"的方法就可以实现，例如：

$$\begin{aligned}(1101.01)_2&=1\times2^3+1\times2^2+0\times2^1+1\times2^0+0\times2^{-1}+1\times2^{-2}\\&=8+4+0+1+0+0.25=(13.25)_{10}\end{aligned}$$

$$(336)_8=3\times8^2+3\times8^1+6\times8^0=(222)_{10}$$

$$(2AD)_{16}=2\times16^2+10\times16^1+13\times16^0=(685)_{10}$$

(2) 十进制数转换成二进制数

把十进制数转为二进制数，要对整数部分与小数部分分别处理。

① 整数部分的转换。整数部分的转换采用"除 2 取余法"，即用 2 多次除被转换的十进制数，直至商为 0。每次相除所得余数按照第一次除 2 所得余数是二进制数的最低位，最后一次相除所得余数是最高位，排列起来，便是对应的二进制数。

例：将$(205)_{10}$转换成二进制数：

除数	被除数	余数
2	205	余1
2	102	余0
2	51	余1
2	25	余1
2	12	余0
2	6	余0
2	3	余1
2	1	余1
	0	

② 小数部分的转换。小数部分的转换采用“乘 2 取整法”,即用 2 多次乘被转换的十进制数的小数部分,每次相乘后,所得乘积的整数部分变为对应的二进制数。第一次乘积所得整数部分就是二进制数小数部分的最高位,其次为次高位,最后一次是最低位。

例:将$(0.625)_{10}$转换成二进制数:

0.625 × 2 = 1.250	整数 1
0.250 × 2 = 0.500	整数 0
0.500 × 2 = 1.000	整数 1

在实际转换中,不是任意十进制小数都能用有限位二进制数精确表示的,此时可按精度要求取足够的位数。

(3) 二进制数与八进制数之间的转换

① 二进制数转换成八进制数。因为三位二进制数正好表示 0~7 八个数字,所以一个二进制数要转换成八进制数时,从小数点为开始分别向左向右,每三位分为一组,一组一组地转换成对应的八进制数字。若最后不足三位时,整数部分在最高位前面加 0 补足三位再转换;小数部分在最低位之后加 0 补足三位再转换。最后按原来的顺序排列就得到八进制数了。

例如:

$$(11010111.0101)_2 = (327.24)_8$$

② 八进制数转换成二进制数。如果由八进制数转换成二进制数时,只要将每位八进制数字写成对应的三位二进制数,再按原来的顺序排列起来就可以了。

例如:

$$(27.461)_8 = (010111.100110001)_2$$

(4) 二进制数与十六进制数之间的转换

因为四位二进制数正好可以表示十六进制的16个数字符号，所以一个二进制数要转换成十六进制数时，从小数点为开始分别向左向右，每四位分为一组，一组一组地转换成对应的十六进制数。若最后不足四位时，整数部分在最高位前面加0补足四位再转换；小数部分在最低位之后加0补足四位再转换。最后按原来的顺序排列就得到十六进制数了。

例：将$(110111110.100101111)_2$转换成十六进制数：

$$(110111110.100101111)_2=(1BE.978)_{16}$$

相反，如果由十六进制数转换成二进制数时，只要将每位十六进制数字写成对应的四位二进制数，再按原来的顺序排列起来就可以了。

例：将$(6AB.7A54)_{16}$转换为二进制数：

$$(6AB.7A54)_{16}=(11010101011.0111101001010100)_2$$

（二）编码

计算机从键盘上接收的数据都是字符形式的，但是计算机只能存储二进制数，这就需要对这些字符进行编码。

1. 数值型信息的编码

在计算机中，因为只有0和1两种形式，为了表示数的正、负号，所以编码时也必须以0与1表示。通常一个数的最高位定义为符号位，用0表示正数，用1表示负数，该位称为数符。

同时为了方便运算，对有符号数常采用三种表示形式，即原码、反码、补码。

（1）原码

正数的符号位为0，负数的符号位为1，其他位用数的绝对值表示。通常X的原码表示为$[X]_{原}$。例如：

$$[+1]_{原}=00000001 \qquad [-1]_{原}=10000001$$

（2）反码

正数的反码与原码相同，负数的反码的符号位为1，其余各位对原码按位取反。例如：

$$[+1]_{反}=00000001 \qquad [-1]_{反}=11111110$$

（3）补码

正数的补码与原码相同；负数的补码的符号位为1，其余各位为反码并在最低位加1。引入补码后，可以简化运算，使减法统一变为加法。例如：

$$[102]_{补}=01100110 \qquad [-102]_{补}=10011010$$

注意：0只有唯一的编码，即0的-0与+0的补码都是00000000。

2. 字符型信息的编码

（1）ASCII码

ASCII(American Standard Code for Information Interchange)是美国信息交换标准代码，它需七位二进制编码，再加一个奇偶校验位，一共八位，ASCII字符编码表如表1.3所示。

表 1.3 七位 ASCII 码字符编码表

位数 \ 位数				W_7	0	0	0	0	1	1	1	1
				W_6	0	0	1	1	0	0	1	1
				W_5	0	1	0	1	0	1	0	1
W_4	W_3	W_2	W_1	行 \ 列	0	1	2	3	4	5	6	7
0	0	0	0	0	空白(NUL)	转义(DLE)	SP(空格)	0	@	P	`	p
0	0	0	1	1	序始(SOH)	机控 1(DC1)	!	1	A	Q	a	q
0	0	1	0	2	文始(STX)	机控 2(DC2)	"	2	B	R	b	r
0	0	1	1	3	文终(ETX)	机控 3(DC3)	#	3	C	S	c	s
0	1	0	0	4	送毕(EOT)	机控 4(DC4)	$	4	D	T	d	t
0	1	0	1	5	询问(ENQ)	否认(NAK)	%	5	E	U	e	u
0	1	1	0	6	承认(ACK)	同步(SYN)	&	6	F	V	f	v
0	1	1	1	7	告警(BEL)	组终(ETB)	′	7	G	W	g	w
1	0	0	0	8	退格(BS)	作废(CAN)	(	8	H	X	h	x
1	0	0	1	9	横表(HT)	载终(EM)	)	9	I	Y	i	y
1	0	1	0	10	换行(LF)	取代(SUB)	*	:	J	Z	j	z
1	0	1	1	11	纵表(VT)	扩展(ESC)	+	;	K	[	k	{
1	1	0	0	12	换页(FF)	卷隙(FS)	,	<	L	\	l	|
1	1	0	1	13	回车(CR)	群隙(GS)	-	=	M	]	m	}
1	1	1	0	14	移出(SO)	录隙(RS)	.	>	N	^	n	~
1	1	1	1	15	移入(SI)	无隙(US)	/	?	O	_	o	DEL

例如:"A"字符的 ASCII 码是 1000001,若用十六进制数可表示为 41H,若用十进制数可表示为 65D。"a"字符的 ASCII 码是 1100001,若用十六进制数可表示为 61H,若用十进制数可表示为 97D。

对于字符编码,除了 ASCII 编码外,还有 EBCDIC 和 Unicode 编码,这里不再详细介绍。

(2) 汉字编码

英文是拼音文字,采用不超过 128 种字符的字符集就满足英文处理的需要。但是,汉字是象形字,种类繁多,编码比较困难,并且它在输入、输出、存储和处理过程中所使用的汉字代码是不相同的,汉字编码比 ASCII 码要复杂。

① 国标码。1980 年,我国颁布了《信息交换用汉字编码字符集・基本集》(代号 GB 2312—80)。它是汉字交换码的国家标准,简称"国标码",也称汉字交换码。该标准收入了 7 445 个汉字及符号,其中一级汉字 3 755 个,汉字的排列顺序为拼音字母顺序;二级汉字 3 008 个,排列顺序为偏旁部首顺序;图形符号 682 个。

② 汉字机内码。国标码是一种机器内部编码,也称为内码,主要用于统一不同系统之间所有的不同编码。

国标码规定，每个字符由一个 2 字节代码组成。每个字节的最高位恒为“0”，其余 7 位用于组成各种不同的码值。两个字节的代码，共可表示 128×128=16 384 个符号，而国标码的基本集目前有 7 445 多个符号，足够使用。

③ 汉字输入码。这是一种用计算机标准键盘上按键的不同排列组合来对汉字的输入进行编码。常用的汉字输入法有拼音法、智能 ABC 法和五笔字型法。

注意：无论采用哪一种汉字输入法，当用户向计算机输入汉字时，存入计算机中的总是它的机内码，与所采用的输入法无关。输入码是用户选用的编码，也称为“外码”，而机内码则是供计算机识别的“内码”，其码值是唯一的，两者之间通过键盘管理程序实现自动转换。

④ 汉字字形码。汉字字形码又称为汉字字模，用于显示、打印文字。通常汉字显示和打印使用点阵和矢量表示法。

点阵码有 16×16（如图 1.15 所示），24×24，32×32，48×48 等。点数愈多，打印的字体愈美观，但汉字库占用的存储空间也愈大。例如，一个 24×24 的汉字占有空间为 72 个字节，一个 48×48 的汉字将占用 288 个字节。汉字之所以能在屏幕上显示，就是这些字节中的二进制位为 0 的对应的点为暗；二进制位为 1 的对应的点为亮。

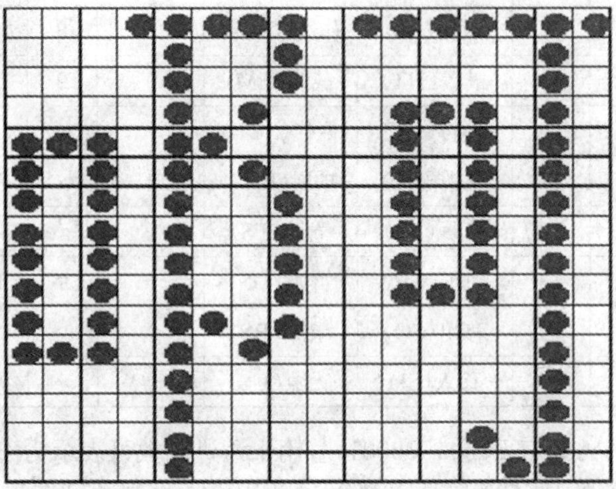

图 1.15 “啊”字的点阵外形

矢量表示法存储的是描述汉字字形的轮廓特征，当输出汉字时，通过计算机的计算，由汉字字形描述生成所需大小和形状的汉字点阵。矢量化字形描述与最终文字显示的大小、分辨率无关，因此可以实现高质量的汉字输出。

④ 汉字地址码。每个汉字字形码在汉字库中的相对位移地址称为汉字地址码，要输出汉字时，必须使用地址码才能在汉字库中找到所需的字形码，最终在输出设备上形成可见的汉字字形。地址码与机内码之间存在对应转换关系。

图 1.16 给出了汉字信息处理过程中的编码及流程图。

图 1.16 汉字信息处理系统的模型

习　题　一

一、单项选择题

1. 已知在某种进制下 2×4=10,那么在该进制下 3×5 应等于____。
   A. 15　　B. 21　　C. 17　　D. 2
2. 电子数字计算机最主要的特点是____。
   A. 高精度　　B. 存储程序与自动控制　　C. 高速度　　D. 记忆力强
3. 最先实现存储程序的计算机是____。
   A. ENIAC　　B. EDVAC　　C. ENSAC　　D. VNIVA
4. 通常人们所说的一个完整的计算机系统应该包括____。
   A. 主机、键盘、显示器　　B. 系统硬件与系统软件
   C. 计算机及其外部设备　　D. 硬件系统与软件系统
5. 在计算机内部,一切信息存取、处理和传递的形式是____。
   A. ASCII 码　　B. 二进制　　C. BCD 码　　D. 十六进制
6. 下列各种进制的数据中最小的数是____。
   A. $(101001)_2$　　B. $(2B)_{16}$　　C. $(53)_8$　　D. $(44)_{10}$
7. 一张 CD 光盘的存储容量是____。
   A. 1.2 MB　　B. 650 MB　　C. 1.44 MB　　D. 1.2 GB
8. 某微型机标明 Pentium/800 MHz,其中 800 的含义是____。
   A. CPU 序号　　B. CPU 的速率　　C. 内存的容量　　D. 时钟频率
9. 最适合信息管理的计算机语言是____。
   A. 汇编语言　　B. FORTRAN 语言　　C. 机器语言　　D. 数据库语言
10. PCI 系统 586/133 微型机,其中 PCI 是____。
    A. 产品型号　　B. 微型机系统名称　　C. 总线标准　　D. 微处理器的型号
11. 下面 4 种存储器中,存取速度最快的是____。
    A. 磁带　　B. 硬盘　　C. 软盘　　D. 内存储器
12. 在微型机中,VGA 的含义是____。
    A. 微型机型号　　B. 显示标准　　C. 键盘型号　　D. 显示器型号
13. 断电会使存储的数据自动丢失的存储器是____。
    A. RAM　　B. ROM　　C. 硬盘　　D. 软盘
14. 微型机中的 CPU 是由____。
    A. 内存储器和外存储器组成　　B. 运算器和控制器组成
    C. 微处理器和内存储器组成　　D. 运算器和寄存器组成
15. CAD 是计算机主要应用领域之一,它的含义是____。
    A. 计算机辅助教育　　B. 计算机辅助设计
    C. 计算机辅助测试　　D. 计算机辅助管理

16. 存储器 RAM 是指____。

A. 随机存储器　　B. 顺序存储器

C. 高速缓冲存储器　　D. 只读存储器

17. 微型机中硬盘工作时,应特别注意避免____。

A. 光线直射　　B. 环境卫生不好　　C. 强烈震动　　D. 噪声

18. 字符的 ASCII 编码在机器中的表示方法准确的描述应是____。

A. 使用八位二进制代码,最右边一位为 1

B. 使用八位二进制代码,最左边一位为 0

C. 使用八位二进制代码,最右边一位为 0

D. 使用八位二进制代码,最左边一位为 1

19. 微型机硬件系统的基本组成是____。

A. 主机、硬件、输入设备、存储器　　B. 主机、键盘、显示器

C. 微处理器、存储器、输出设备　　D. 键盘、显示器、打印机、运算器

20. U 盘插入 USB 端口后,这时对它可以进行的操作是____。

A. 只能读盘,不能写盘　　B. 只能写盘,不能读盘

C. 既可读盘,又可写盘　　D. 不能读盘,也不能写盘

21. 把当前屏幕内容打印出来,应使用的键是____。

A. Scroll　　B. PgDn　　C. Prtsc　　D. Print

22. 幼儿英语教学软件属于____软件。

A. CAM　　B. CAD　　C. CAS　　D. CAI

23. 邮局利用计算机对信件进行自动分拣的技术是____。

A. 机器翻译　　B. 自然语言理解　　C. 过程控制　　D. 模式识别

24. MIPS 是用以衡量计算机____的性能指标。

A. 传输速率　　B. 存储容量　　C. 字长　　D. 运算速度

25. 目前较流行的计算机酷睿处理器是属于____。

A. 奔 4 处理器　　B. 单核处理器　　C. 双核处理器　　D. 多核处理器

26. 在 16×16 点阵中,存储一个汉字的字模信息需用字节数是____。

A. 8　　B. 16　　C. 32　　D. 64

二、多项选择题

1. 下列____可能是二进制数。

A. 101101　　B. 111111　　C. 000000　　D. 212121

2. 主机主要由____组成。

A. 存储器　　B. 指令译码器　　C. 运算器和控制器　　D. I/O 接口电路

3. 计算机软件系统包括____两部分。

A. 系统软件　　B. 实用软件　　C. 编辑软件　　D. 应用软件

4. 下列四种叙述中不正确的是____。

A. 控制总线的“双向”与数据总线的“双向”意义完全一样

B. 网卡(网络适配器)与调制解调器的功能完全一样

C. 内置 MODEN 和外置 MODEN 的功能是一样的

D. 微型计算机硬件系统采用总线结构后，允许任一时刻多对部件同时使用总线，传输信息的效率比点对点直接通讯的效率还要高

5. 计算机指令包括____。

A. 原码　　B. 操作码　　C. 机器码　　D. 地址码

6. 计算机语言按其发展历程可分为____。

A. 低级语言　　B. 汇编语言　　C. 机器语言　　D. 高级语言

7. 在下列设备中，能作为微机的输出设备的是____。

A. 打印机　　B. 绘图仪　　C. 显示器　　D. 键盘

8. 下列四种叙述中不正确的是____。

A. CPU 在自动执行机器指令程序时，程序计数器 PC(或者指令指针 IP)在执行了跳转指令后，PC 的内容的变化还是按(PC)+1(PC)模式变化

B. 外部设备与计算机的系统总线相连接时，增加接口电路是必需的

C. 增加数据总线的宽度，会提高计算机的工作速度，数据总线的宽度的增加值一般是字节的整数倍，数据总线的宽度有时与字长不相等

D. 多位二进制信息的远距离传输一般采用并行传输，近距离传输一般采用串行传输

9. 下面的四种叙述中，正确的是____。

A. 个人微机键盘上的“Ctrl”键是起控制作用的，它必须与其他键同时按下才有作用

B. 键盘属于输入设备；外存储器既是输入设备，又是输出设备

C. 计算机指令是指挥 CPU 进行操作的命令，指令通常由操作码和操作数组成

D. 个人微机使用过程中突然断电，内存 RAM 中保存的信息全部丢失，ROM 中保存的信息不受影响

10. 下面的四种叙述中，错误的是____。

A. 系统软件就是买来的软件，应用软件就是自己编写的软件

B. “指令系统”与“操作系统”的层次关系可以互换

C. 用机器语言编写的程序计算机可直接执行，高级语言编写的程序必须经过编译或解释才能执行

D. 一台计算机配了 FORTRAN 语言，就是说它一开机就可以用 FORTRAN 语言编写和执行程序

11. 下列有关微机操作的说法正确的为____。

A. 开机时应先开主机，再开外部设备

B. 微机对开机、关机顺序无要求

C. 硬盘中的重要文件要备份

D. 每次开机与关机之间间隔至少要 10 秒钟

12. 下列____不能决定微型计算机的性能。

A. 计算机的质量　　B. 计算机的价格

C. 计算机的主频　　D. 计算机的体积

13. 微型计算机连接打印机所用的接口类型通常有____。

A. USB 口　　B. 并行接口上　　C. 总线接口上　　D. 显示器接口上

14. 关于微型机中汉字的各种编码之间相互关系的叙述，____是正确的。

A. 汉字输入时采用输入码　　B. 汉字库中寻找汉字字模时采用机内码
C. 汉字输出打印采用点阵码　　D. 存储或处理汉字时采用机内码

15. 计算机对条形码的识别信息不属于____。
A. 人读数据　　B. 机读数据　　C. 输入数据　　D. 输出数据

16. 关于"电子计算机的特点"的下列论述中,正确的有____。
A. 运算速度高　　B. 运算精度高
C. 思考能力　　D. 运行过程能自动、连续进行

17. 在计算机中采用二进制的主要原因是____。
A. 两个状态的系统容易实现　　B. 运算法则简单
C. 十进制数无法在计算机中实现　　D. 可进行逻辑运算

18. 计算机的外存与内存相比,其主要特点是____。
A. 能存储较多信息　　B. 能较长期保存信息
C. 存取速度快　　D. 具有掉电保存功能

19. 关于U盘格式化的叙述中,____是正确的。
A. 写保护的U盘可以格式化
B. 格式化将清除原盘上所有的信息
C. 已经格式化的U盘可以作为系统盘使用
D. U盘的格式化有快速和常规两种形式

20. 对微型机系统有下列四条描述,其中正确的有____。
A. CPU管理和协调计算机内部的各个部件的工作
B. CPU可以存储大量的信息
C. 主频是衡量CPU处理数据快慢的重要指标
D. CPU直接与硬盘进行信息交换

项目二　轻松驾驭计算机

学习内容

学习目标

(1) 掌握计算机硬件的组成及相关理论知识。

(2) 掌握计算机操作系统的安装及使用。

(3) 能对计算机进行个性化设置。

(4) 能熟练管理和优化计算机。

(5) 熟练使用计算器和画图工具。

任务一　组装计算机

一、任务的提出

小霞打算买一台电脑，她思虑再三，到底买兼容机还是品牌机？她有些犹豫不决。品牌机的价格普遍都很高，但配置不高，而相对品牌机来说，兼容机的性价比就明显高了很多。但是，怎样组装一台理想的计算机呢？

二、解决方案分析

对于较少接触计算机的人来说，可能会觉得“装机”是一件难度很大、很神秘的事情。要想顺利组装一台计算机，不但要掌握相应的理论知识，还得将理论与实践有机结合在一起。在对微型计算机的硬件知识有比较深入的了解后，"装机"将变得清晰、简单了。

三、任务的实施

1. 装机准备工作

组装一台微型计算机应该说是一件比较简单的事情，装机时最主要的工具就是一把磁性的梅花螺丝刀。由于微机的配件多数都有精密的电子元器件，它们都害怕静电，所以在组装之前先触摸大块的金属物品或者用清水洗手以消除静电。

2. 机箱准备

打开机箱的外包装，可以看到随机箱会有许多附件，螺丝、挡片等，这些在安装过程中，会一一用到它们。取下机箱的外壳，如图 2.1 所示。机箱的整个机架由金属组成，其中 5 寸固定架，可以安装光驱、硬盘等。2.5 寸固定架，可以安装软驱和 2.5 寸的硬盘。电源固定架用来固定电源。机箱一侧的一块大铁板称为底板，底板上的铜柱用来固定主板。机箱背部的槽口和多块挡片可以拆下，用以连接外部设备，如鼠标、键盘和显示器等。

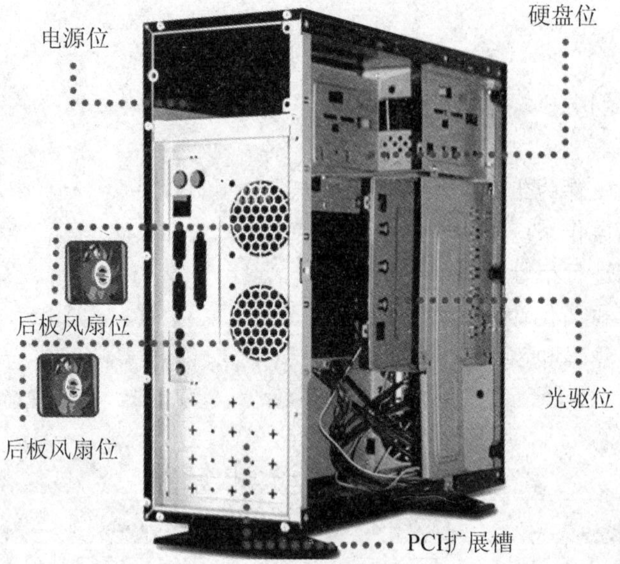

图 2.1　机箱

3. 安装 CPU 和风扇

主板上 CPU 的插槽有两种，即 Socket 插槽和 Slot 插槽。下面以常见的 Socket 插槽为例介绍 CPU 的安装方法。

将主板放置在桌面上，最好在主板下面垫上柔软的海绵。仔细观察主板上的 CPU 插座，会发现它的一个角比其他的角少一个插孔，CPU 本身也是如此(如图 2.2、图 2.3 所示)。在插座的左侧有一个小扳手，只要拉起这个扳手，将 CPU 缺针位置与插座缺孔位置相对应，轻轻将 CPU 的各针脚插入插槽的插孔中，然后再将扳手复位即可。

由于 CPU 发热量比较大，所以安装好 CPU 后，还需要安装散热风扇，以免 CPU 烧坏。下面以采用最多的卡夹式风扇为例，只要将散热风扇的卡夹套在 CPU 插座的卡槽上即可。

最后将 CPU 风扇的电源线接到主板上 3 针的 CPU 风扇电源接头上。

图 2.2　主板上的 Socket 插槽

图 2.3　CPU

4. 安装内存条

安装内存条时，先把主板上内存插槽两端的白色卡子向两边扳开，然后将内存条插入其中，内存条上的缺口必须和插槽的凸点相对应。用两个拇指轻轻把内存条推进插槽中，插槽两边的弹簧卡子会把内存牢牢地卡住。

5. 安装主板

主板上的 CPU 及内存安装好后，接下来就可以把主板固定在机箱底板上了。主板上一般有 5～7 个固定孔（如图 2.4 所示），底板上也有很多螺钉孔，要选择合适的孔和主板上的孔相匹配。选好以后，把固定螺钉旋紧在底板上（现在大多数底板上已经安装了固定柱），然后把主板小心地放在上面，注意将主板上的键盘口、鼠标口、串并口等和机箱背面挡片的孔对齐，使所有螺钉对准主板的固定孔，依次把每个螺丝安装好。要求主板与底板平行，决不能搭在一起，否则容易造成短路。

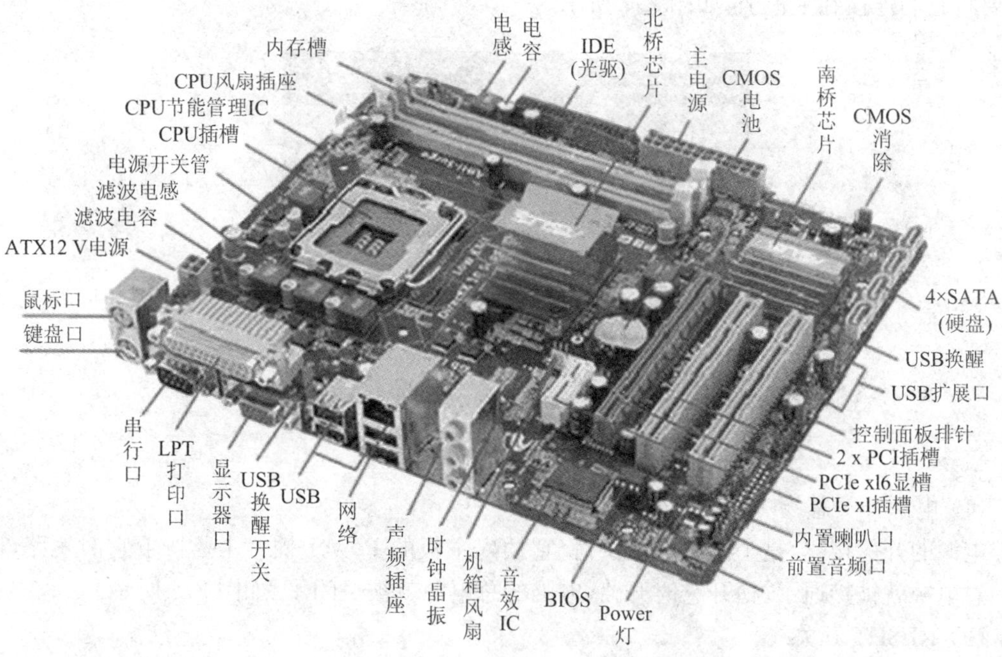

图 2.4　主板

6. 安装电源

主板上的电源分 AT 电源和 ATX 电源两种。ATX 电源的好处是可以实现软件关机。目前市场上流行的主板一般只有 ATX 电源。

安装电源比较简单，把电源放在机箱电源固定架上，使电源后的螺丝孔和机箱上的螺丝孔一一对应，然后拧上螺丝。最后将 ATX 电源的 20 针长方形插座接入主板的 ATX 电源接口中，切记不能接反(一般插反是插不进去的)。

7. 安装显示卡

先将机箱上与 AGP 插槽(如图 2.5 所示)对应的挡板去掉，然后将显示卡(如图 2.6 所示)以垂直于主板的方向插入主板上的深褐色的 AGP 显示卡插槽中。用力适中把显示卡插到底部，保证卡和插槽的良好接触。最后用螺钉将显示卡固定在机箱上。

图 2.5　右边为 AGP 插槽

图 2.6　AGP 显示卡

8. 连接机箱面板上开关、指示灯等接线

机箱面板上有许多线头空着，它们是一些开关和指示灯，还有 PC 喇叭和硬盘指示灯等，要将它们连接到主板上，如图 2.7 所示。

图 2.7　机箱前面板上的连线

(1) 电源开关总线

电源的开关接线，是个两芯的插头，将它插入主板的 Power 插针上。按下它时短路，电脑的总电源就被接通了，松开它时开路，电脑的总电源就被关闭了，如图 2.8 所示。

(2) RESET 开关线

这是个两芯接头连着机箱的“RESET”键，它要接到主板上的 RESET 插针上。“RESET”键是一个开关，按下它时产生短路，手松开时又恢复开路，瞬间的短路就可使电脑重新启动，如图 2.9 所示。

图 2.8　电源开关面板线

图 2.9　复位键面板线

（3）硬盘指示灯连线

硬盘指示灯的两芯接头，1 线为红色。在主板上，这样的插针通常标着 IDE LED 或 HDD LED 的字样，连接时要红线对 1。这条线接好后，当电脑在读写硬盘时，机箱上的硬盘灯会亮，如图 2.10 所示。

（4）电源指示灯连线

电源指示灯的接线是一个三芯插头，使用 1、3 位，1 线通常为绿色。在主板上，插针通常标记为 POWER LED，连接时注意绿色线对应于第一针（+）。当它连接好后，电脑一打开，电源灯就一直亮着，指示电源已经打开了，如图 2.11 所示。

图 2.10　硬盘指示灯面板线

图 2.11　电源指示灯面板线

（5）PC 喇叭面板接线

PC 喇叭的接线虽为四芯插头，但实际上只有 1、4 两根线，1 线通常为红色，它要接在主板的 SPEAKER 插针上。这在主板上有标记，通常为 SPEAKER。在连接时，注意红线对应 1 的位置，如图 2.12 所示。

9．连接显示器

连接显示器的信号线，15 针的信号线外框为梯形，将其接在显示卡上，电源接在主机电源上或直接接电源插座。注意不要用力太猛。如图 2.13 所示。

10．连接键盘和鼠标

目前市场上流行的键盘和鼠标为 PS/2 接口和 USB 接口，这两种接口的插头是一样的，对于 PS/2 接口一般微机上都有颜色区别，只要将接口颜色和鼠标或键盘插头颜色相对应即可。对于 USB 接口的键盘和鼠标只要有接口接入就可以了。

11．加电测试基本系统

到此，我们可以给微机加电测试了。接通机箱电源，按下主机面板上的电源开关后，机器中的设备开始运转,其中CPU风扇、机箱电源风扇会发出“嗡嗡”的声音,伴随着喇叭“嘟”的一声,显示器出现系统提示信息,此时系统正在执行一个自检程序,表明机器可以正确启动,接下来我们就可以安装剩余的设备了。

图 2.12　PC喇叭面板线

图 2.13　连接显示器信号线

12. 硬盘、光盘驱动器和软盘驱动器的安装与连接

(1) 安装固定

在台式机中最常用的硬盘是3.5英寸的硬盘。机箱面板上一般都有1～2个3.5英寸的安装位置。将硬盘放在3.5英寸安装位置上,并将硬盘数据接口和电源接口的一端朝向机箱后面,电路板一面向下,轻轻放入机箱中,然后用4颗螺钉将其固定。软驱和光驱的安装方法基本和硬盘相同,只是光驱安装在5.25英寸的安装架上。

(2) 连线

ATX主板上有一个软驱接口、两个IDE口(如图2.14所示)。IDE口是用来连接IDE设备的,一般是硬盘和光驱。主板上的两个IDE口,一个是主接口,一个是副接口。每个IDE口可以连接两个IDE设备,所以,一台电脑最多可连接四个IDE设备。

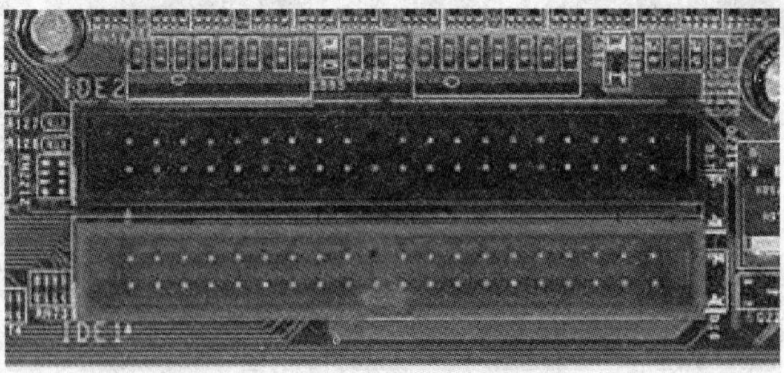

图 2.14　主板上的IDE接口

硬盘数据线是40芯的,有3个接头(如图2.15所示),它们不分顺序。其中两个接头连接硬盘和光驱,第三个接头接到主板的sata接口上。数据线上都有一根色线,一般为红线,接线原则是色线对应接口上第一根针,主板上的接口和设备接口都是这样。先接好主板这头,再接光驱,之后接硬盘。如图2.16所示,硬盘的数据线的连接和硬盘的电源线的连接。

最后再将电源上的插头(如图2.17所示)插入光盘、光驱驱动器和软盘驱动器相应的插口中。因为电源插头都为梯形,所以一般不会插错,如果插反了是插不进去的。

图 2.15　硬盘和光驱数据线

图 2.16　硬盘数据线与电源线

图 2.17　电源上的插头

13. 安装声卡、网卡等各种扩展卡

现在的声卡、网卡等接口卡都是 PCI 接口。主板上一般都有 2～4 个 PCI 插槽。安装板卡时，选择一个插槽安装就可以了。为了提高散热能力和信号干扰，应尽量将各卡隔离远一些。按照前面安装显示卡的方法将各卡插入主板的 PCI 插槽中，然后用螺钉将其固定在机箱上。

14. 加电测试整机

所有安装结束后，要对整个计算机硬件系统进行加电测试。如果有问题，需要重新检查设备的连接情况，耐心分析、判断原因，将故障排除。

至此，一台微型计算机已经组装成功。紧接着就是系统设置和软件的安装。在安装操作系统前要进行 CMOS 设置、硬盘分区、硬盘格式化等操作，其后安装操作系统、安装显示卡和声卡以及网卡驱动程序、安装应用软件等操作，完成这些操作后，才能真正使用微型计算机。

四、总结与提高

微机的硬件组装并没有一个绝对的安装顺序（比如有些机箱要先安装主板再装电源，而有些可能要先装电源再装主板），要依据实际情况进行安装。上面提供的是一个比较切实可行的组装流程，共分 14 个步骤。总结如图 2.18 所示。

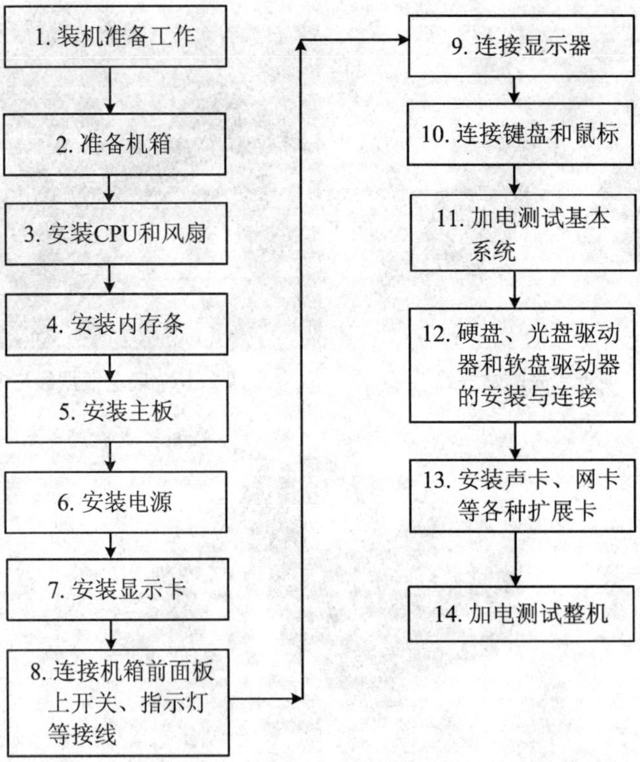

图 2.18　微机安装流程图

任务二　安装 Win 7 操作系统

一、任务的提出

现在小霞有了自己的电脑，但电脑什么都干不了，怎么才能让自己的电脑跟别人的一样，可以上网、听音乐呢？隔壁的蔡叔叔告诉她，电脑需要安装操作系统才能正常使用。那么，操作系统该怎么安装呢？

二、解决方案分析

我们安装的 Windows 系统版本通常分为两大类，一类是安装版，另一类就是 Ghost 版。这两种版本各有其优劣（这里不多讨论），个人比较喜欢安装版。好了，这里不啰嗦了，进入正题。这里以最简单的安装方法（硬盘安装双系统，适合从未装过系统的朋友）教大家安装 Win 7 Ultimate（32 Bit）。

三、相关知识点

（一）计算机软件系统概述

一个完整的计算机系统由硬件和软件两部分组成。硬件是组成计算机的物质实体，如CPU、存储器、输入输出设备等。软件是指所有应用计算机的技术，即程序和数据，它的范围非常广泛，一般是指程序系统，是发挥计算机硬件功能的关键。从广义上来说，软件是指计算机中运行的所有以各种文档资料的总称。

计算机软件系统分为系统软件和应用软件两大类。

1. 系统软件

系统软件通常负责管理、控制和维护计算机的各种软硬件资源，并为用户提供一个友好的操作界面和工作平台。常见的系统软件主要有操作系统、计算机语言处理程序、常用服务程序、数据库管理系统以及数据通信程序等。

2. 应用软件

应用软件是专业人员为各种应用目的而开发的面向具体问题和用户的应用程序。常用的应用软件有办公自动化软件、专业软件、科学计算机软件包、游戏软件等。

（二）操作系统的作用与位置

操作系统是最底层的系统软件，是对硬件系统功能的首次扩充，也是其他系统软件和应用软件能够在计算机上运行的基础。

操作系统是一种特殊的用于管理和控制计算机硬件和软件的程序，位于计算机的硬件和应用程序之间，负责管理、调度、指挥计算机的软、硬件资源，使其协调工作，没有操作系统，任何计算机都无法正常运行。操作系统在资源使用者和资源之间充当中间人的角色。

因此，操作系统作为计算机系统的软、硬件资源的管理者，其主要功能就是对系统所有的资源进行合理而有效的管理和调度，提高计算机系统的资源利用率。具体地说，操作系统具有五方面的功能：处理器管理、存储器管理、设备管理、文件管理和作业管理等。在计算机的发展过程中，出现过许多不同的操作系统，其中最为常用的有 DOS、Windows、Linux、Unix/Xenix、OS/2 等。

四、任务的实施

(1) 下载 Windows 镜像到本地计算机。

(2) 用解压软件将镜像解压(若不解压就用虚拟光驱加载也行)。

(3) 打开解压后的文件夹，找到“setup. exe”(有的是“autorun. exe”)双击即可运行安装程序。出现如图 2.19 所示画面，点击“现在安装”进入安装过程。

(4) 整个屏幕被 Win 7 安装界面覆盖(此时要切换到其他操作按“Win”键)，并在屏幕中央出现，如图 2.20 所示画面，选择“不获取最新安装更新”。

图 2.19　安装选择

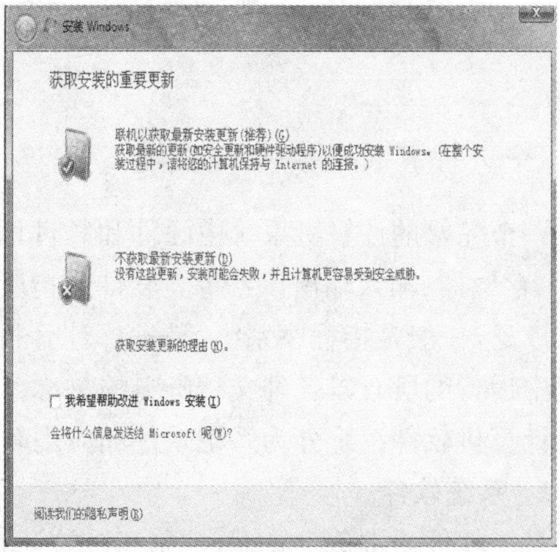

图 2.20　安装 Windows

(5) 出现协议许可界面,如图 2.21 所示。按“+”键同意安装(按“.”键不同意安装)或用鼠标点击同意,然后敲击“回车”键(或点“下一步”)继续。

(6) 出现安装类型选择界面,如图 2.22 所示,上键(↑)或下键(↓)移动到“自定义(高级)”选项(或鼠标选择)选择并继续。

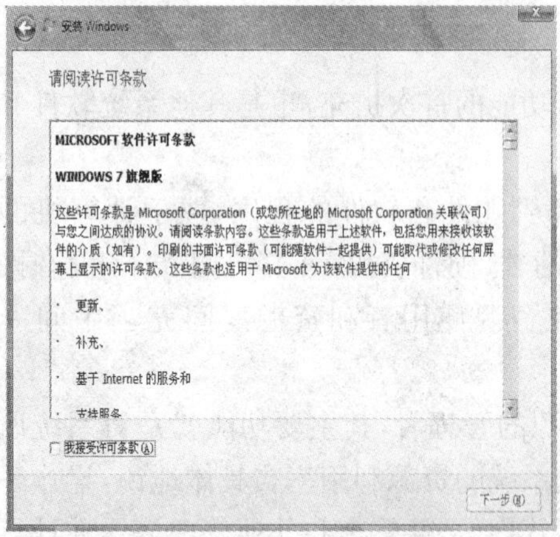

图 2.21　安装许可条款

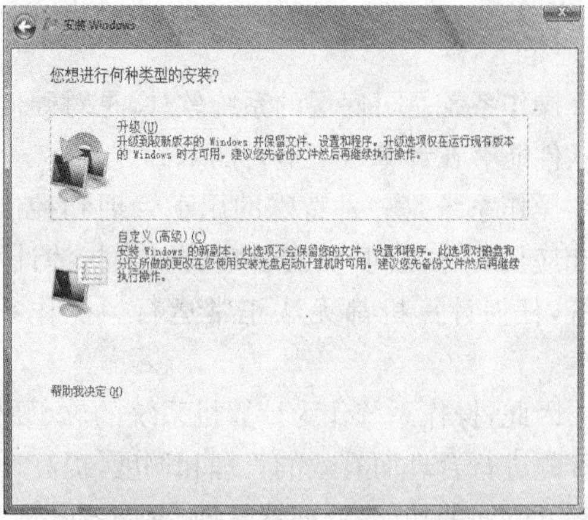

图 2.22　安装类型选择界面

(7) 出现如图 2.23 所示,问你将 Windows 安装到何处,用上键(↑)或下键(↓)选择合适的分区(不能选择当前系统活动的分区,用光盘启动才可以安装到任意分区),选择好后敲击“回车”进行下一步。

小提示:图 2.23 中“类型”一栏显示“系统”的就是当前活动的系统,是不能选的,选择前请务必确定你要安装系统的盘(分区)没有重要数据,如有请在此步执行下一步前立刻备份,(按“Win”键执行其他操作)

(8) 安装系统正式启动,首先出现如图 2.24 所示,一步一步完成上面的任务,此过程会自动重启计算机一次,重启以后会继续安装过程,此过程请不要做任何操作,系统会自动完成。

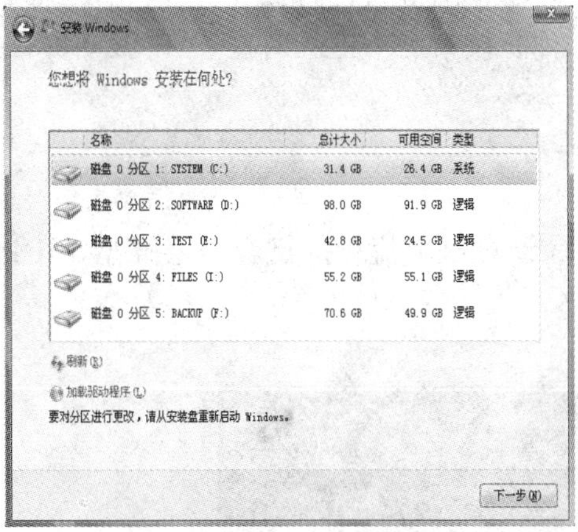

图 2.23　选择安装位置

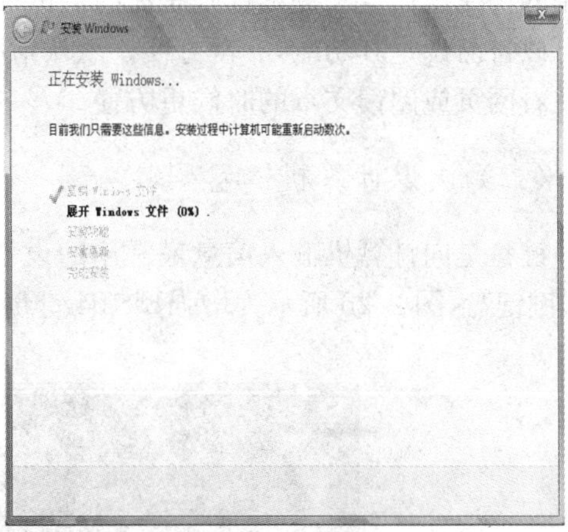

图 2.24　安装过程

(9) 设置国家或地区,选择时间、货币和键盘布局,输入用户名、密码和产品密钥,设置时区,选择你所处的网络,全部设置好后即可登录 Win 7。

任务三　操作计算机

一、任务的提出

小霞安装好了 Win 7 操作系统,现在终于可以开始电脑之旅了,可怎么让电脑听自己的话呢?

二、解决方案分析

鼠标和键盘是微型计算机最重要的输入设备,要想操作微型计算机,首先必须熟练它们的操作方法。

三、相关知识点

(一) 认识鼠标

鼠标是鼠标器的简称。通过点击或拖拉鼠标,可以很方便地对计算机进行操作,Windows 中的许多操作都可以通过鼠标的操作来完成。鼠标分有线和无线两种,结构上有机械式、光机式、光电式和光学式等,目前使用最多的是光电式。功能上有两键、三键和多键等几种的鼠标,目前使用较多的是两键和三键。两键鼠标有左、右两键,左按键又叫做主按键,大多数的鼠标操作是通过主按键的单击或双击完成的。右按键又叫做辅按键,主要用于一些专用的快捷操作。三键鼠标则是比两键鼠标多了一个中间键,目前常见的是滚轮,鼠标第三键可以自己设定其功能,非常方便。默认情况下,你长按第三个键的时候,可以滚动屏幕,这样在看网页或阅读文章的时候更方便。

(二)认识计算机键盘

键盘是向计算机输入信息最常用的设备,目前计算机上流行的键盘是增强型 101 键或 104 键键盘,图 2.25 所示为增强型 104 键键盘。

图 2.25 增强型 104 键键盘

键盘主要分为四个区,即主键盘区、功能键区、编辑键区和数字小键盘区,另外还有 3 个特殊键。

1. 主键盘区

主键盘区是键盘的主要部分,包括:

(1) 符号键:符号键有 26 个英文字母,10 个数字及“=”“+”“;”“,”“@”等 47 个特别符号。

(2) 空格键与退格键:空格键是标有“Spacebar”(有些键盘未标出)的长条键,用来输入空格符。空格虽然不可见,但它也是一个字符,在屏幕上占据一个字符位。退格键上标有“BackSpace”或“←”,它用来删除刚刚输入的符号,每敲一次删除一个符号。

(3) 回车键(Enter):回车键是标有“Enter”(有的键盘标“Return”或“↵”)的键,它用来结束当前行的输入,开始一个新行。

(4) 辅助键:辅助键共有三对,分别标有“Shift(⇧)”“Ctrl”与“Alt”,它们只能与其他键组合才能起作用,只有极个别情况允许单独使用。每种辅助键都有两个,分布在主键盘的左右两侧,它们是等价的,目的只是便于双手操作。

① 上档键(Shift):它又称换档键,当按下“Shift”键再敲双符键时(键面上标有两个字符),便输入键面上部的符号。另一功能是在按下“Shift”键的同时敲字母键,则输入大写字母;当单独敲击字母键时输入的是小写字母。

② 控制键(Ctrl):它与其他键组合可向计算机发送一个信号,具体的作用由软件定义。

③ 转换键(Alt):与控制键相同,它也与其他键组合可向计算机发送一个信号,具体的作用由软件定义。

(5) 大写字母锁定键(Caps Lock):它是用来锁定字母大小写状态的。字母键的初始状态为小写,敲一下“Caps Lock”键,再敲字母键便输入大写字母,而此时“Shift”与字母键组合则产生小写字母。“Caps Lock”是一个开关键，当再敲一次时，字母状态转换为小写。

(6) 制表键(Tab)：敲一下“Tab”键，屏幕上的光标便移到下一个制表位，一般两制表位间隔8个字符。所以按一个制表键，一般光标移动8个字符的位置。

2. 功能键区

功能键区包含F1～F12的12个功能键和“Esc”键。功能键的作用由具体的系统和软件来定义，也可与“Shift”“Ctrl”“Alt”等键组合使用。“Esc”键称换码键，也称作废键，一般用来作废一个操作或产生一个换码序列。

3. 编辑键区

编辑键区包括上、下、左、右箭头，Page Up、Page Down等10个键，主要用来移动光标和编辑修改。“←”与“→”分别使光标左、右移动一个字符，“↑”与“↓”分别使光标上、下移动一行，“Home”与“End”分别使光标移到行首和行尾，“Page Up”与“Page Down”分别是前翻一页和后翻一页，“Delete”是删除紧靠光标后的字符，“Insert”为插入/改写开关键。

4. 数字小键盘区

数字小键盘区是为单手录入数字而设计的，它有数字与编辑两种状态，通过数字锁定键“Num Lock”来转换。“Num Lock”是一个开关键，初始状态它是数字键，当敲一次“Num Lock”键时，它处于编辑键状态，各键的使用与编辑键区内对应键的使用等同。

5. 特殊键

特殊键有三个：“Print Screen”用来将屏幕信息从打印机上硬拷贝下来；“Pause”用来暂停主机的当前运行，它与“Ctrl”组合(即“Ctrl + Break”)可强行中断当前正在执行的程序；“Scroll Lock”为“卷动”锁定键，在DOS中很少使用。

四、任务的实施

(一) 使用鼠标

鼠标的基本操作包括指向、单击、双击、拖动和右击。

鼠标的基本操作：

(1) 指向：将鼠标指针指向某个对象或对象区域。移动鼠标，指向桌面上的任一图标或任务栏上的应用程序按钮，观察发生的变化。

(2) 单击：将鼠标指针指向某个对象，然后按下鼠标左键并使之自由弹起，一般用于选择某个对象。移动鼠标指向桌面上的“计算机”图标，然后单击左键，观察发生的变化。

(3) 双击：将鼠标指针指向某个对象，快速地连续单击两次鼠标左键，常用于打开文件。移动鼠标指向桌面上的“计算机”图标，双击打开“计算机”应用程序。

(4) 右键单击：将鼠标指针指向某个对象，然后按下鼠标右键并使之自由弹起，一般用于打开快捷菜单。移动鼠标，指向“计算机”图标，然后单击鼠标右键，打开“计算机”快捷菜单；移动鼠标，指向“开始”菜单，然后单击鼠标右键，打开“开始”快捷菜单。

(5) 拖动：将鼠标指针指向某个对象，按住鼠标左键的同时移动鼠标指针，到达目的位置后再放开鼠标左键。拖动“计算机”图标到桌面的空白区域，观察操作结果。

(6) 右键拖动：将鼠标指针指向某个对象，按住鼠标右键的同时移动鼠标指针，到达目的位置后再放开鼠标右键。移动鼠标，指向“计算机”图标，然后按住右键拖动到桌面的右下角，观察操作结果。

（二）键盘操作训练

1. 基本键位指法

基本键位指法是键盘指法的基础，是手指定位的基本准则。基本键位在主键盘区的正中央位置，由“A”“S”“D”“F”“J”“K”“L”和“;”共八键组成，其中的“F”“J”两个键上都有一个凸起的小横杠，以便盲打时手指能通过触觉定位。键盘指法要求左手小指、无名指、中指、食指分别置于“A”“S”“D”“F”键上，右手食指、中指、无名指、小指分别置于“J”“K”“L”和“;”键上。击键盘时手指从基本键位上快速伸出击打所要击的键，击键完毕手指应回到基本键位，如图2.26所示。

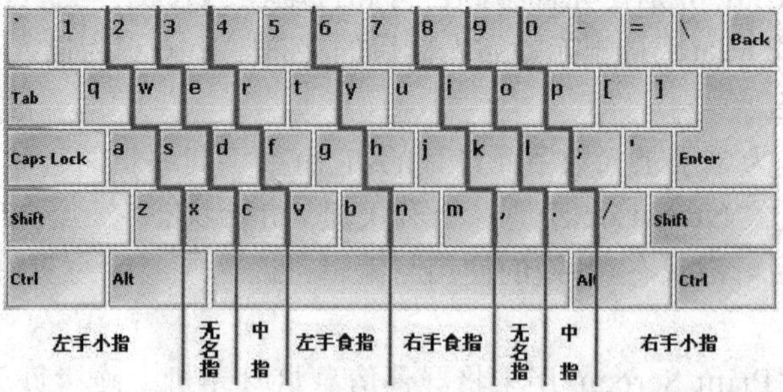

图2.26 手指与基本键位的对应关系

2. 键位的手指分工

手指与键位的搭配，即手指分工，就是把键盘上的全部字符合理地分配给两手的十个手指，规定每个手指打哪几个字符键。左右手所规定要打的字符键都是一条或两条左斜线。每个手指分工负责基本键位上下相应的键，各个手指必须严格遵守所规定的键位。如图2.26所示，左手中指负责“C”“D”“E”和“3”四个键，而右手食指负责“N”“H”“Y”“6”“M”“J”“U”和“7”八个键。空格键则由右大拇指负责。输入左手管辖的上档字符时，用右手小指按住右“Shift”键；输入右手管辖的上档字符时，用左手小指按住左“Shift”键。

3. 击键方法

(1) 两拇指轻放在空格键上，其他八个手指自然弯曲，轻轻地放在基本键位上。

(2) 用指尖击键，瞬间发力，并立即反弹。力度适当，节奏均匀。

(3) 击键时，各手指遵守分工，不得错位，不得相互替换。手腕要平直，手臂不动，全部动作仅限于手指部分。

(4) 击键后，手指立即返回基准键位。

4. 正确的操作姿势

正确的操作姿势如图2.27所示。

① 坐姿端正，身体保持正直，双膝平行，双脚平放。

② 两肩放松，上臂自然下垂，大臂、肘靠近身体，大臂与小臂略小于直角。

③ 身体正对键盘，座位高低适度，距离适当。屏幕中心与视线等高或略低。手掌与键盘斜度平行，手指轻放在基本键位上。

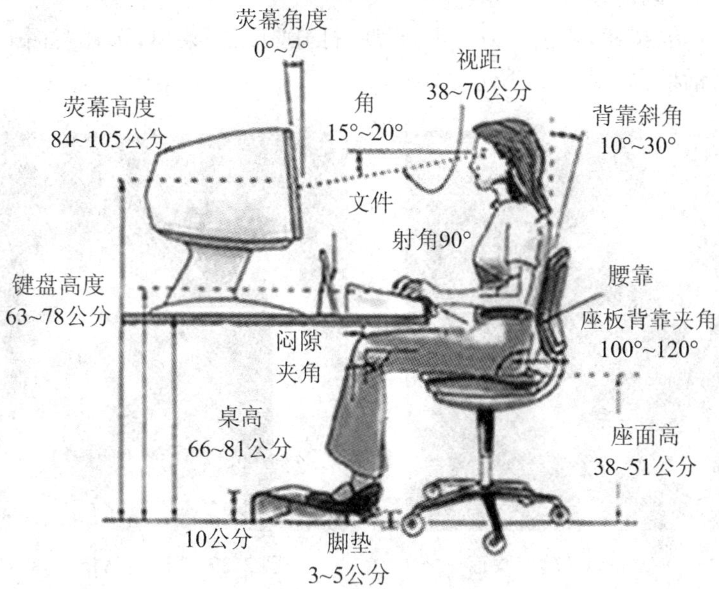

图 2.27　正确的操作姿势

任务四　个性化计算机

一、任务的提出

小霞是个有个性的 90 后女孩，她希望自己的计算机能与众不同，究竟该怎么处理呢？

二、解决方案分析

要想让自己的操作系统更有个性，只需要在 Win 7 中做相应的设置就可以了。

三、任务的实施

（一）Windows 7 的启动与注销

1．Windows 7 的启动

打开计算机主机箱上的电源开关，系统进入 Windows 7 操作系统，如果有多个用户账号，则系统启动时提示选择用户账号，在选择用户界面中，单击某个用户账号或对应的图标，如果该用户账号设有密码，系统将提示用户输入密码。输入正确的密码后，按“Enter”键就可进入 Windows 7 的用户界面，如图 2.28 所示。

2. Windows 7 的注销

(1) 单击“开始”按钮,或按“Ctrl + Esc”键,打开“开始”菜单,选择“注销”命令,打开“注销 Windows”对话框,如图 2.29 所示。

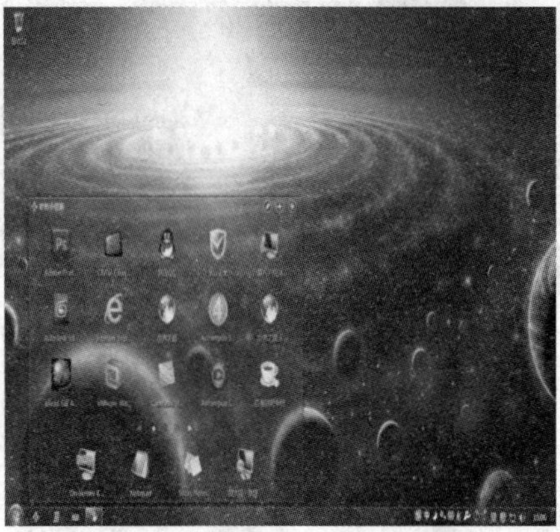

图 2.28 Windows 7 传统桌面

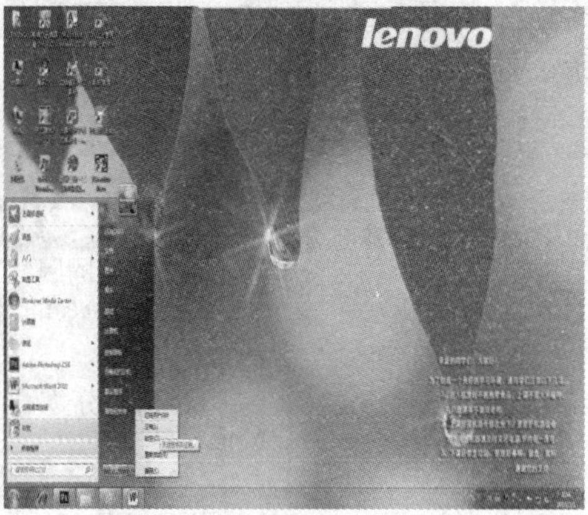

图 2.29 “注销 Windows”对话框

(2) 单击“注销”按钮,重新选择用户界面;单击“切换用户”按钮,可以在打开应用程序的情况下直接切换用户。

(3) 选择用户并重新登录系统,即可实现注销计算机的操作。

(二) 认识桌面

桌面是指屏幕工作区,Windows 7 启动后的屏幕画面就是桌面,它由图标、任务栏和开始菜单组成,如图 2.28 所示。图标是显示在屏幕上用来代表应用程序、文件和文件夹的一些图形标识,它们实际上是应用程序、文件和文件夹的启动入口,用鼠标双击即可启动应用程序或打开文件、文件夹。桌面的最下面就是任务栏。

(三) 设置任务栏

1. 改变任务栏的大小

(1) 将鼠标指针移到任务栏的内边缘(邻近桌面的边缘),鼠标指针变成双向箭头。

(2) 按住鼠标左键并拖动就可以改变任务栏的高度。改变任务栏的高度后,任务栏内的按钮和图标会自动调整到最佳尺寸和位置。

2. 改变任务栏的位置

(1) 将鼠标指针移到任务栏的空白区域。

(2) 按住鼠标左键并将其拖动到桌面的任意一个边缘即可。

3. 设置任务栏属性

(1) 右击任务栏的空白区域,从快捷菜单中选择“属性”命令,打开“任务栏和『开始』菜单属性”对话框,如图 2.30 所示。

(2) 选中“锁定任务栏”复选框,将不能移动任务栏或更改任务栏的大小。

(3) 选中“自动隐藏任务栏”复选框,使任务栏在不使用时自动隐藏起来。需要时,将鼠标指针指向隐藏任务栏的屏幕边缘,任务栏就会自动显示出来。

(4) 选中“始终合并、隐藏标签”下拉菜单,将打开的应用程序按钮分组显示,如打开三个 Word 文档，将三个文档合并起来只显示 Word 文档图标。

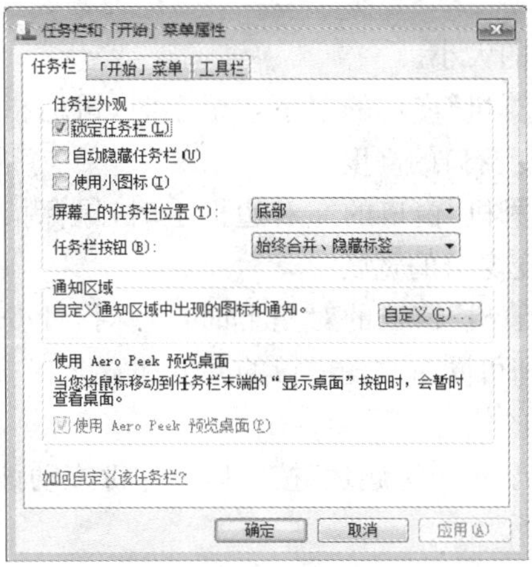

图 2.30 "任务栏和『开始』菜单属性"对话框

(四) 启动 Windows 7 应用程序并进行窗口操作

分别打开"计算机""记事本""Microsoft Office Word 2010"和"画图"应用程序。

1. 启动 Windows 7 应用程序

(1) 在桌面上双击"计算机"图标，打开"计算机"应用程序窗口。

(2) 打开"开始"菜单，依次选择"所有程序""附件"选项，在其级联菜单上单击"记事本"命令，打开"记事本"窗口。

(3) 打开"开始"菜单，依次选择"所有程序""Microsoft Office"选项，在其级联菜单上单击"Microsoft Office Word 2010"命令，打开"Microsoft Word"窗口。

(4) 打开"开始"菜单，依次选择"所有程序""附件"选项，在其级联菜单上单击"画图"命令，打开"画图"窗口。Windows 7 的窗口大致包括标题栏、菜单栏、工具栏、工作区、滚动条、状态栏、导航窗格、细节窗格等几部分。

2. Windows 7 的窗口操作

① 将"计算机"窗口切换为当前窗口。

将鼠标指针指向任务栏中"资源管理器"按钮，单击鼠标左键，选择"计算机"，则"计算机"窗口切换为当前窗口。

(2) 最小化"计算机"窗口，然后将其还原为原来的大小。

① 将鼠标指针移到"计算机"窗口右上角的最小化按钮""处，单击鼠标左键，"计算机"窗口就会最小化为任务栏上的一个按钮。

② 当"计算机"窗口最小化后，用鼠标单击任务栏上对应的"计算机"按钮，应用程序就会还原为最小化之前的状态。

(3) 最大化"计算机"窗口，然后将其还原为原来的大小。

① 将鼠标指针移到"计算机"窗口右上角的最大化按钮""处，单击鼠标左键，"计算机"窗口就会充满整个屏幕，即处于最大化状态，而最大化按钮也随之变为"还原"按钮""。

② 当“计算机”窗口最大化后，用鼠标单击标题栏上的“还原”按钮“ ”，应用程序就会还原为最大化之前的状态。

(4) 改变“计算机”窗口的大小。

① 将鼠标指针移到“计算机”窗口的上下边框上时，鼠标指针变为“↕”形状，按下鼠标左键上下拖动鼠标，即可改变窗口的高度。

② 将鼠标指针移到“计算机”窗口的左右边框上时，鼠标指针变为“↔”形状，按下鼠标左键左右拖动鼠标，即可改变窗口的宽度。

③ 将鼠标指针移到“计算机”窗口的对角上时，鼠标指针变为“↘”或“↗”形状，按下鼠标左键沿对角线拖动鼠标，即可同时改变窗口的高度和宽度。

(5) 移动“计算机”窗口的位置。

将鼠标指针指向“计算机”窗口标题栏，按下鼠标左键拖动该窗口，至合适的位置松开鼠标左键，实现该窗口的移动。

(6) 排列窗口。

右击“任务栏”将弹出如图 2.31 所示的菜单，用户可以通过选择“层叠窗口”“堆叠显示窗口”“并排显示窗口”和“显示桌面”以自己喜欢的方式显示所有已经打开的窗口。

(7) 关闭“计算机”“记事本”“Microsoft Office Word 2010”和“画图”窗口。

① 单击“计算机”标题栏上的关闭按钮“ ”。

② 打开“记事本”的“文件”菜单，选择“退出”命令。

③ 单击“Microsoft Word”窗口的控制菜单按钮，打开控制菜单，选择“关闭”命令。

④ 使用“Alt + F4”组合键，关闭当前窗口。

(五) 打开“资源管理器”窗口并进行相应操作

单击“开始”按钮，打开“开始”菜单，依次选择“所有程序”“附件”选项，在其级联菜单中选择“Windows 资源管理器”命令，打开“资源管理器”窗口，如图 2.32 所示。

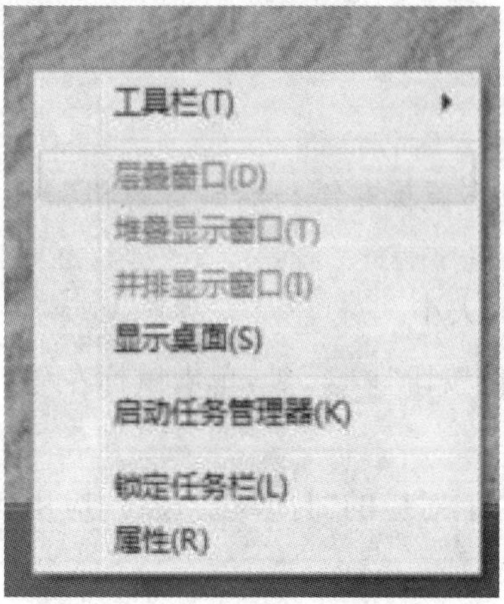

图 2.31 “任务栏”快捷菜单图

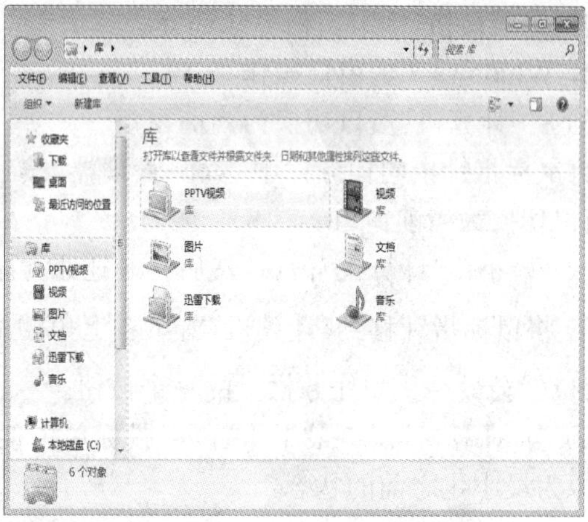

图 2.32 “资源管理器”窗口

1. 打开、关闭“文件”菜单

(1) 用鼠标左键单击“文件”菜单项，或按“Alt + F”组合键，打开“文件”菜单。

(2) 在窗口的空白处单击鼠标左键，则关闭“文件”菜单。

2. 分别以“列表”和“详细资料”查看文件和文件夹

(1) 打开“查看”菜单，选择“列表”命令，则内容以“列表”方式显示，如图 2.33 所示。

(2) 打开“查看”菜单，选择“详细信息”命令，则文件以“详细信息”的方式显示如图 2.34 所示。

图 2.33 列表显示文件

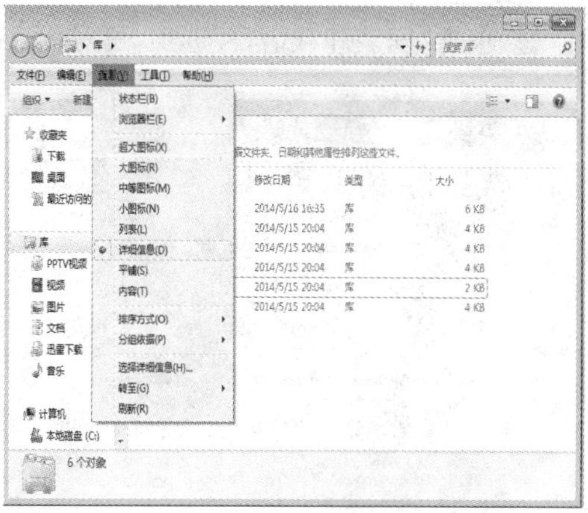

图 2.34 详细信息显示文件

(六) 自定义 Windows 7 的桌面

在控制面板中单击“外观和个性化”图标，或在桌面的空白处单击鼠标右键打开“个性化”菜单，如图 2.35 所示。要重新设置桌面背景，只需单击如图 2.35 所示的“桌面背景”选项，弹出如图 2.36 所示的“桌面背景”窗口，选择自己喜欢的图片作为桌面背景即可。在桌面的右键菜单中，有关桌面的一些功能可以直观的添加到其中。例如通过“个性化”窗口，用户还可以设置屏幕字体大小、桌面屏幕保护程序、用户账户图片、窗口的颜色和外观、显示器的分辨率和刷新率、个性化的系统声音、任务栏和开始菜单属性等。

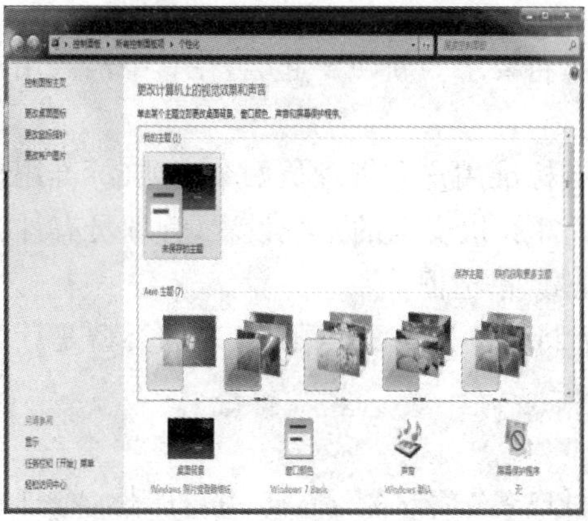

图 2.35 “个性化”窗口

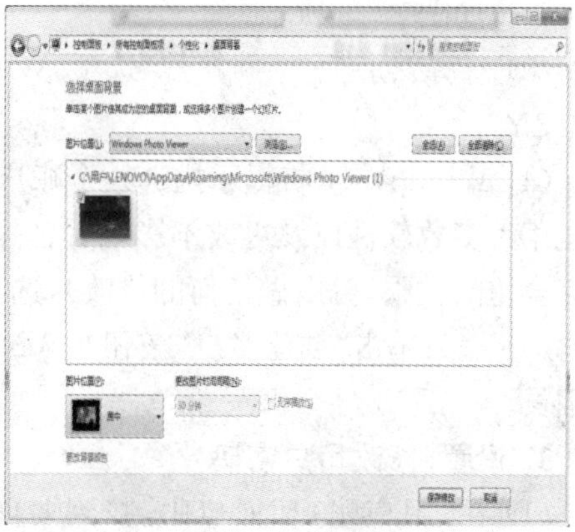

图 2.36 “桌面背景”窗口

(七) 卸载或更改程序

单击“控制面板”中的“程序”下面的“卸载程序”选项，打开“卸载或更改程序”窗口，如图 2.37 所示。可以将已经安装的程序卸载。

（八）设置输入法

删除“智能 ABC 输入法”，并安装“双拼”输入法。

① 双击“控制面板”窗口中的“时钟、语言和区域”选项，打开“更改键盘或其他输入法”对话框。

② 单击“安装卸载语言”选项，可对输入法进行管理，如图 2.38 所示。

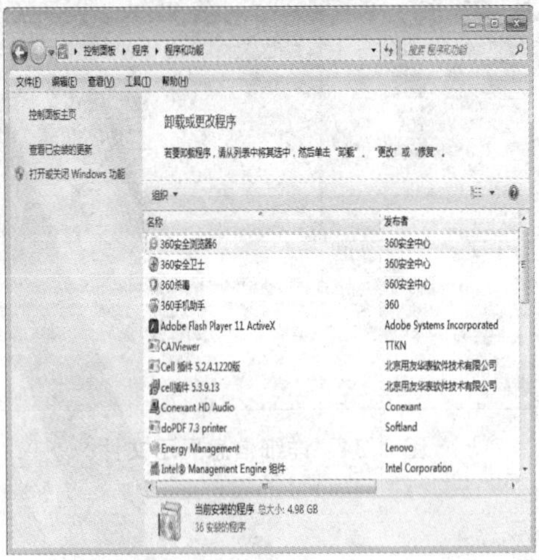

图 2.37 “卸载或更改程序”窗口

图 2.38 “文字服务和输入语言”对话框

（九）设置用户账户

1. 建立一个名为“XCZY”的计算机管理员账号

(1) 首先以计算机管理者的身份登录系统。

(2) 在“控制面板”窗口中，单击“用户账户和家庭安全”选项下面的“添加或删除用户账户”窗口，如图 2.39 所示。

(3) 选择“创建一个新账户”选项，Windows 7 将要求为新账户起名，在其中输入用户名“XCZY”。

(4) Windows 7 将提示挑选一个账户类型，有标准用户和管理员两个选项（标准用户可以使用大多数软件以及更改不影响其他用户或者计算机安全的系统设置；管理员有计算机的完全访问权限，可以做任何的修改），选择“管理员”单选框。

(5) 然后单击“创建账户”按钮。Windows 7 将建立“XCZY”账户，它的类型是计算机管理员。

2. 设置、修改用户密码

(1) 在“用户账户”窗口中，找到要修改的用户名“XCZY”，双击用户图标，将打开如图 2.40 所示的窗口。

(2) 单击“创建密码”选项，打开提示输入密码的“用户账户”窗口，输入要设置的密码。

(3) 然后单击“创建密码”按钮即可。

(4) 创建密码后，“创建密码”选项将变为“更改密码”和“删除密码”两个选项，可以用于更改密码和删除已设置的密码。

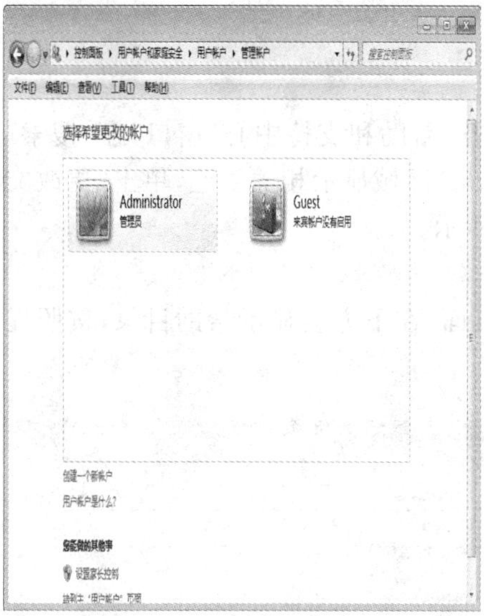

图 2.39 “用户账户”窗口

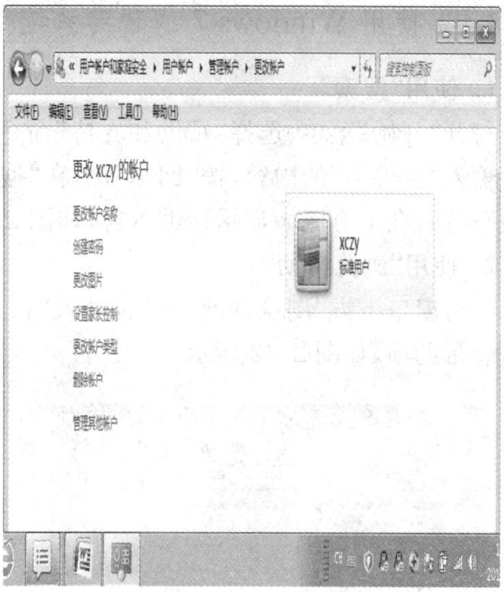

图 2.40 “用户账户”窗口

3. 家长控制功能

用户可以使用“家长控制”功能对儿童使用计算机的方式进行协助管理。例如，用户可以限制儿童使用计算机的时段、可以玩的游戏类型以及可以运行的程序。

当“家长控制”阻止了对某个游戏或程序的访问时，将显示一个通知声明已阻止该程序。孩子可以单击通知中的链接，以请求获得该游戏或程序的访问权限，用户可以通过输入账户信息来允许其访问。

若要为孩子设置“家长控制”，用户需要有一个自己的管理员用户账户。在开始设置之前，确保你要为其设置“家长控制”的每个孩子都有一个标准的用户账户。“家长控制”只能应用于标准用户账户。

标准用户账户启用家长控制的步骤如下：

(1) 单击打开“家长控制”。如果系统提示您输入管理员密码或进行确认，请键入该密码或提供确认。

(2) 单击要设置“家长控制”的标准用户账户。如果尚未设置标准用户账户，请单击“创建新用户账户”设置一个新账户。

(3) 在“家长控制”下，单击“启用，强制当前设置”。

(4) 为孩子的标准用户账户启用“家长控制”后，您可以调整要控制的以下个人设置：

① 时间限制。用户可以设置时间限制，对允许儿童登录到计算机的时间进行控制。时间限制可以禁止儿童在指定的时段登录计算机。可以为一周中的每一天设置不同的登录时段。如果在分配的时间结束后其仍处于登录状态，则将自动注销。

② 游戏。用户可以控制对游戏的访问、选择年龄分级级别、选择要阻止的内容类型、确定是允许还是阻止未分级游戏或特定游戏。

③ 允许或阻止特定程序。用户可以禁止儿童运行用户不希望其运行的程序。

（十）使用 Windows 7 的帮助系统

1. 使用“搜索”

打开“开始”菜单，选择“帮助和支持”命令，打开“帮助和支持中心”窗口，在“搜索”文本框中输入“文件夹”的内容，按“回车”键，在“搜索结果”区域显示相关主题，单击“更改文件夹选项”选项，在下方区域显示帮助内容，如图 2.41 所示。

2. 使用“浏览帮助”

单击窗口上方“浏览帮助”按钮，进入“目录”页面，在下方会显示帮助目录，按照提示查找需要帮助项，如图 2.42 所示。

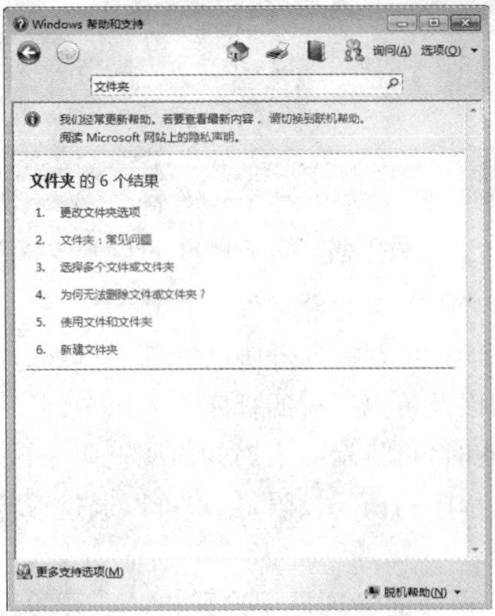

图 2.41 “帮助和支持中心”窗口

图 2.42 目录页面

（十一）Windows 7 的退出

在退出操作系统前，需要先关闭所有已经打开或正在运行的程序。单击“开始”按钮，打开“开始”菜单，选择“关机”命令，即可退出 Windows 7 操作系统，关闭计算机。

任务五 管理计算机数据

一、任务的提出

小霞设置好了自己的电脑，现在她的机子个性十足，她想把自己以前拍的照片放到电脑里，该怎么做呢？

二、解决方案分析

电脑中的数据是用文件的形式保存的，要想管理好计算机数据，就要熟悉文件和文件夹操作。

三、任务的实施

（一）浏览文件和文件夹

打开资源管理器，如图 2.32 所示。在资源管理器左窗格中选定一个文件夹时，右窗格中就显示该文件夹中所包含的文件和子文件夹。图 2.43 所示的是展开后的“lianxi”文件夹。

图 2.43　展开后的“lianxi”文件夹

（二）选定文件或文件夹

1. 选定单个对象

浏览文件或文件夹，用鼠标左键单击所要选定的对象。

2. 选定连续的多个文件或文件夹

(1) 鼠标操作：单击第一个对象，按住“Shift”键再单击所需要的最后一个对象。

(2) 键盘操作：用方向键移动光条到第一个对象上，然后按住“Shift”键不放，利用上下左右键移动光条到所需要的最后一个对象上。

3. 选定不连续的多个文件或文件夹

单击所要选定的第一个对象，按住“Ctrl”键不放，单击所需要的其他对象。

4. 全选

打开“编辑”菜单，选择“全部选定”命令，或直接按“Ctrl + A”组合键。

5. 反向选择

首先选定不需要的对象，然后打开“编辑”菜单，选择“反向选择”命令。

（三）新建文件和文件夹

1. 在文件夹“diska”下新建一个文件夹“subdisk”

（1）在“资源管理器”的左窗格，选定文件夹“diska”。

（2）打开“文件”菜单，或在空白区域单击鼠标右键打开其快捷菜单，选择“新建”选项，在其级联菜单中选择“文件夹”命令，右窗格中出现带临时名称“新建文件夹”的文件夹。

（3）键入新文件夹名称“subdisk”，按“Enter”键或用鼠标单击其他任何地方。

2. 在文件夹“subdisk”下新建一个文本文件

（1）在“资源管理器”的左窗格，选定文件夹“subdisk”。

（2）打开“文件”菜单，或在空白区域单击鼠标右键打开其快捷菜单，选择“新建”选项，在其级联菜单中选择“Microsoft Word 文档”，右窗格中出现带临时名称“新建 Microsoft Word 文档”的文件。

（3）键入新文件名称“我的作业. doc”，按“Enter”键或用鼠标单击其他任何地方。

（四）复制文件或文件夹

1. 将文件夹“subdisk”及其所包含的文件复制到文件夹“diskb”下

（1）选定要复制的文件夹“subdisk”。

（2）打开“编辑”菜单，选择“复制”命令。

（3）选择目标文件夹“diskb”。

（4）打开“编辑”菜单，选择“粘贴”命令。

2. 将文件 wordope. doc 复制到文件夹“file”下

（1）选定要复制的文件“wordope. doc”。

（2）打开“编辑”菜单，选择“复制”命令。

（3）选择目标文件夹“file”。

（4）打开“编辑”菜单，选择“粘贴”命令。

说明：除去通过上述使用“复制”和“粘贴”命令实现文件和文件夹的复制外，还可以利用鼠标左键直接拖动的方法来实现文件和文件夹的复制。在同一物理驱动器中，须按住“Ctrl”键的同时利用鼠标左键拖动文件和文件夹；在不同物理驱动器中利用鼠标左键直接拖动，可实现文件和文件夹的复制。也可以用复制组合键“Ctrl + C”和粘贴组合键“Ctrl + V”来完成复制文件和粘贴文件夹。同学们自己动手试一试。

（五）移动文件或文件夹

1. 将文件夹“micro”移动到文件夹“hard”下

（1）选定要移动的文件夹“micro”。

（2）打开“编辑”菜单，选择“剪切”命令。

（3）选择目标文件夹“hard”。

(4) 打开“编辑”菜单，选择“粘贴”命令。

2．将文件夹“file”下的文件“wordope.doc”移动到文件夹“user”下

(1) 选定要移动的文件“wordope.doc”。

(2) 打开“编辑”菜单，选择“剪切”命令。

(3) 选择目标文件夹“user”。

(4) 打开“编辑”菜单，选择“粘贴”命令。

说明：除去通过上述使用“剪切”和“粘贴”命令实现文件和文件夹的移动外，还可以利用鼠标左键直接拖动的方法来实现文件和文件夹的移动。在同一物理驱动器中，利用鼠标左键直接拖动文件和文件夹；在不同物理驱动器中须按住“Shift”键的同时利用鼠标左键拖动，可实现文件和文件夹的移动。也可以用剪切组合键“Ctrl + X”和粘贴组合键“Ctrl + V”来完成文件和文件夹的移动。

（六）删除文件或文件夹

1．删除文件夹“hard”及其下面的内容

(1) 选定要删除的文件夹“hard”。

(2) 打开“文件”菜单，选择“删除”命令，或按“Delete”键。

2．删除文件夹“user”下的文件“wordope.doc”。

(1) 选定要删除的文件“wordope.doc”。

(2) 打开“文件”菜单，选择“删除”命令，或按“Delete”键。

（七）重命名文件或文件夹

1．将文件夹“diskb”下的文件夹“subdisk”改名为“subdiskb”

(1) 选择需要改名的文件夹“subdisk”。

(2) 打开“文件”菜单，或右键单击打开快捷菜单，选择“重命名”命令。

(3) 键入新的名称“subdiskb”，然后按“Enter”键。

2．将文件夹“subdiskb”下的文件“我的作业.doc”改名为“my work”

(1) 选择需要改名的文件“我的作业.doc”。

(2) 打开“文件”菜单，或右击打开快捷菜单，选择“重命名”命令。

(3) 键入新的名称“my work”，然后按“Enter”键。

（八）设置文件或文件夹属性

1．将文件夹“star”的属性改为隐藏属性

(1) 选定要修改属性的文件夹“star”。

(2) 打开“文件”菜单，选择“属性”命令，或选择快捷菜单中的“属性”命令，打开“属性”对话框，如图 2.44 所示。

(3) 修改文件夹的属性为隐藏。

(4) 单击“确定”按钮。

2．将文件“my work”的属性改为只读属性

(1) 选定要修改属性的文件“my work”。

(2) 打开“文件”菜单，选择“属性”命令，或选择快捷菜单中的“属性”命令，打开“属性”

对话框。

(3) 修改文件夹的属性为只读。

(4) 单击“确定”按钮。

(九) 搜索文件或文件夹

打开“开始”菜单,在“搜索”命令对话框内输入需要搜索的文件或者文件夹名称,“搜索结果”窗口会显示计算机中相关的文件和文件夹

(十) 回收站的操作

1. 从回收站中恢复已删除的文件“wordope.doc”

(1) 双击桌面的“回收站”图标,打开“回收站”窗口,如图 2.45 所示。

(2) 选择要恢复的文件“wordope.doc”。

(3) 打开“文件”菜单,选择“还原”命令。或选择快捷菜单中“还原”命令。

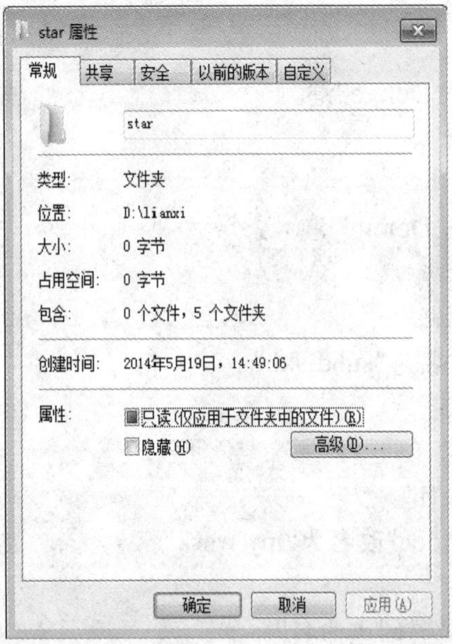

图 2.44 文件夹“属性”对话框

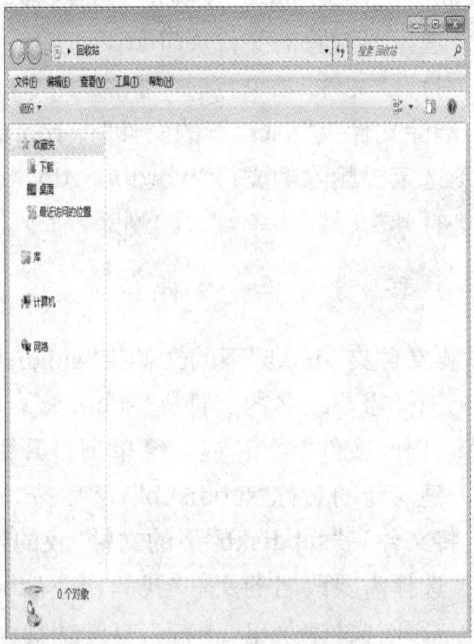

图 2.45 “回收站”窗口

2. 清空回收站

(1) 双击桌面的“回收站”图标,打开“回收站”窗口。

(2) 打开“文件”菜单,选择“清空回收站”命令。

说明:利用“删除”命令或“Delete”键删除的文件或文件夹,实际是放在了回收站中,并没有真正从计算机上删除,因此,可以把回收站中的文件或文件夹恢复到原来删除的位置上。在删除文件或文件夹的同时按住“Shift”键,可以彻底删除文件或文件夹,而不是删除到回收站。

(十一) 创建快捷方式

1. 在文件“notepad.exe”所在文件夹中创建该文件的快捷方式

(1) 打开“计算机”或“Windows 资源管理器”。

(2) 选中要创建快捷方式的文件“notepad.exe”。

(3) 打开“文件”菜单，或单击右键打开快捷菜单，选择“创建快捷方式”命令，即为该项目创建了带临时文件名的快捷方式。

2. 在桌面上创建文件“notepad.exe”的快捷方式

将创建的快捷方式从“资源管理器”拖放到桌面上即可。

到此，小霞完全掌握了文件和文件夹的复制、移动和删除等技术，也有能力用这些技术把自己的照片放到电脑里了。

任务六　优化计算机

一、任务的提出

小霞把自己的照片都放进了计算机里，随着计算机里的东西越来越多，计算机速度变慢了，这是怎么回事呢？该怎么提高计算机的运行速度呢？

二、解决方案分析

计算机在使用一段时间以后，会产生一些碎片和垃圾，这将影响计算机的运行速度，只要利用 Win 7 系统中的工具对计算机进行优化，计算机就又能健步如飞了。

三、任务的实施

(一) 清理“本地磁盘(C:)”

(1) 在“计算机”窗口中选定“本地磁盘(C:)”。

(2) 打开“文件”菜单，或右击“本地磁盘(C:)”打开其快捷菜单，选择“属性”命令，打开“本地磁盘(C:)属性”对话框，如图 2.46 所示。

(3) 在“常规”选项卡，单击“磁盘清理”按钮，打开“磁盘清理”对话框，如图 2.47 所示。

(4) 在“磁盘清理”选项卡中，选中需要清理的临时文件相对应的复选框，单击“确定”按钮即可。

(二) 检查“本地磁盘(C:)”，自动恢复文件系统错误，扫描并恢复坏扇区

(1) 在“计算机”窗口中选定“本地磁盘(C:)”。

(2) 打开“文件”菜单，或右击“本地磁盘(C:)”打开其快捷菜单，选择“属性”命令，打开“本地磁盘(C:)属性”对话框。

(3) 单击“工具”选项卡，如图 2.48 所示。

(4) 在“查错”区域，单击“开始检查”按钮，打开“检查磁盘”对话框，如图 2.49 所示。

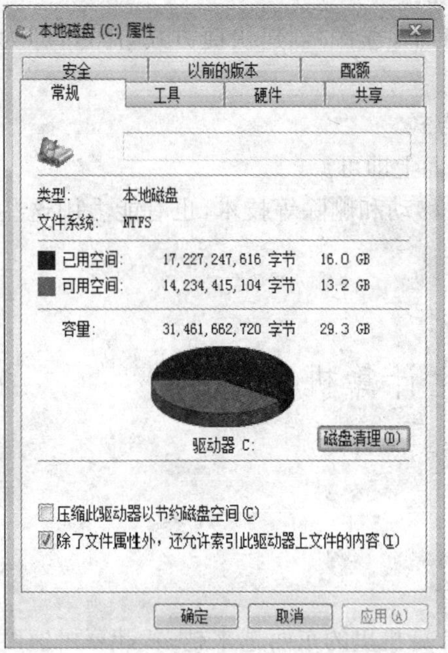

图 2.46 “本地磁盘(C:)属性”对话框

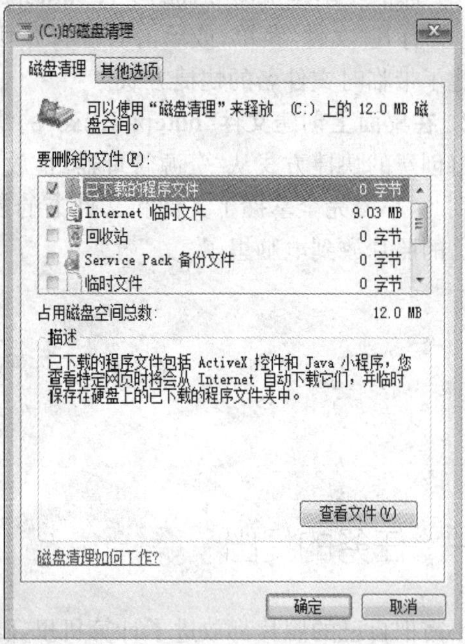

图 2.47 “磁盘清理”对话框

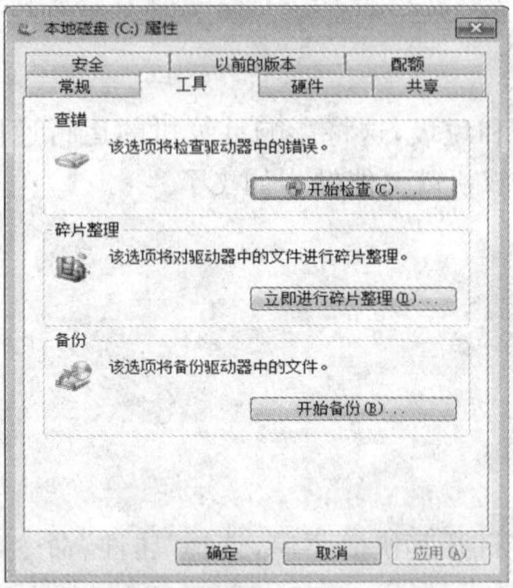

图 2.48 “本地磁盘(C:)”对话框

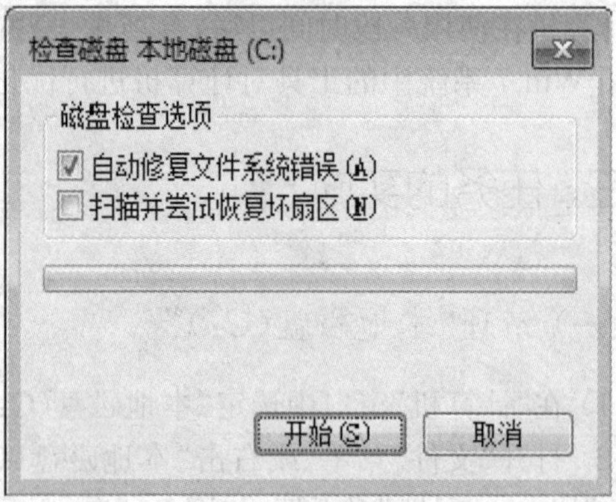

图 2.49 “检查磁盘”对话框

(5) 选择“自动修复文件系统错误”复选框和“扫描并试图恢复坏扇区”复选框。

(6) 设置完毕后单击“开始”按钮，即可使用系统提供的“磁盘扫描程序”对损坏的磁盘进行一般性的检查与修复。

(7) 完成扫描后，单击“关闭”按钮即可。

(三) 对“本地磁盘(C:)”进行磁盘碎片整理

(1) 在“计算机”窗口中选定“本地磁盘(C:)”。

(2) 打开“文件”菜单，或右击“本地磁盘(C:)”打开其快捷菜单，选择“属性”命令，打开“本地磁盘(C:)属性”对话框。

(3) 单击“工具”选项卡,如图 2.48 所示。

(4) 在“碎片整理”区域,单击“立即进行碎片整理”按钮,打开“磁盘碎片整理程序”对话框,如图 2.50 所示。

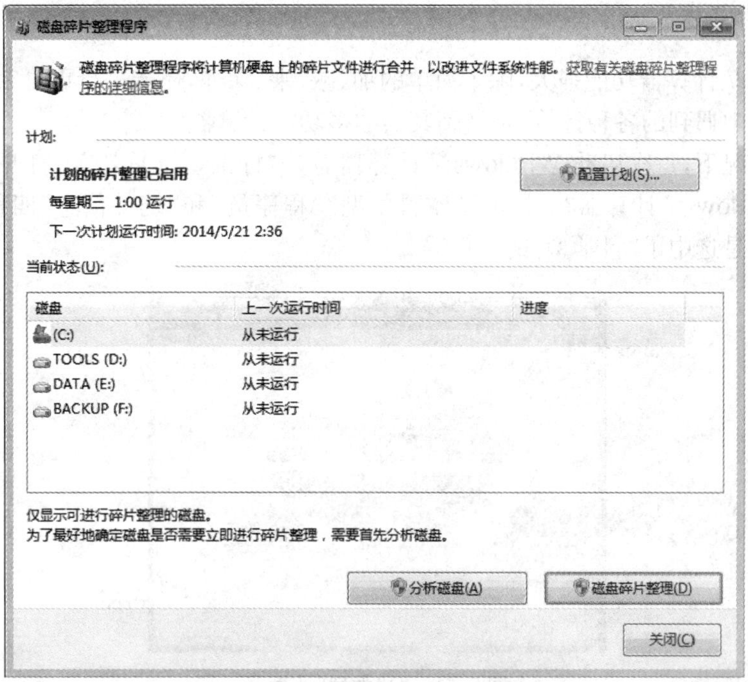

图 2.50 “磁盘碎片整理程序”窗口

(5) 在窗口上方的驱动器列表中选定要进行整理的 C 盘,并单击“分析磁盘”按钮。系统将对当前选定的驱动器进行磁盘分析。

(6) 分析结束后,单击“磁盘碎片整理”按钮,系统自动对 C 盘进行碎片整理工作。

任务七　附　　件

一、任务的提出

小霞在电脑旅途中,不忘自己的爱好绘画,想用电脑来画一幅自己满意的画,可该怎么用 Win 7 自带画图工具画图呢?

二、解决方案分析

计算器、画图截图工具与屏幕捕获都是 Win 7 自带非常实用的小工具,首先必须熟练它们的操作方法。

三、相关知识点

（一）“计算器”应用程序

Windows 7 计算器功能强大，除了简单的加、减、乘、除外，还能进行更复杂的数字运算，以及日常生活中遇到的各种计算，是名副其实的多功能计算器。

在默认情况下，每次启动 Windows 7 计算器总是“标准型计算器”。打开“查看”菜单，就可以让 Windows 7 计算器在“标准型”“科学型”“程序员”和“统计信息”四种类型中自由切换，图 2.51 是选中了“科学型”的计算器。

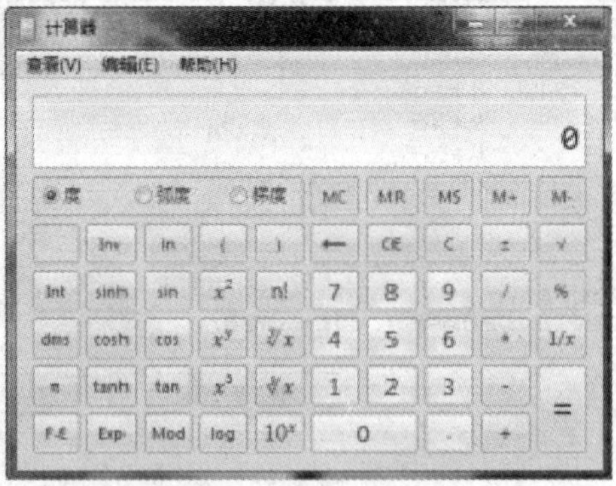

图 2.51 “科学型”计算器

Windows 7 的计算器除了最基本的数学计算之外，还增加了日期计算、单位转换、油耗计算、分期付款、月供计算等功能，还可以设置是否显示历史记录、是否对数字进行分组，以满足不同用户的不同需求。

图 2.52 是选中了“工作表”下的“抵押”后的计算器。

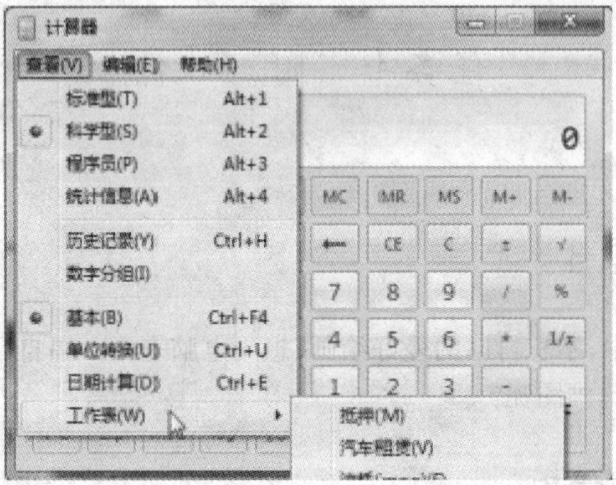

图 2.52 计算“抵押”计算器

（二）“画图”应用程序

使用 Windows 7 画图功能可以绘制、编辑图片以及图片着色。可以像使用数字画板那样使用画图来绘制简单图片、有创意的设计，或者将文本和设计图案添加到其他图片，如那些用数码照相机拍摄的照片。

选择“所有程序”里的“附件”选项下的“画图”命令，打开“画图”窗口。启动“画图”程序便创建了一个“无标题”空白画图文档；绘图和涂色工具位于窗口顶部的功能区中。“画图”程序支持 png、bmp、jpg、img 等的图形格式文件。

在开始绘画前，首先要确定画布的尺寸和颜色。要改变画布的尺寸和颜色，单击“画图”按钮，选择“属性”命令，在弹出的如图 2.53 所示的“映像属性”对话框中可设置画布的尺寸和颜色。

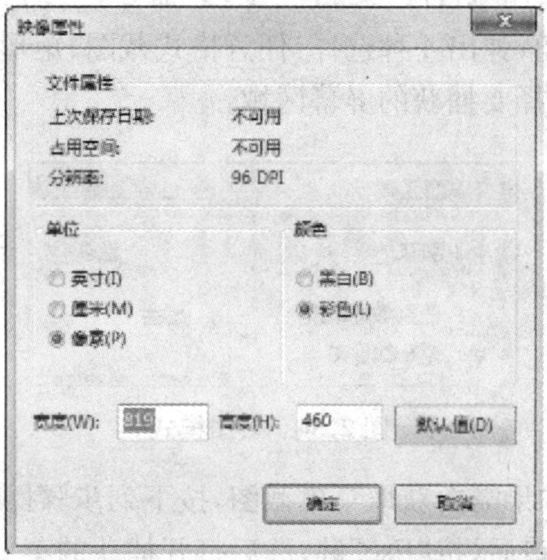

图 2.53　画图程序的“映像属性”

1. 颜色设置

在“主页”选项卡的“颜色”组中，单击“颜色 1”按钮，然后单击要使用的某颜色时选择前景色；单击“颜色 2”按钮，然后单击要使用的某颜色时选择背景色；若所需颜色在调色板中没有，可通过“编辑颜色”按钮来添加新的颜色到调色板中。

2. 使用工具

画图窗口中包括绘图工具的集合，如绘制直线、绘制曲线、绘制形状、添加文本和擦除图片中的某部分。使用这些工具创建徒手画并添加各种形状。下面对其中部分工具进行说明。

(1) 添加文本。使用文本工具，可以添加简单的消息或标题。

在“主页”选项卡的“工具”组中，单击“文本”工具，在绘图区域拖动指针，输入要添加的文本。在“主页”选项卡的“字体”组中单击字体、大小和样式可设置文本格式。

(2) 擦除图片中的某部分。橡皮擦在默认情况下将所擦除的任何区域更改为白色，根据需要，可以更改橡皮颜色。

在“主页”选项卡的“工具”组中单击“橡皮擦”工具，若要改变背景颜色，则单击“颜色 2”按钮，选择所要更改的颜色，然后在要擦除的区域内拖动指针。

3. 保存文件

单击“画图”按钮，如果选择“保存”命令，将保存上次保存之后对图片所做的全部更改；

如果选择“另存为”命令，可以将文件保存为其他类型。

4. 将画图设置为桌面壁纸

用“画图”程序打开要作为壁纸的图画，单击“画图”按钮，选择“设置为桌面背景”下的相应命令，则该图画就作为壁纸显示在桌面上。

（三）截图工具与屏幕捕获

截图工具与屏幕捕获是 Windows 7 自带截图工具。使用截图工具捕获屏幕上任何的屏幕快照或截图，然后对其添加注释、保存或共享该图像。

1. 截图工具

Windows 7 的截图工具最吸引人的地方在于可以采取任意格式截图，或截出任意形状的图形。

（1）捕获截图。依次选择“附件”→“截图工具”命令，启动截图工具。在截图工具上单击“新建”按钮右侧的下三角，弹出 4 种选择：任意格式截图、矩形截图、窗口截图和全屏幕截图，如图 2.54 所示，然后选择要捕获的屏幕区域。

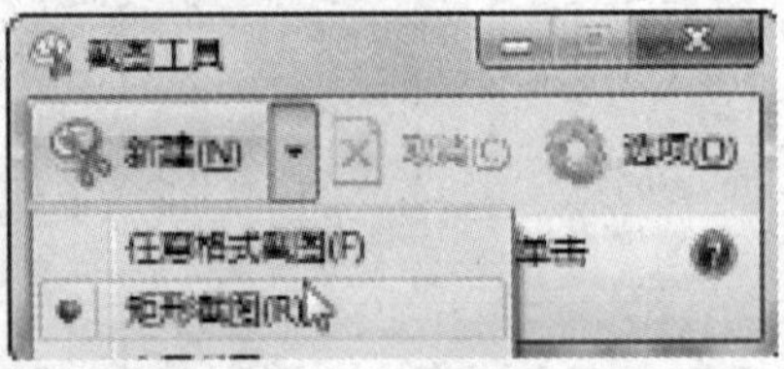

图 2.54　截图模式

（2）捕获菜单截图。如果需要获取菜单截图，按下列步骤操作。

① 打开“截图工具”窗口后，按“Esc”键，然后打开捕获的菜单。

② 按“Ctrl + PrtSc”组合键。

③ 单击“新建”按钮右侧下三角，从列表中选择“任意格式截图”“矩形截图”“窗口截图”或“全屏幕截图”选项，然后选择要捕获的屏幕区域。

（3）给截图添加注释。Windows 7 在截图的同时还可以即兴涂鸦，在截图工具的编辑界面上，除了可以选择不同颜色的画笔，还可以选择橡皮擦工具，将操作不满意部分擦去。

（4）保存截图。在捕获某个截图时，会自动复制到剪贴板，这样可以快速将其粘贴到其他文档、电子邮件或演示文稿中。

还可以将截图另存为 html、png、gif 或 jpeg 格式的文件。捕获截图后，可以单击“保存截图”按钮将其保存。

2. 屏幕捕获

在 Windows 7 中还可以用快捷键截图。

（1）整个屏幕的捕获。按下“PrcSc”键会将屏幕的图像复制到 Windows 7 剪贴板，成为“屏幕捕获”或“屏幕快照”。

（2）活动窗口的捕获。按“Alt + PrtSc”组合键时捕获特定的活动窗口。

若要打印屏幕捕获或通过电子邮箱将其发送出去，必须首先将其粘贴到“画图”或其他图像编辑程序中，然后保存它。

习　题　二

一、选择题

1. 实行____操作,可以把剪贴板上的信息粘贴到某个文档窗口的插入点处。
   A. 按"Clt + C"键　B. 按"Clt + V"键　C. 按"Clt + C"键　D. 按"Clt + X"键
2. 在 Windows 中,允许用户将对话框____。
   A. 最小化　B. 最大化　C. 移动到其他位置　D. 改变其大小
3. 在 Windows 中使用系统菜单时,只要移动鼠标到某个菜单选项上并单击,就可以选中该菜单项。如果某菜单项尾部出现____标记,则说明该菜单项还有下级子菜单。
   A. 省略号　B. 向右箭头　C. 组合键　D. 括号
4. 在 Windows 的各项对话框中,在有些项目文字说明的左边标有一个小方框,当小方框里有"√"时,表示____。
   A. 这是一个单选按钮,且已被选中　B. 这是一个单选按钮,且未被选中
   C. 这是一个复选框,且已被选中　D. 这是一个多选按钮,且未被选中
5. 在桌面上任意一点右击,会弹出____。
   A. 快捷菜单　B. 开始菜单　C. 主菜单　D. 窗口菜单
6. 在一般情况下,Windows 桌面的最下方是____。
   A. 任务栏　B. 状态栏　C. 菜单栏　D. 标题栏
7. 关闭应用程序可以使用热键____。
   A. Alt + F4　B. Ctrl + F4　C. Shift + F4　D. 空格键 + F4
8. 从键盘上彻底删除文件可以利用____。
   A. Shift 键　B. Ctrl 键　C. Alt 键　D. 空格键
9. 关于"回收站",叙述正确的是____。
   A. 暂存所有被删除的对象　B. "回收站"中的内容不能恢复
   C. 清空"回收站"后,仍可用命令方式恢复　D. "回收站"的内容不占硬盘空间
10. 在 Windows 中,可以同时打开多个文件管理窗口,用鼠标将一个文件从一个窗口拖到另一个窗口中,通常是用于完成文件的____。
   A. 删除　B. 移动或复制　C. 修改或保存　D. 更新

二、简答题

1. 如何利用"资源管理器"进行文件和文件夹的管理?
2. 简述操作系统的功能,并列出微机上常用的操作系统。要求:4 种以上。
3. 如何使用计算器和画图工具?

项目三　制作办公文档

学习内容

任务一　制作自荐书
任务二　艺术小报排版
任务三　毕业论文排版
任务四　使用邮件合并技术批量处理文档

学习目标

(1) 掌握 Word 2010 的基本操作。
(2) 掌握文档字符格式化、段落格式化、页眉页脚和页面设置及文档打印。
(3) 掌握插入与编辑图片、文本框、艺术字的方法。
(4) 熟悉表格的创建、调整与修饰。
(5) 了解样式和模板的使用方法。
(6) 掌握毕业论文格式的排版。
(7) 掌握邮件合并技术。

任务一　制作自荐书

一、任务的提出

小李马上大学毕业了，即将面临找工作的问题。小李了解到找工作前要制作一份自荐书。他觉得，要想在激烈的岗位竞争中占有一席之地，除了有过硬的专业知识和工作能力外，还应该让别人尽快、全面地了解自己。一份精美的自荐书无疑将给别人留下良好的第一印象，毫不夸张地说，自荐书制作的好坏，将直接影响到小李的前途和命运。

二、解决方案分析

自荐书是指由求职者向招聘者或招聘单位所提交的一种信函，它向招聘者表明求职者拥有能够满足特定工作要求的技能、态度、资质和资信。一封完美的自荐书就是一件营销武器，证明求职者能够解决招聘者的问题或者满足他的特定需要，确保求职者能够得到面试的机会。

自荐书是求职者生活、学习、经历和成绩的概括和集中反映。一般自荐书应包括三部分：封面、自荐信和个人简历。内容主要涉及：申请求职的背景、个人基本情况、个人专业强项与技能优势、求职的动机与目的等。

制作自荐书一般可分为三个步骤。

第一，制作封面，设计好封面的布局，封面上的内容主要是求职者的毕业学校、专业、姓名、联系电话等信息。

第二，制作自荐信，用文字叙述自己的爱好、兴趣、专业等，要注意自荐信内容的多少，应用的字体，字号及行间距，段间距等，目的是使自荐书的内容在页面中分布合理，不要留太多空白，也不要太拥挤。

第三，制作个人简历，用表格介绍自己的学习经历、工作经历等，包括个人基本情况、联系方式、受教育情况、爱好特长等内容。为了使个人简历清晰、整洁、有条理，最好以表格的形式完成。

自荐书制作完成后，可先用打印预览确保打印出来的内容与所期望的一致（如有出入，可返回进行修改），然后进行打印输出。

由以上分析可知，“自荐书的制作”可以分解为以下五大任务：页面设置、制作封面、制作自荐信、制作表格简历、打印输出。自荐书效果如图 3.1 所示。

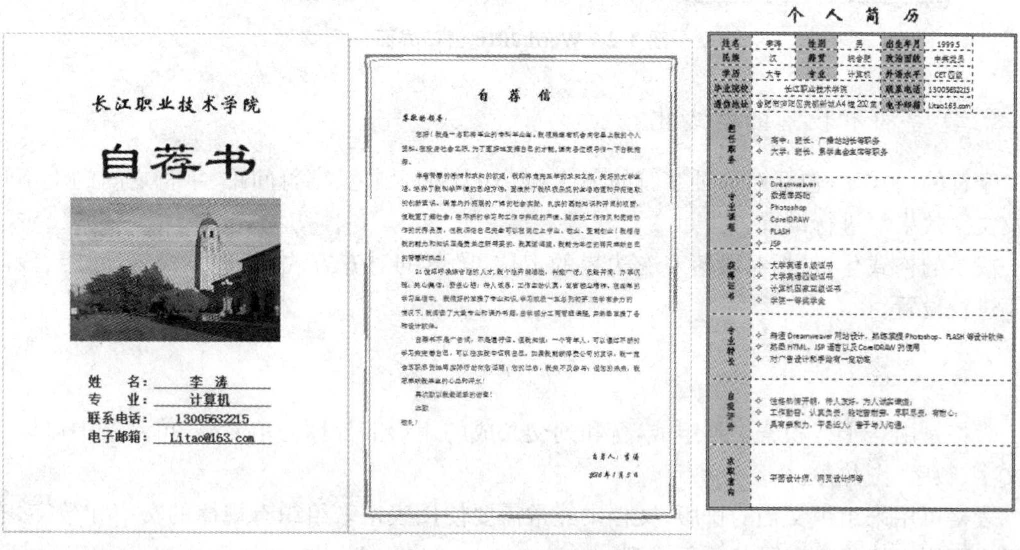

图 3.1　“自荐书”效果图

三、相关知识点

（一）Word 2010 窗口界面

Office 2010 办公组件很多，功能也各不相同，但是工作界面都大同小异，主要包括快速访问工具栏、菜单按钮、选项标签、功能区、状态栏、视图按钮、标题栏、文档编辑区等，Word 2010 的窗口界面如图 3.2 所示。

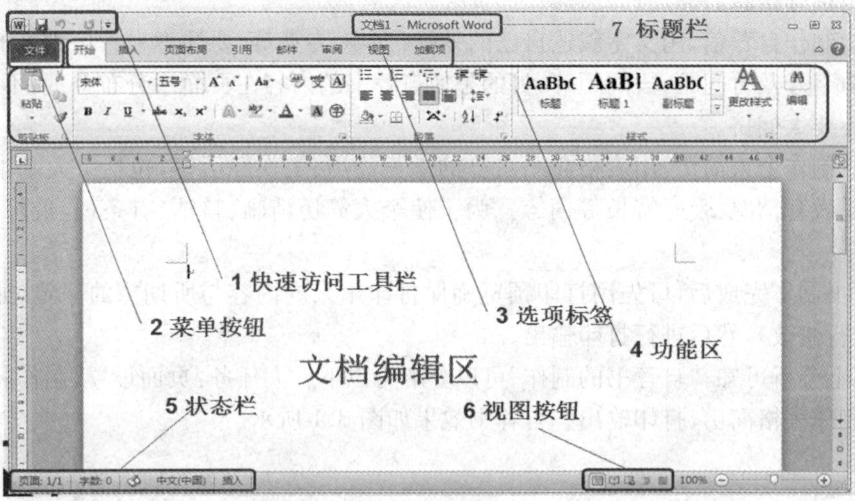

图 3.2　Word 2010 窗口界面

（二）字符和段落的格式化

字符的格式化，包括对各种字符的字体、大小、字形、颜色、字符间距、字符之间的上下位置及文字效果等进行设置。

段落的格式化，包括对段落左右边界的定位、段落的对齐方式、缩进方式、行间距、段间距等进行设置。

（三）表格的制作

表格是由若干行和若干列组成，行和列交叉成的矩形部分称为单元格，单元格中可以填入文字、数字、图片等。

表格可用来组织文档的排版，文档中经常需要使用表格来组织有规律的文字和数字，有时还需要用表格将文字段落并行排列。

对表格的编辑，一是以表格为对象进行编辑，包括表格的移动、对齐方式、文字环绕，设置行高和列宽，设置边框和底纹等；二是以单元格为对象进行编辑，包括选定单元格区域，单元格的插入和删除，单元格的合并和拆分，单元格中对象的对齐方式等。

（四）制表位

制表位是指水平标尺上的位置，它指定文字缩进的距离或一栏文字开始的位置。制表位可以让文本向左、向右或居中对齐;或者将文本与小数字符或竖线字符对齐。制表位是一个对齐文本的有效工具。

设置制表位的方法:单击水平标尺最左端的"左对齐式制表符" ⌊,直到在"左对齐式制表符" ⌊、"居中式制表符" ⊥、"右对齐式制表符" ⌋、"小数点对齐式制表符" ⊥ 或"竖线对齐式制表符" | 这些制表类型中选到你想要的,然后在水平标尺上单击要插入制表位的位置。

(五) 项目符号和编号

项目符号和编号用于对一些重要条目进行标注或编号,用户可以为选定段落添加项目符号或编号,Word 提供了多种项目符号、编号的形式,用户也可以自定义项目符号和编号。

(六) 页面边框

页面边框是在页面四周的一个矩形边框,可对页面边框的样式、颜色和应用范围等进行设置。

(七) 打印预览及打印输出

"打印预览"就是在正式打印之前,先在屏幕上观察即将打印文件的打印效果,看看是否符合设计要求,如果满意,就可以打印了。打印前可以对打印的范围、份数、纸张和是否双面打印等进行设置。

四、任务的实施——制作自荐书

(一) 页面设置

在文档排版之前,一般要先对文档页面进行设置。

(1) 新建"自荐书.docx"文件。

(2) 设置纸张大小。在"页面布局"选项卡中,单击"页面设置"组中的"纸张大小"下拉按钮,在打开的下拉列表中选择"A4"纸张,如图 3.3 所示。用户可以根据需要设置"纸张大小",常见纸张大小有"A4""16 开"等,默认纸张大小为"A4"。也可以选择"其他页面大小"选项,自定义纸张大小。

(3) 设置页边距。单击"页面设置"组中的"页边距"下拉按钮,在打开的下拉列表中选择"普通"页边距,如图 3.4 所示。用户可以根据需要设置"页边距",常见的页边距有"普通""窄""适中""宽""镜像"等,默认页边距为"普通"。也可以选择"自定义边距"选项,自定义页边距。

(4) 设置纸张方向。单击"页面设置"组中的"纸张方向"下拉按钮,在打开的下拉列表中选择"纵向"纸张方向,如图 3.5 所示,纸张方向"纵向"和"横向"两种,默认纸张方向为"纵向"。

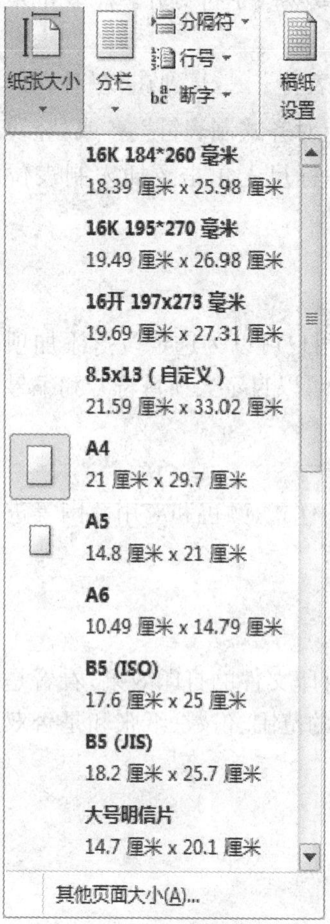

图 3.3 设置纸张大小

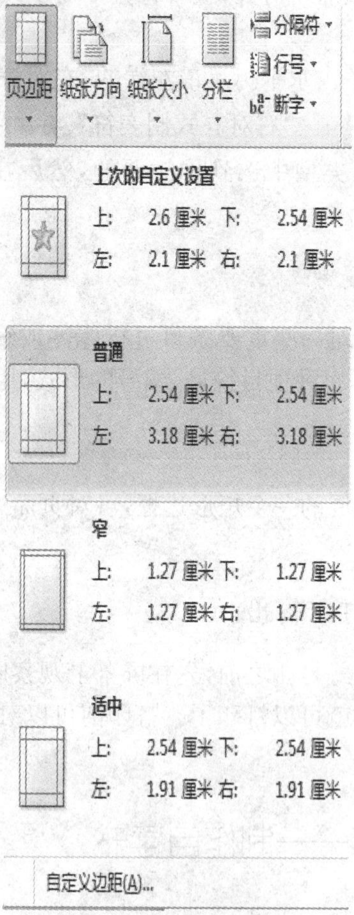

图 3.4 设置页边距

图 3.5 设置纸张方向

（二）制作封面

“自荐书”的封面中，主要包括求职者的学校名称、姓名、专业、联系电话、电子邮箱等信息，还可以添加学校标志性建筑的图片。

1. 插入分节符

(1) 将光标置于“自荐信”文字所在行的行首，在“页面布局”选项卡中，单击“页面设置”组中的“分隔符”下拉按钮 ，在打开的下拉列表中选择“下一页”分节符，如图 3.6 所示。

(2) 使用相同的方法，在“个人简历”文字所在行的行首也插入“下一页”分节符，此时，文档共分为 3 个页面(封面、自荐信、个人简历)。

说明：在“草稿”视图中，“分节符”显示为双虚线，“分页符”显示为单虚线。

2. 设置字体与段落格式

(1) 在第 1 页中，选中文字“长江职业技术学院”，在“开始”选项卡的“字体”组中，设置其格式为“华文新魏，字号为小初，加粗，水平居中”，再单击“段落”组中的“行和段落间距”下拉按钮 ，在打开的下拉列表中选择“行距选项”选项，如图 3.7 所示。

(2) 在打开的“段落”对话框中，设置“段前”间距为 1 行，如图 3.8 所示，单击“确定”按钮。

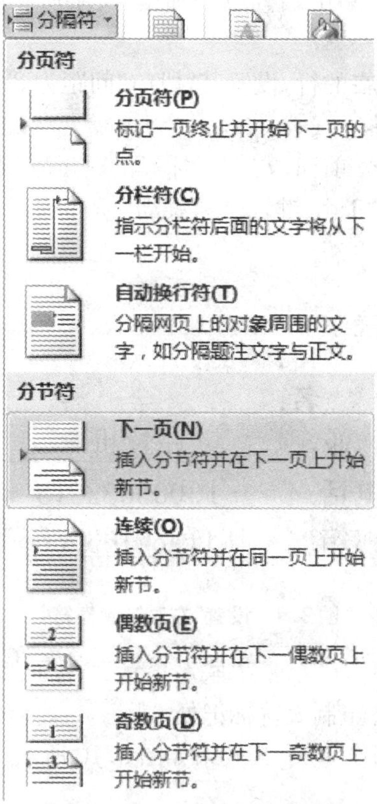

图 3.6 “分隔符”下拉列表

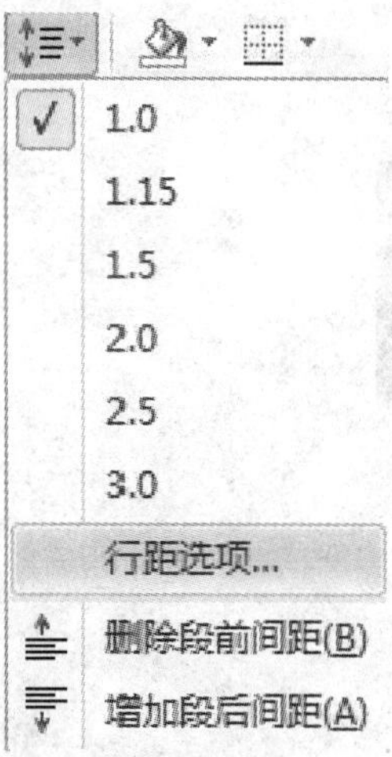

图 3.7 “行和段落间距”下拉列表

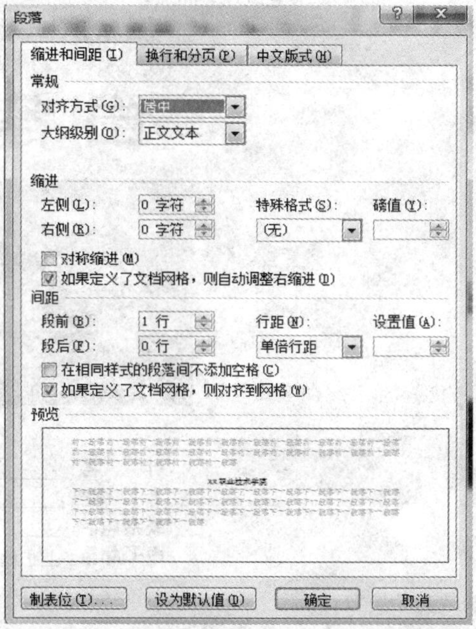

图 3.8 “段落”对话框

(3) 选中文字“自荐书”，设置其格式为“隶书，字号为 94，水平居中”。

(4) 选中图片，拖动图片的控制柄，适当缩放该图片并使之水平“居中”。

(5) 选中“姓名”“专业”“联系电话”“电子邮箱”文字所在的 4 行，设置其格式为“宋体，二号，加粗”。

(6) 仅选中“姓名”文字所在的行，设置其“段前”间距为 3 行。

3. 设置制表符并对齐文本

(1) 将光标置于文字“姓名”前面，在水平标尺的刻度“4”处单击，水平标尺中将出现一个“左对齐制表符” ⌊，此时按“Tab”键，文字“姓名”所在的行将左对齐至制表符标记处，如图 3.9 所示。

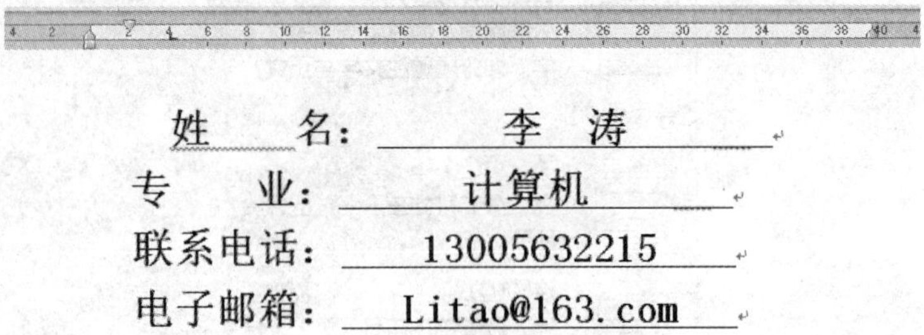

图 3.9　设置“左对齐制表符”

(2) 使用相同的方法，分别为“专业”“联系电话”“电子邮箱”所在行添加“左对齐制表符”，按“Tab”键，将它们左对齐至制表符标记处。

至此“自荐书”的封面已制作完成，其效果如图 3.10 所示。

图 3.10　“封面”效果图

（三）制作自荐信

在自荐信中，一般用文字来叙述求职者的爱好、兴趣、专业等，为了使页面更美观，可对自荐信所在页面添加艺术型页面边框。

1. 插入日期

(1) 在第 2 页（自荐信）中，把光标置于最后一行空行中，在“插入”选项卡中，单击“文本”组中的“日期和时间”按钮 ，打开“日期和时间”对话框。

(2) 在打开的“日期和时间”对话框中，选择合适的日期格式，并选中“自动更新”复选框，如图 3.11 所示，单击“确定”按钮，插入当前日期，并在今后打开该文档时会自动更新日期。

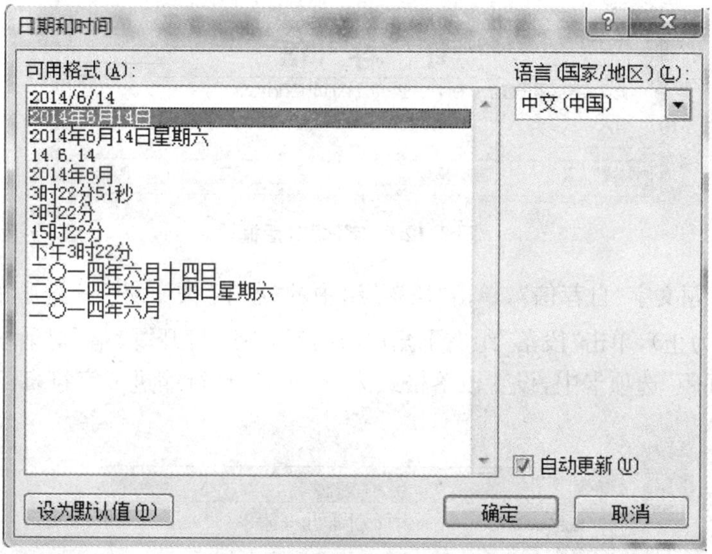

图 3.11 “日期和时间”对话框

2. 设置字体格式

字体格式设置主要对文字（汉字、英文字母、数字字符以及其他特殊符号）的大小、字形、颜色、字间距和各种修饰效果等进行设置。

(1) 选中首行文字“自荐信”，在“开始”选项卡的“字体”组中（或在浮动工具栏中），将字体设置为“华文新魏，字号为一号，加粗”；单击“字体”组右下角的“字体”按钮 ，打开“字体”对话框，如图 3.12 所示，在“高级”选项卡中设置字符间距为“加宽，13 磅”，单击“确定”按钮。

(2) 选中文本中的“尊敬的领导：”文字，将其字体设置为“华文行楷，四号”，保持选中“尊敬的领导：”文字，单击“剪贴板”组中的“格式刷”按钮 ，拖动鼠标（此时鼠标指针形状变为“格式刷”）选中“自荐人：”和“日期”所在段落，将它们的格式也设置为“华文行楷，四号”。

(3) 将正文文字（从“您好！”到“敬礼！”为止）的字体格式设置为“宋体，小四”。

3. 设置段落格式

段落格式设置主要对左右边界、对齐方式、缩进方式、行间距、段间距等进行设置。

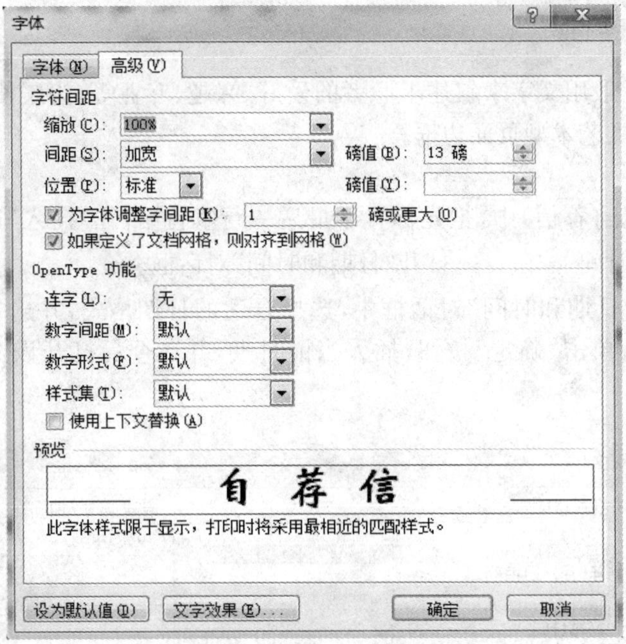

图 3.12 “字体”对话框

(1) 选中标题文字“自荐信”，单击“段落”组中的“居中”按钮 。选中正文段落(从“您好!”到“敬礼!”为止)，单击“段落”组右下角的“段落”按钮，打开“段落”对话框，如图 3.13 所示，在“缩进和间距”选项卡中，设置段落格式为“左对齐，首行缩进 2 字符，1.5 倍行距”，单击“确定”按钮。

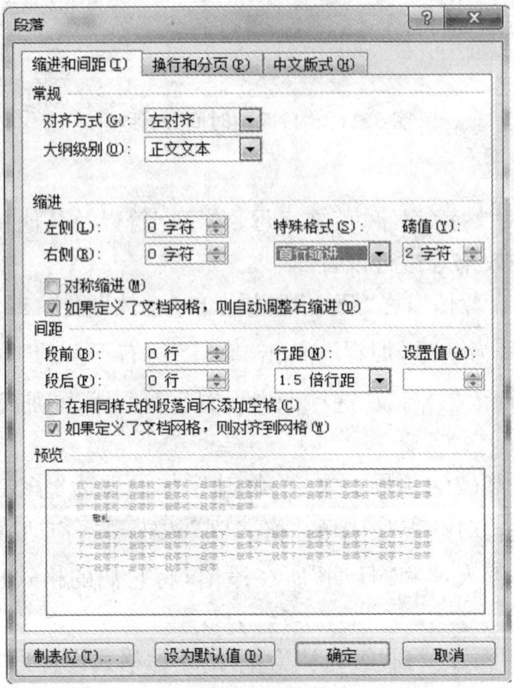

图 3.13 “段落”对话框

(2) 将光标定位在“敬礼!”所在的段落,拖动水平标尺中的“首行缩进”滑块至左边界处,取消“敬礼”所在段落的首行缩进。

(3) 选中最后两行内容(即“自荐人:”和“日期”所在的两行),单击“段落”组中的“文本右对齐”按钮,使这两行内容右对齐,并将“自荐人:”所在段落的格式设置为“段前间距 2 行”。

4. 添加页面边框

(1) 在“页面布局”选项卡中,单击“页面背景”组中的“页面边框”按钮,打开“边框和底纹”对话框。

(2) 在“设置”区域中选择“方框”选项,在“颜色”下拉框中选择“黑色,文字 1,淡色 50%”颜色,在“艺术型”下拉框中选择合适的艺术边框,在“应用于”下拉框中选择“本节”选项,如图 3.14 所示,单击“确定”按钮。

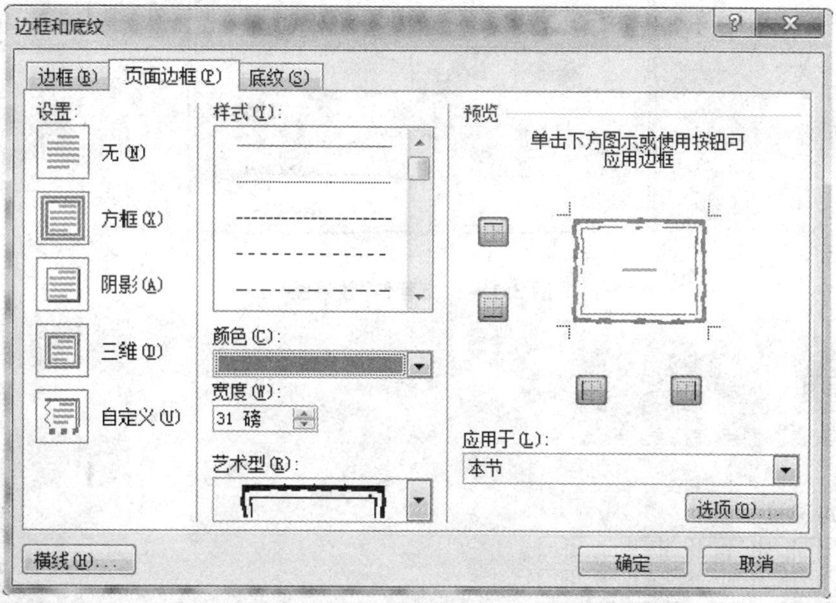

图 3.14 “边框和底纹”对话框

至此,自荐信已制作完成,其效果如图 3.15 所示。

(四) 制作表格简历

使用表格是文字排版简洁、有效的方式之一。如果将个人简历用表格的形式来表现,会使人感觉整洁、清晰,有条理。

1. 插入表格

(1) 在第 3 页中,使用“格式刷”工具复制文字“自荐信”的格式至文字“个人简历”。

(2) 将光标定位在下一空行中(第 2 行),在“插入”选项卡中,单击“表格”组中的“表格”下拉按钮,在打开的下拉列表中选择“插入表格”选项,如图 3.16 所示。

(3) 在打开的“插入表格”对话框中,设置表格的列数为 7,行数为 11,如图 3.17 所示,单击“确定”按钮。

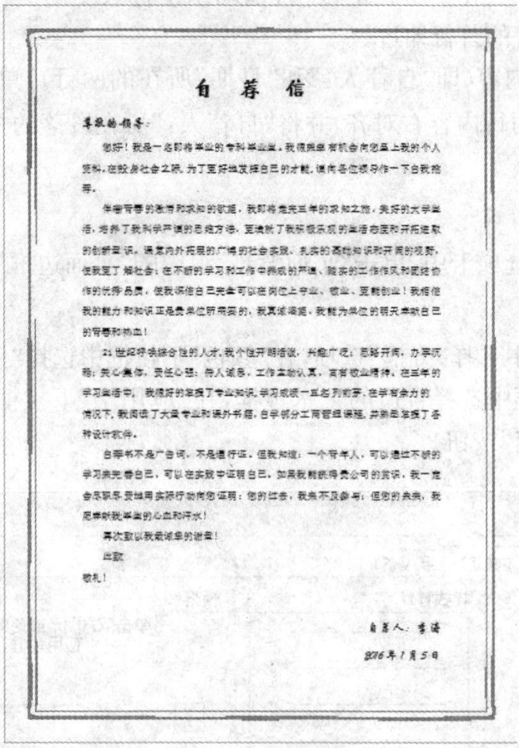

自 荐 信

尊敬的领导：

您好！我是一名即将毕业的专科毕业生。我很荣幸有机会向您呈上我的个人资料。在投身社会之际，为了更好地发挥自己的才能，谨向各位领导作一下自我推荐。

伴着青春的激情和求知的欲望，我即将走完三年的求知之旅，美好的大学生活，培养了我科学严谨的思维方法，更造就了我积极乐观的生活态度和开拓进取的创新意识。课堂内外拓展的广博的社会实践、扎实的基础知识和开阔的视野，使我更了解社会；在不断的学习和工作中养成的严谨、踏实的工作作风和团结协作的优秀品质，使我深信自己完全可以在岗位上守业、敬业、更能创业！我相信我的能力和知识正是贵单位所需要的，我真诚渴望，我能为单位的明天奉献自己的青春和热血！

21世纪呼唤综合性的人才，我个性开朗活泼，兴趣广泛；思路开阔，办事沉稳；关心集体，责任心强；待人诚恳，工作主动认真，富有敬业精神。在三年的学习生活中，我很好的掌握了专业知识，学习成绩一直名列前茅，在学有余力的情况下，我阅读了大量专业和课外书籍，自学部分工商管理课程，并熟练掌握了各种设计软件。

自荐书不是广告词，不是通行证。但我知道：一个青年人，可以通过不断的学习来完善自己，可以在实践中证明自己。如果我能获得贵公司的赏识，我一定会尽职尽责地用实际行动向您证明：您的过去，我来不及参与；但您的未来，我愿奉献我毕生的心血和汗水！

再次致以我最诚挚的谢意！

此致

敬礼！

自荐人：李涛

2016年1月5日

图 3.15 “自荐信”效果图

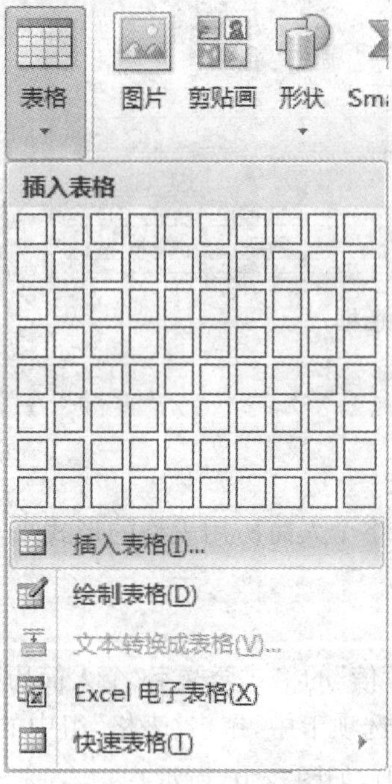

图 3.16 “表格”下拉列表

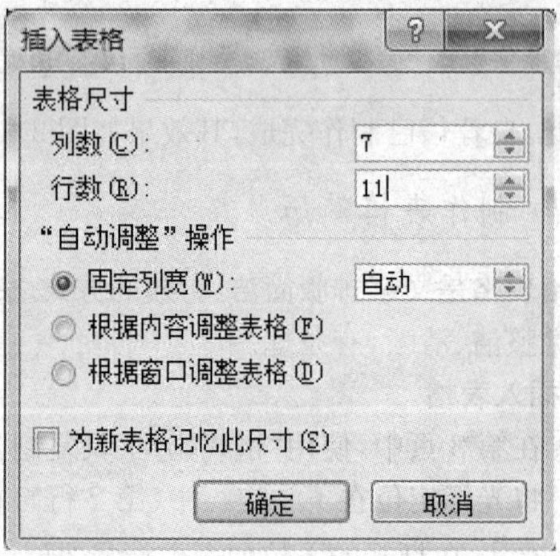

图 3.17 “插入表格”对话框

2. 合并单元格

在设计复杂表格的过程中，当需要将表格的若干个单元格合并为一个单元格时，可以利用 Word 提供的单元格合并功能。当需要把一个单元格拆分为多个单元格时，可利用单元格的拆分功能。

(1) 选中表格第 7 列中的第 1～5 行，右击，在弹出的快捷菜单中选择“合并单元格”命令，如图 3.18 所示，将这 5 个单元格合并成一个单元格。

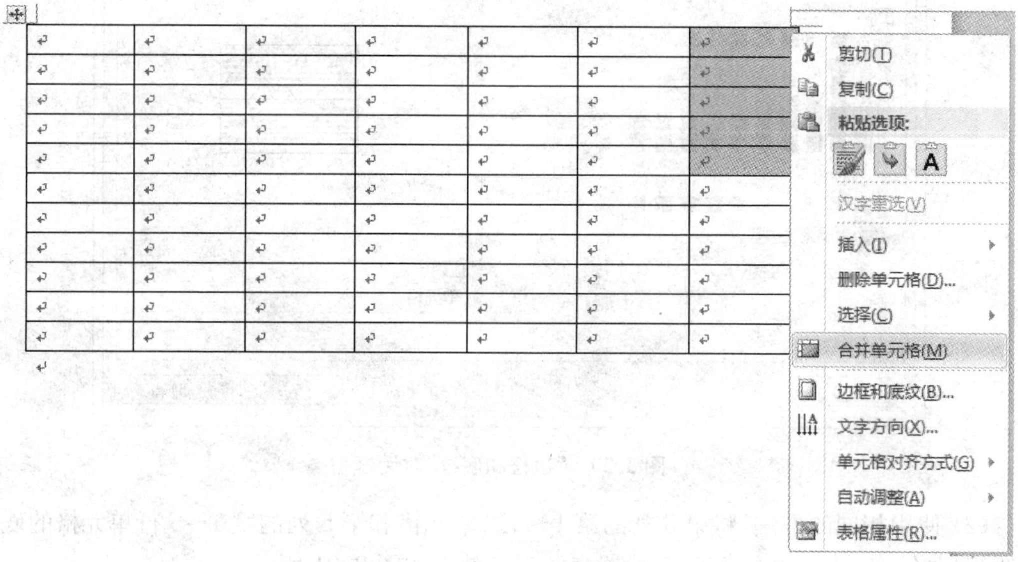

图 3.18 合并单元格

(2) 选中表格第 4 行中的第 2～4 列单元格，右击，在弹出的快捷菜单中选择“合并单元格”命令；选中第 5 行的 2～4 单元格，将单元格合并；再分别将 6、7、8、9、10、11 行的第 2～7 列单元格合并，单元格合并后的效果如图 3.19 所示。

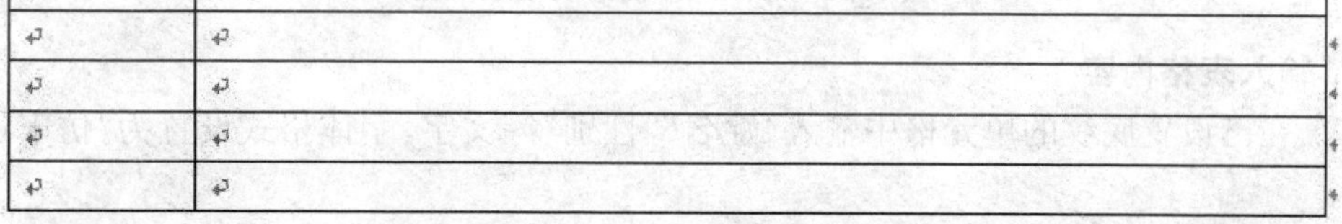

图 3.19 合并单元格后的效果图

3. 设置表格的底纹

为表格设置边框和底纹，对创建的表格进行修饰，达到美化版面的效果。

(1) 选中表格第 1 列中的第 1～11 行，右击，在弹出的快捷菜单中选择“边框和底纹”的命令，打开“边框和底纹”对话框，在“底纹”选项卡中，将底纹的填充颜色设置为“白色，背景 1，深色 25%”，如图 3.20 所示。

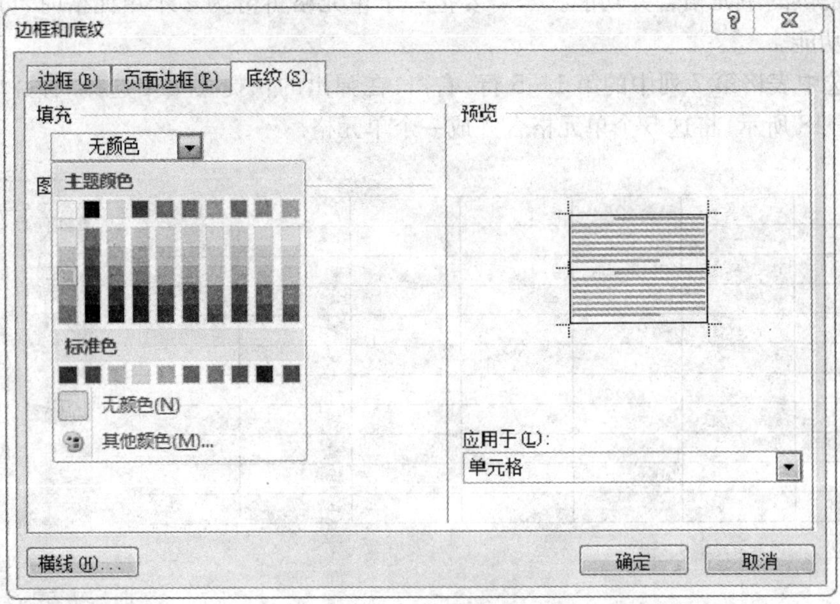

图 3.20 “边框和底纹”对话框

(2) 使用相同的方法，将第 3 列的第 1～3 行单元格和第 5 列的第 1～5 行单元格的底纹设置为“白色，背景 1，深色 25%”，设置底纹后的效果如图 3.21 所示。

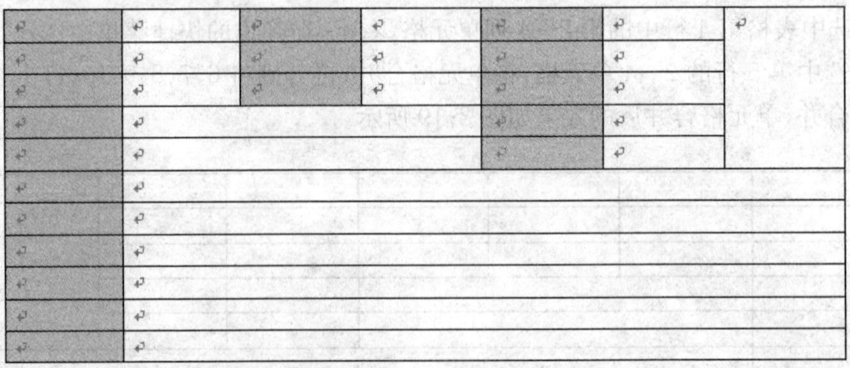

图 3.21 添加底纹后的表格效果图

4. 输入表格内容

(1) 在已设置底纹的单元格中输入“姓名”“性别”等文字，字体格式设置为“仿宋，小四，加粗”。

(2) 在其他空白单元格中添加相关文字，字体格式设置为“宋体，五号”，如图 3.22 所示。

5. 设置表格行高

(1) 选中表格第 1～5 行，在“表格工具”的“布局”选项卡中，单击“表”组中的“属性”按钮，打开“表格属性”对话框，在“行”选项卡中，选中“指定高度”复选框，并将行高设置为 0.7 厘米，如图 3.23 所示，单击“确定”按钮。

个 人 简 历

姓名	李涛	性别	男	出生年月	1999.5	
民族	汉	籍贯	皖合肥	政治面貌	中共党员	
学历	大专	专业	计算机	外语水平	CET 四级	
毕业院校	长江职业技术学院			联系电话	13005632215	
通信地址	合肥市庐阳区美都新城 A4 幢 202 室			电子邮箱	Litao163.com	
担任职务	高中：班长、广播站站长等职务 大学：班长、系学生会主席等职务					
专业课程	Dreamweaver 数据库基础 Photoshop CorelDRAW FLASH JSP					
获得证书	大学英语 B 级证书 大学英语四级证书 计算机国家三级证书 学院一等奖学金					
专业特长	精通 Dreamweaver 网站设计，熟练掌握 Photoshop、FLASH 等设计软件 熟悉 HTML、JSP 语言以及 CorelDRAW 的使用 对广告设计和手绘有一定功底					
自我评价	性格热情开朗，待人友好，为人诚实谦虚； 工作勤奋，认真负责，能吃苦耐劳，尽职尽责，有耐心； 具有亲和力，平易近人，善于与人沟通。					
求职意向	平面设计师、网页设计师等					

图 3.22　添加相关文字后的表格

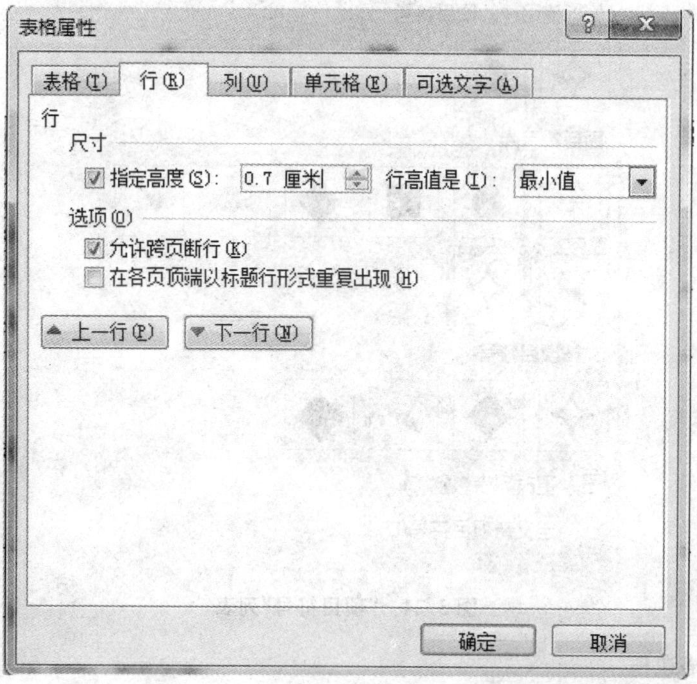

图 3.23　“表格属性”对话框

(2) 使用相同的方法，设置表格第 6～11 行的行高为 3 厘米。

6. 设置单元格的对齐方式

在表格中，单元格中对象的对齐方式可以在水平和垂直两个方向上进行调整。

(1) 选中表格第 1～5 行单元格，在“表格工具”的“布局”选项卡中，单击“对齐方式”组中的“水平居中”按钮，使单元格中的文字在水平和垂直两个方向上都居中。

(2) 使用相同的方法，设置表格中第 6～11 行第 1 列单元格中的所有文字在水平和垂直两个方向上都居中。

(3) 选中表格第 6～11 行第 2 列中的所有文字，在“表格工具”的“布局”选项卡中，单击“对齐方式”组的“中部两端对齐”按钮，使单元格中的文字在垂直方向上居中。

7. 设置文字方向

选中“担任职务”“专业课程”“获奖证书”“专业特长”“自我评价”“求职意向”所在的单元格，在“表格工具”的“布局”选项卡中，单击“对齐方式”组中的“文字方向”按钮，单元格中的文字将垂直排列。

8. 添加项目符号

为了使个人简历中的相关内容层次分明，易于阅读和理解，可以为各栏目中的段落添加各种形式的符号。

(1) 选中“担任职务”“专业课程”“获奖证书”“专业特长”“自我评价”“求职意向”等栏目右侧的所有文本段落，即选中表格中第 6～11 行第 2 列单元格中的所有文字。

(2) 在“开始”选项卡中，单击“段落”组中的“项目符号”下拉按钮，在打开的下拉列表中选择最后一个项目符号，如图 3.24 所示。

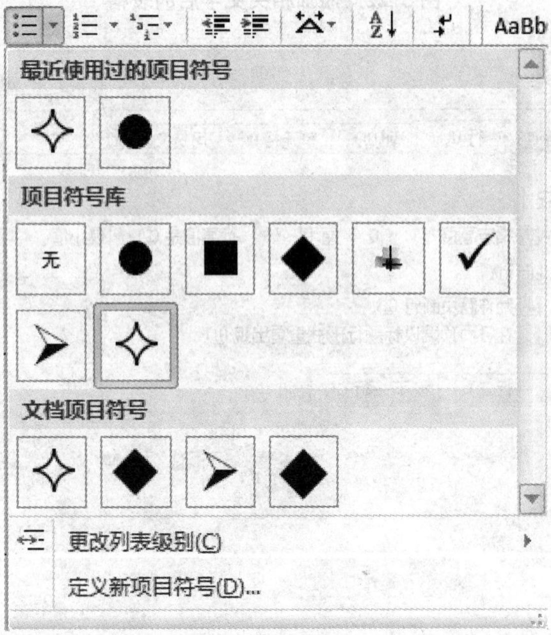

图 3.24 “项目符号”列表

9. 设置表格边框

默认情况下，表格的所有边框都为 0.5 磅的黑色直线。为了达到美化表格的目的，可对表格边框的线型、粗细、颜色等进行修改。

以下将表格的外侧框线设置为“双细线 ══════”，内侧边框线设置为“虚线 ---------”。

(1) 选中整张表格后，右击，在弹出的快捷菜单中选择“边框和底纹”命令，打开“边框和底纹”对话框，在“边框”选项卡中，在“设置”区域中选择“方框”选项，选择“样式”为“双细线 ══════”，在对话框中右侧可预览设置效果，单击“确定”按钮，从而将表格外框线设置为四周双细线边框。

(2) 选中整张表格，右击，在弹出的快捷菜单中选择“边框和底纹”命令，打开“边框和底纹”对话框，在“边框”选项卡中，在“设置”区域中选择“自定义”选项，选择“样式”为“虚线 ---------”，单击对话框右侧“预览”效果图中心的某一位置或单击“横中心划线”按钮和“竖中心划线”按钮，“预览”效果图中将出现十字形虚线，如图 3.25 所示，单击“确定”按钮，从而将表格内侧框线设置为虚线。

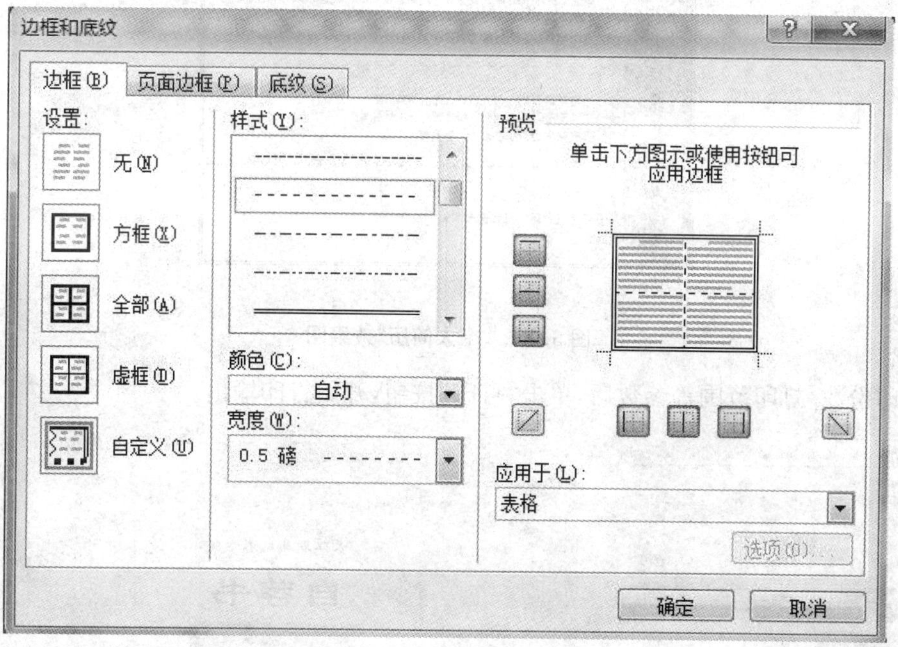

图 3.25 设置表格边框线

至此，“表格简历”已制作完成，其效果如图 3.26 所示。

(五) 打印输出

打印文档之前，最好先预览一下打印效果，以确保打印出来的内容与所期望的一致。

(1) 选择“文件”下的“打印”命令，如图 3.27 所示，用户所做的纸张大小、纸张方向、页面边距等设置都可以在“设置”区域查看，在窗口右侧的预览区域可以查看打印预览效果，并且还可以通过调整窗口右下角的缩放滑块来缩放预览视图的大小。

在确认需打印的文档正确无误后，即可打印文档。

(2) 在如图 3.27 所示的界面中，在“打印机”下拉列表中选择已安装的打印机，设置合

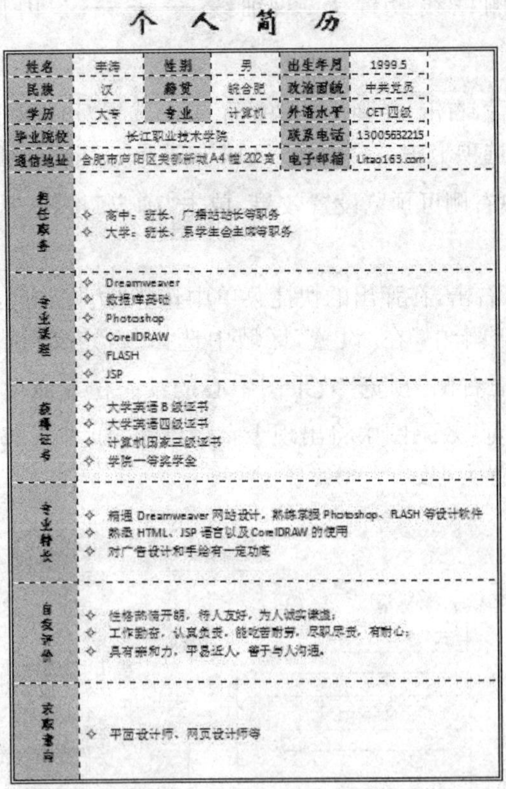

个 人 简 历

姓名	李涛	性别	男	出生年月	1999.5
民族	汉	籍贯	皖合肥	政治面貌	中共党员
学历	大专	专业	计算机	外语水平	CET四级
毕业院校	长江职业技术学院			联系电话	13005632215
通信地址	合肥市庐阳区美都新城A4幢202室			电子邮箱	Litao163.com
担任职务	◇ 高中：班长、广播站站长等职务 ◇ 大学：班长、系学生会主席等职务				
专业课程	◇ Dreamweaver ◇ 数据库基础 ◇ Photoshop ◇ CorelDRAW ◇ FLASH ◇ JSP				
获得证书	◇ 大学英语B级证书 ◇ 大学英语四级证书 ◇ 计算机国家三级证书 ◇ 学院一等奖学金				
专业特长	◇ 精通 Dreamweaver 网站设计，熟练掌握 Photoshop、FLASH 等设计软件 ◇ 熟悉 HTML、JSP 语言以及 CorelDRAW 的使用 ◇ 对广告设计和手绘有一定功底				
自我评价	◇ 性格热情开朗，待人友好，为人诚实谦虚； ◇ 工作勤奋，认真负责，能吃苦耐劳，尽职尽责，有耐心； ◇ 具有亲和力，平易近人，善于与人沟通。				
求职意向	◇ 平面设计师、网页设计师等				

图 3.26 “个人简历”效果图

适的打印份数、打印范围等参数后，单击“打印”按钮，开始打印输出。

图 3.27 打印预览

五、总结与提高

本任务以个人自荐书为列，综合学习了页面设置、字符格式化、段落格式化、表格制作、项目符号、插入图片、页面边框设置、文档的分节以及制表位的使用等。

在进行文字排版时，对文字的格式调整需要先选中文字本身，对段落格式的调整需要先将光标定位在要调整格式的段落中或选中段落本身。在进行表格操作时，首先要清楚表格的行数和列数后再进行表格的插入，个人简历表可在表格中使用绘制表格工具进行表格线的绘制。另外可使用绘制表格工具进行斜线表头的绘制，绘制后将表格中的内容分为上下两段，上段执行右对齐，下段执行左对齐。加边框或底纹是要注意选择对象(是单元格还是整个表格)。

制表位是对齐文本的有效工具，可以精确地对齐文本，掌握了制表位的使用，能快速、准确地对文本进行设置。

在进行正式打印之前，最好先进行"打印预览"以便确定排版效果是否满意；开始打印前需要进行打印设置，包括选取打印机、设置打印范围、打印份数、单/双面打印等。

另外，很多操作不但可以通过工具按钮来进行，还可以从快捷菜单中选择相应命令来进行。

任务二　艺术小报排版

本任务以"艺术小报排版"为例，介绍文档处理软件 Word 2010 的版面设置、版面布局、艺术字的用法、文本框的用法、图文混排、剪贴画、分栏等方面的相关知识。

一、任务的提出

张伟同学作为学院的宣传部长，近期接到一项工作任务，要为院刊乡村旅游版块制作一期特刊——宣城市溪口镇。他开始收集相关素材，设计版面布局，随着制作过程的深入，他发现很多效果制作不出来，遇到的主要问题如下：

(1) 如何在不同的页面上设置不同的页眉内容?

(2) 如何让一个文字块放置在一个特定的位置?

(3) 如何插入艺术化横线?

(4) 如何在一个页面中分两栏排列文字?

(5) 如何让文字包围图片?

(6) 如何给文章加上艺术化边框?

随着交稿日期的临近，张伟同学只好向计算机老师求助，希望老师帮助解决所遇到的各种问题。

二、解决方案分析

教授计算机的张老师了解情况后指出，院刊的排版要先做好版面的整体规划，然后对版面进行具体的排版。

院刊可分为两个版面，正反面打印，以节约纸张。首先，要设置好每个版面的纸张大小、页边距等，并设置页眉和页脚“奇偶页不同”，这样可对奇数页和偶数页设置不同的页眉内容。在版面布局上，根据每篇文章字数的多少以及内容的重要性，把各篇文章或图片按照均衡协调的原则在版面中进行合理“摆放”，从而把版面划分成若干板块。最重要的板块是报头，可通过插入艺术字、图片等设计出美观大方的报头。

由于文本框可调大小，并可任意移动位置，因此，对于字数较少的文章，可把它放入文本框中，方便布局。对于字数较多的文章，可分为两栏排列，还可以在文章中插入图形、剪贴画等，美化板块设计。对于图片、剪贴画等图形对象，还可设置它的文字环绕方式。为了使各个板块之间层次分明、艺术美观，可对文本框设置艺术化边框，还可在板块之间插入艺术化横线。

由以上分析可知，“艺术小报排版”可分解为以下七大任务：版面设置、版面布局、报头艺术设计、正文格式设置、插入图形和剪贴画、分栏设置、文本框设置。

完成效果如图 3.28 所示。

宣城市溪口镇

溪口镇位于宣城市宣州区南端，东南与宁国市交界，西与泾县接壤，北邻周王及新田镇，全镇总面积 187.84 平方公里，森林覆盖率达 87%，辖 8 样村、狮峰村、红星村、东溪村、金龙村、新汤村、四和村、天竺村、溪口社区、华阳社区，人口 26000 人。

资源

境内气候温和，雨量充沛，土地肥沃，物产丰富，（其中林业用地 24.58 万亩，茶园 2.1 万亩，年产干茶 450 吨，有以高山茶为品牌的系列茶，如：塔泉云雾、溪口剑芽、天竺云芽、古雪剑芽等品牌，年产值 3100 万元，木材蓄积量 26.23 万立方米，毛竹蓄积量 537 万根）。

境内有着独特的自然条件和优越的生态环境。这里山峦叠翠，林木森森，自然景观清奇峻美，是人们休闲、度假、旅游的好去处；这里香气清新、水质纯洁甘甜，农副产品来自天然，无任何污染，系安徽省生态经济示范镇、农业部农产品标准化绿茶项目示范建设区；这里人文景观古朴，文化积淀深邃，旅游产品体现了厚重的文化底蕴。

图 3.28　效果图

三、相关知识点

（一）页面设置

页面设置包括设置纸张大小、纸张方向、页面距、页面版式等。

（二）文本框

在 Word 中，文本框是指一种可移动、可调大小的文字或图形容器。使用文本框，可以将文本放置在页面中的任意位置，而且在一页上可放置多个文本框，人们经常使用文本框对版面进行布局。文本框也属于一种图形对象，因此可以为文本框设置各种边框格式、选择填充色、添加阴影、设置文字环绕方式等，还可使文本框中的文字与文档中其他文字有不同的排列方向（横排、竖排）。

（三）剪贴画

在 Word 文档中可插入剪贴画，并为剪贴画添加图形和色彩，剪贴画是文字的重要补充，起到专业的修饰效果。常用于文章、新闻稿或名片中。

（四）分栏

分栏是文档排版中常用的一种版式，它使页面在水平方向上分为两栏或多栏，文字是逐栏排列的，填满一栏后才转到下一栏，文档内容分列于不同的栏中。分栏使页面排版灵活，阅读方便，在各种报纸和杂志中应用非常广泛。

（五）艺术字和艺术横线

(1) 艺术字是一种特殊的图形，它以图形的方式来展示文字，具有美术效果，能够美化版面，广泛应用于宣传、广告、商标、标语、黑板报、报纸杂志和书籍的装帖上等，越来越被大众喜欢。

(2) 艺术横线是图形化的横线，常用于隔离板块，美化整体版面。

四、任务的实施

（一）版面设置

1. 页面设置

艺术小报的页面可设置为 A4 纸张，纸张方向为纵向。

(1) 启动 Word 2010 程序，在“页面布局”选项卡中，单击“页面设置”组中的“页面设置”按钮，打开“页面设置”对话框，在“纸张”选项卡中，选择纸张大小为 A4，如图 3.29 所示。

(2) 在“页边距”选项卡中，设置页边距为“上 2.5 厘米，下 2.5 厘米，左 2 厘米，右 2 厘米”，选择纸张方向为“纵向”，如图 3.30 所示。

(3) 在“版式”选项卡中，选中页眉和页脚“奇偶页不同”复选框，如图 3.31 所示。单击

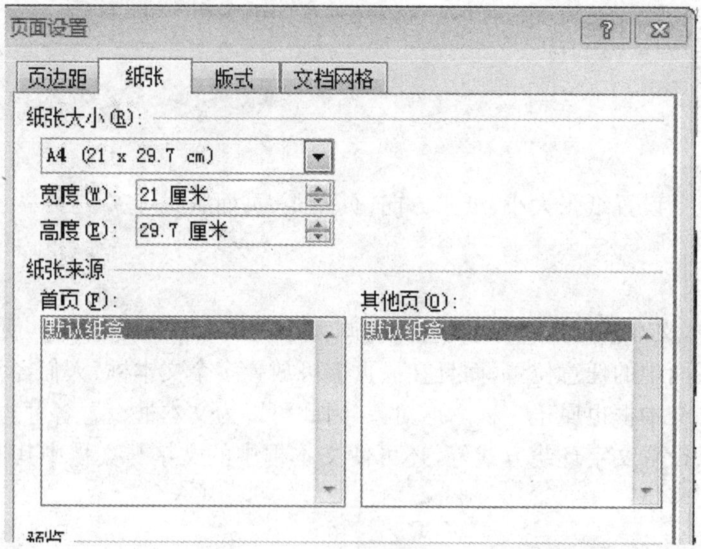

图 3.29 “页面设置”对话框

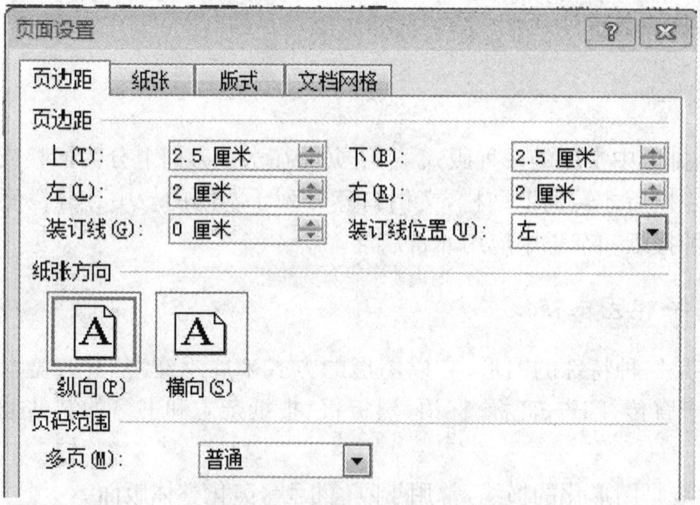

图 3.30 “页面设置”对话框

“确定”按钮,关闭“页面设置”对话框。

由于艺术小报共有 2 个版面,还需添加一个版面。

(4) 在“插入”选项卡中,单击“页”组中的“分页”按钮,此时会插入另一个空白页面,组成 2 个空白版面。

2. 页眉设置

为奇数页和偶数页设置不同的页眉内容。

(1) 在“插入”选项卡中,单击“页眉和页脚”组中的“页眉”下拉按钮,在打开的下拉列表中选择“编辑页眉”选项,此时空白页面中显示了页眉。

(2) 把光标定位于第 1 页的页眉中(奇数页页眉)中,在“开始”选项卡中,单击“段落”组中的“两端对齐”按钮,此时光标位于页眉的最左端,在第 1 页的页眉中输入文字“窗口”,然后按 4 次“Tab”键,光标会移至页眉的右端

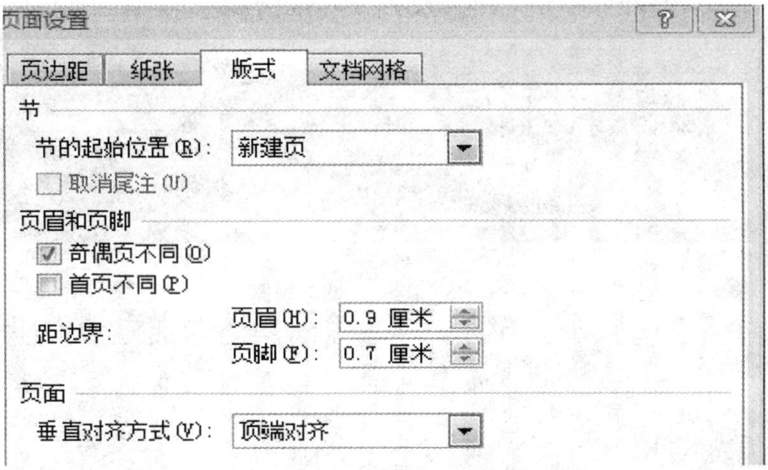

图 3.31 “页面设置”对话框

(3) 在“插入”选项卡中,单击“页眉和页脚”组中的“页码”下拉按钮,在打开的下拉列表中选择“当前位置”下的“普通数字”选项,此时会在光标所在的位置插入页码“1”。

(4) 单击“快速访问工具栏”中的“保存”按钮,把文件保存在桌面上,命名为“宣城市旅游景点介绍.docx”。

(二) 版面布局

版面布局就是把各篇文章或图片按照均衡协调的原则在版面中进行合理“摆放”,从而把版面划分成若干板块。版面布局十分重要,它直接影响到刊物的美观程度。

由于第一版中各板块的内容没有分栏,具有“方块”特点,可用文本框进行版面布局。

(1) 在“插入”选项卡中,单击“文本”组中的“文本框”下拉按钮,在打开的下拉列表中选择“绘制文本框”选项,此时光标形状变为十字状。

(2) 对照效果图图 3.28,编辑文本框。

(三) 正文格式设置

报头设计完毕后,下面先复制各篇文章的文字素材到相应的文本框或板块中,然后设置各篇文章的具体格式。

(1) 将各篇文章的文字素材复制到相应的文本框或板块中,复制“溪口镇”文章内容后,使它们在版块中合理布局,并与“表头”板块保留一定距离。

注意:“溪口镇”板块下方的空行不要删除。

(2) 把“生态溪口”文章内容(不含文章标题“生态溪口”)复制到“生态溪口”文本框内的第 1 个横排文本框中,因为 2 个横排文本框已经建立了链接,第 1 个横排文本框中显示不下的文字会自动转移到第 2 个横排文本框中显示,而且第 2 个横排文本框中的文字紧接第 1 个横排文本框中的文字。在“资源”文本框内的中间的竖排文本框中输入文章标题“资源”。

(3) 把“生态溪口”文章内容(含标题)复制到“生态溪口”文本框内,选中该文本框中的所有文字,在“页面布局”选项卡中,单击“页面设置”组中的“文字方向”下拉按钮,在打开的下拉列表中选择“垂直”选项,如 3.32 所示,此时,“生态溪口”文本框内所有文字的排列方向改为垂直方向。

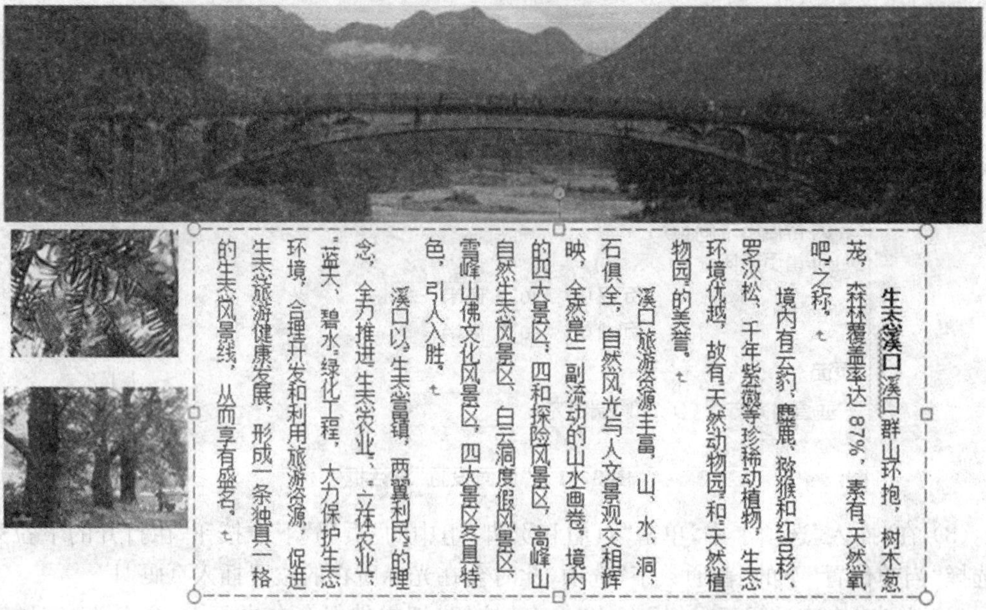

图 3.32　文字效果图

(4) 适当调整 2 个版面中各个文本框的大小，使各个文本框能显示文本框内的所有文字。

(5) 设置"溪口镇"的格式为"华文新魏，五号，黑色，左对齐，首字下沉 3 字符"；"资源"板块的格式为"宋体，五号，黑色，居中，25%灰色底纹"；标题"生态溪口"的格式为"宋体，五号，居中"。

(四) 插入图片

(1) 在第一段前插入一张图片，如图 3.33 所示。

(2) 选择图片，设置图片自动换行版式为四周型。

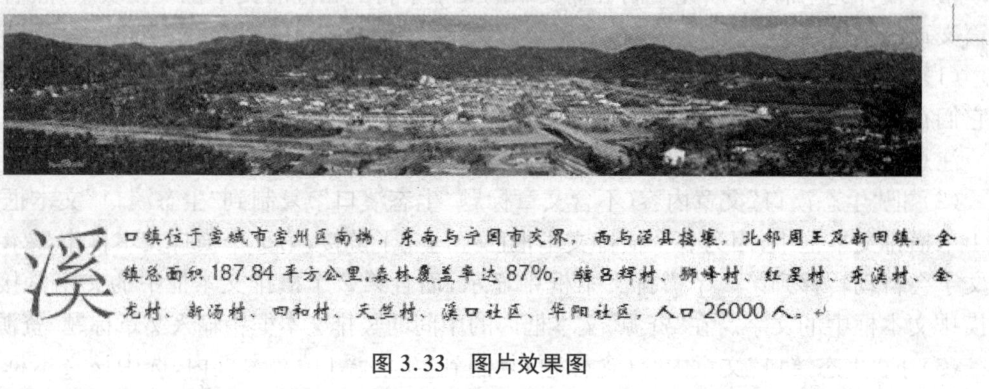

图 3.33　图片效果图

（五）文本框设置

(1) 适当调整2个版面中各个文本框的大小，直到每个文本框的空间比较紧凑，不留空位，同时又刚好显示出每篇文章的所有内容。

(2) 选中“溪口镇”文本框，在“格式”选项卡的“形状样式”组中，选择“形状轮廓”为“无轮廓”，如图3.28所示，此时该文本框的框线不显示。

(3) 使用相同的方法，设置2个版面中所有文本框的框线不显示（无轮廓）。

五、总结与提高

本任务通过对院刊“宣城市乡村旅游景点溪口镇”的排版，综合介绍了Word中的各种排版技术，如文本框、艺术字、艺术横线、图片、文字环绕方式等。

在确定版面布局后，可用文本框、分栏等将版面进行分割。本任务用文本框、分栏等将版面划分成了七个板块。然后对各个板块进行具体的设计，可在适当位置插入艺术字、艺术横线、图片、剪贴画等。

文本框是Word中放置文本或图形的容器，使用文本框可以将文本放置在页面中的任意位置，文本框可以设置为任意的大小，还可以为文本框内的文字设置格式。对于只需突出文字效果的文本框，可以取消文本框的边框线；对于需要突出排版整体效果的文本框，也可以设置各种边框的格式，选择填充色，添加阴影等。可见，文本框在Word排版中的运用是十分广泛的。

在文档中插入图片后，还可以设置图片的环绕方式，使图文混排更加美观。艺术字、图片等的文字环绕方式有嵌入型、四周型、紧密型、穿越型、上下型、衬于文字下方、浮于文字上方等。

在板块设计中还可应用分栏，分栏也是Word排版中常用的一种格式，多见于各种报纸杂志。它使页面在水平方向上分为几个栏，文字是逐栏排列的，一栏填满后方可转到下一栏，分栏使页面排版灵活，阅读方便。

在以后的工作、学习和生活中，如果遇到要制作介绍学校、院系、班级的宣传小报，或者要制作公司的内部刊物、宣传海报等时，相信在本任务中所学到各种排版技术一定会十分有用的。

任务三　毕业论文排版

本任务以“毕业论文排版”为例，介绍在Word长文档排版中所用到各种排版方法与技巧，主要包括：通过样式快速设置格式，利用大纲级别的标题自动生成目录，利用分节符把论文分成几个不同的部分，利用域设置页眉页脚，对论文添加批注和修订等。

一、任务的提出

小李即将大学毕业，他在毕业前要完成的最后一项“作业”就是对写好的毕业论文进行排版。开始他并没有在意，因为以前使用 Word 软件进行文字编辑，感觉都很简单，可是当他看到学校对毕业论文格式的要求后，心里开始慌张了，不知道从何下手。

毕业论文文档不仅篇幅长，而且格式多，处理起来比普通文档要复杂得多。在论文的排版过程中，小李遇到了以下几个问题：

(1) 如何设置论文的文档属性？

(2) 如何为论文各章节和正文等快速设置相应的格式？

(3) 如何自动生成论文目录？

(4) 如何把论文分成三大部分（封面和摘要、目录、正文），并对这三大部分设置不同的页眉和页脚？

(5) 如何让论文正文奇数页的页眉内容随论文的章标题而改变？如何把论文正文偶数页的页眉内容设置为论文题目，并使论文封面、摘要和目录页上没有页眉内容？

(6) 如何在目录和论文正文的页脚中插入不同数字格式的页码？

这些都是小李从来没有遇到过的问题，最后他只好去请教计算机老师，小李在老师的指导和帮助下，一步一步地学会了论文的排版，上述问题也迎刃而解。现在小李对 Word 编辑排版有了较充分的认识，能够得心应手地使用 Word 2010 对长文档进行排版，下面跟随小李同学来学习毕业论文排版的方法。

二、解决方案分析

首先，对论文排版做详细的分析。毕业论文通常包括封面、摘要、目录、正文（含致谢、参考文献）等几个部分。根据学校对毕业论文格式的要求，封面和摘要无页眉和页脚；目录无页眉，但须在页脚中插入页码（格式可设为“ⅰ，ⅱ，ⅲ，…”）；在正文中，奇偶页的页眉内容不同，在奇数页页眉中插入章标题，在偶数页页眉中插入毕业论文题目，在页脚中插入页码（格式与目录中的页码格式不同，一般设为“1，2，3，…”）。为了完成以上设置，须在论文正文前和目录前分别插入“分节符”，从而把论文分为三部分（3 节）：封面和摘要（第 1 节）、目录（第 2 节）和论文正文（第 3 节，含致谢和参考文献）。

封面通常由学校给出统一的格式，只需从学校网页上下载插入即可。论文中的摘要是对论文整体的一个综述。一般情况下，中文摘要在前，英文摘要（可选）在后，各占一页纸。论文其他部分的排版样式及字体、字号等，学校也有具体的要求，在排版论文时必须严格遵守。

其次，利用 Word 2010 对论文进行排版。进行页面（如纸张大小、页边距、版式等）设置和文档属性（如标题、作者等）设置，而在论文排版过程中常常需要使用样式，以便论文各级标题、正文等版面格式符合要求。Word 2010 中已内置了一些常用样式，可直接应用这些样式，也可根据排版要求，修改这些样式或新建样式。论文正文中各个层次之间，可分为一级标题（章标题）、二级标题（节标题）、三级标题（小节标题）和正文内容。对于正文中的图表和新名词可以添加题注和脚注。在论文正文中设置各级标题后，可利用 Word 的引用功能自动生成论文目录。把论文分成3个节后，在每个节中可以设置不同的页眉和页脚内容。

最后，论文排好版后要提交给指导老师审阅，指导老师通过批注和修订对论文提出修改意见后，再返回给学生，学生可接受或拒绝老师添加的批注和修订。

由以上分析可知，“毕业论文排版”可以分解为以下九大任务：设置页面和文档属性；设置标题样式和多级列表；添加题注和脚注；自动生成目录；插入分节符，把论文分为三部分；利用插入域的方法添加论文正文的页眉；在页脚中添加页码并更新目录；添加论文摘要和封面；使用批注和修订。

毕业论文排版效果如图3.34所示。

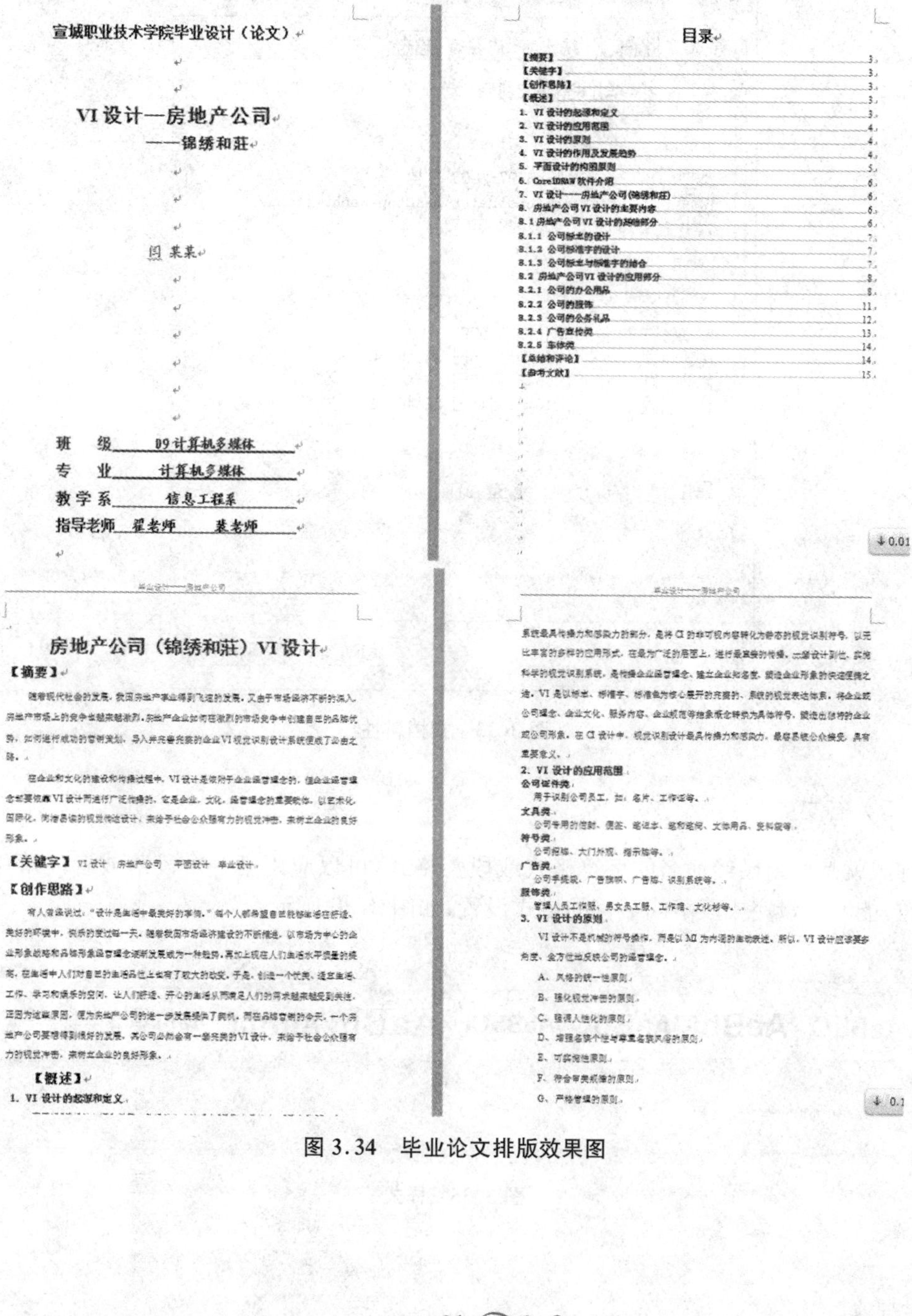

图3.34 毕业论文排版效果图

三、相关知识点

（一）文档属性

文档属性包含了文档的详细信息，如：标题、作者、主题、类别、关键字、文件长度、创建日期、最后修改日期和统计信息等，如图 3.35 所示。

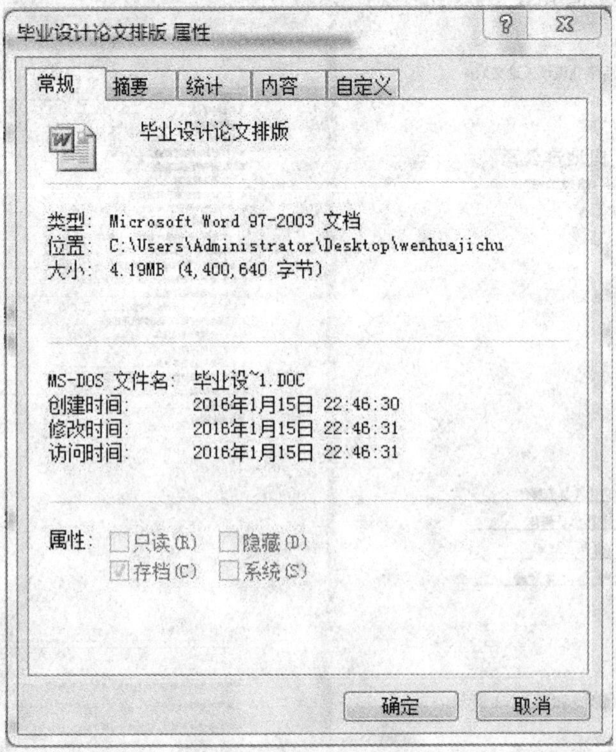

图 3.35　文档属性

（二）样式

样式就是一组已经命名的字符格式或段落格式，可以应用于一个段落或者段落中选定的字符，能够批量完成段落或字符的格式设置，如图 3.36 所示。

图 3.36　样式

（三）目录

目录是长文档不可缺少的部分。通过目录可了解文档结构，并可快速定位需要查询的内容。在目录中，左侧是目录标题，右侧是标题所对应的页码，如图3.37示。

目录

【摘要】……3
【关键字】……3
【创作思路】……3
【概述】……3
1. VI设计的起源和定义……3
2. VI设计的应用范围……4
3. VI设计的原则……4
4. VI设计的作用及发展趋势……4
5. 平面设计的构图原则……5
6. CorelDRAW软件介绍……6
7. VI设计——房地产公司(锦绣和庭)……6
8. 房地产公司VI设计的主要内容……6
8.1 房地产公司VI设计的基础部分……6
8.1.1 公司标志的设计……7
8.1.2 公司标准字的设计……7
8.1.3 公司标志与标准字的结合……7
8.2 房地产公司VI设计的应用部分……8
8.2.1 公司的办公用品……8
8.2.2 公司的服饰……11
8.2.3 公司的公务礼品……12
8.2.4 广告宣传类……13
8.2.5 车体类……14
【总结和评论】……14
【参考文献】……15

图3.37 目录

（四）节

“节”是Word划分文档的一种方式。之所以引入“节”的概念，是为了实现在同一文档中设置不同的页面格式，如不同的纸张、不同的页边距、不同的页眉和页脚、不同的页码、不同的页面边框、不同的分栏等。建立新文档，Word默认将整篇文档视为一节，此时，整篇文档只能采用一致的页面格式。因此，为了在同一文档中设置不同的页面格式就必须将文档划分为若干节。通过插入分节符，可把文档分为若干个节，在草稿视图中分节符显示为两条横向虚线，如图3.38所示。

::::::::::::::::分节符(下一页)::::::::::::::::

图3.38 节

（五）页眉和页脚

页眉和页脚是页面中的两个特殊区域，它们分别位于文档中每个页面页边距（页面边线到正文编辑区边界的距离）的顶部和底部区域。通常诸如文档的标题、页码、公司徽标、作者名等信息需要显示在页眉和页脚上，如图 3.39 所示。

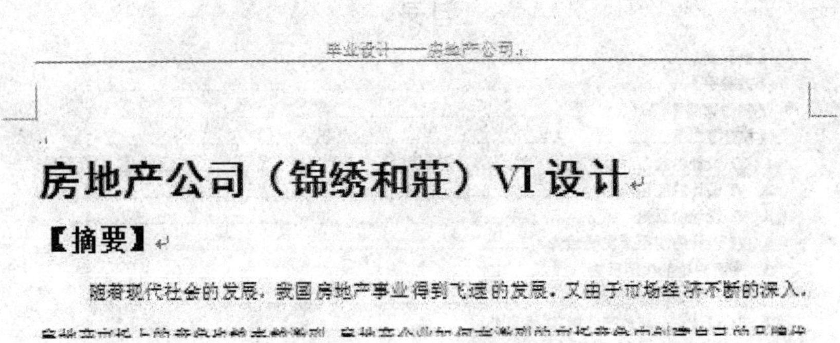

图 3.39　页眉页脚

（六）批注和修订

批注和修订是用于审阅别人的 Word 文档的两种办法。

批注是读者在阅读 Word 文档时所提出的注释、问题、建议或者其他想法。批注不会集成到文本编辑中。它们只是对文档编辑提出建议，批注中的建议文字经常会被复制并粘贴到文本中，但批注本身不是文档的一部分。

修订却是文档的一部分，修订是对 Word 文档进行插入、删除、替换以及移动等编辑操作时，使用一种特殊的标记来记录所做的修改，以便于其他用户或者原作者了解文档所做的修改，可以根据实际情况决定接受或拒绝修订，如图 3.40 所示。

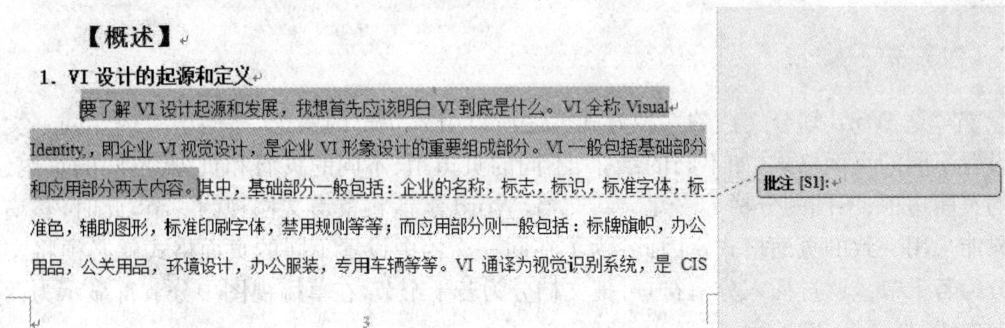

图 3.40　批注

（七）参考文献

参考文献是为撰写或编辑论著而引用的有关参考资料（如图书、期刊等），参考文献是出版物不可缺少的重要组成部分。

1. 参考文献的标识

通常参考文献的类型以单字母方式标识：

M——著作，C——论文集，N——报纸文章，J——期刊文章，D——学位论文，R——报告，S——技术标准，P——专利；对于不属于上述的文献类型，采用字母 Z 标识。

2. 参考文献的编排格式

常见参考文献的编排格式及示例如下：

(1) 著作类

格式：[序号]作者. 书名[M]. 出版地：出版社，出版年份：起止页码.

示例：[1] Mike Gunderloy. ADO and ASP. NET Programming[M]. 北京：电子工业出版社，2002：62-67.

(2) 期刊类

格式：[序号]作者. 篇名[J]. 刊名，出版年份，卷名(期号)：起止页码.

示例：[2] 刘松. 柴河水库渗流监测自动化系统建设与应用[J]. 东北水利水电，2010，6(1)：29-33.

(3) 报纸类

格式：[序号]作者. 篇名[N]. 报纸名，出版日期(版次).

示例：[3] 谢希德. 创造学习的新思路[N]。人民日报，1998-12-25(10).

(4) 互联网资料

格式：[序号]作者. 篇名[EB/OL]. 完整网址，发表日期.

示例：[4] 王明亮. 关于中国学术期刊标准化数据库系统工程的进展[EB/OL]. http://www.cajcd.edu.cn/pub/wml.txt/980810-2.html，1998-08-10.

四、任务的实施

(一) 设置页面和文档属性

用 Word 2010 排版论文之前，首先要进行页面和文档属性的设置。

(1) 打开素材库中的“毕业论文(素材).docx”文件，在“页面布局”选项卡中，单击“页面设置”组右下角的“页面设置”按钮，打开“页面设置”对话框，在“纸张”选项卡中，纸张大小选择“A4”，如图 3.41 所示。

(2) 在“页边距”选项卡中，上、下、左、右页边距分别设置为 2.8 厘米、2.5 厘米、3 厘米、2.5 厘米，装订线为 0.5 厘米，装订线位置为“左”，纸张方向为“纵向”，如图 3.42 所示。

(3) 在“版式”选项卡中，选中页眉和页脚“奇偶页不同”复选框，如图 3.43 所示，单击“确定”按钮，关闭“页面设置”对话框。

(4) 选择“文件”下的“信息”命令，单击窗口右侧窗格中的“属性”下拉按钮，在打开的下拉列表中选择“高级属性”选项，打开“毕业论文(素材).docx 属性”对话框，在“摘要”选项卡中，设置标题为“VI 设计——房地产公司”(毕业论文题目)，作者为“闫某某”，单位为“职业技术学院”，如图 3.44 所示，单击“确定”按钮。

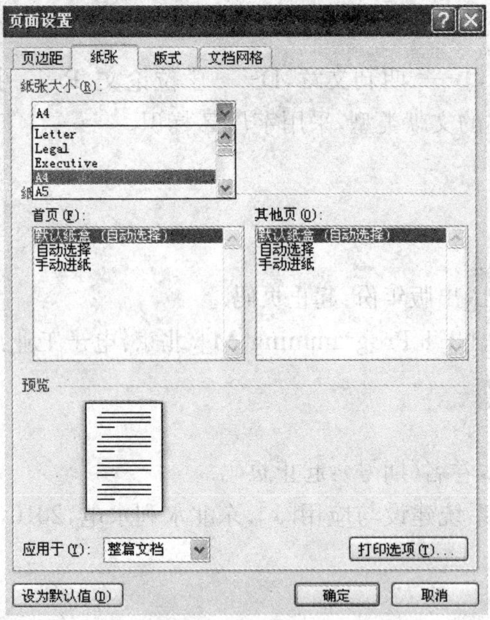

图 3.41 “纸张”选项卡

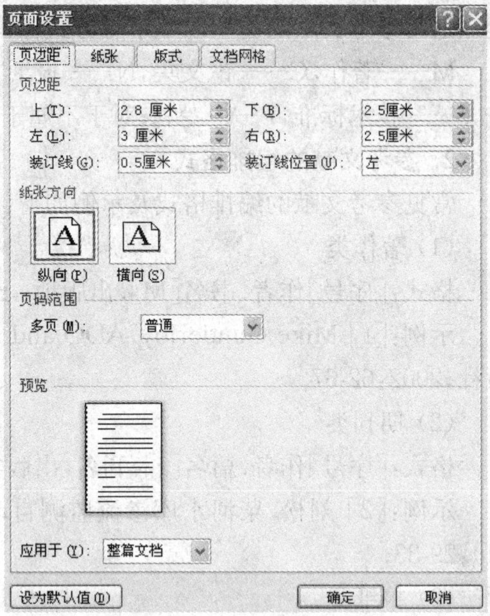

图 3.42 “页边距”选项卡

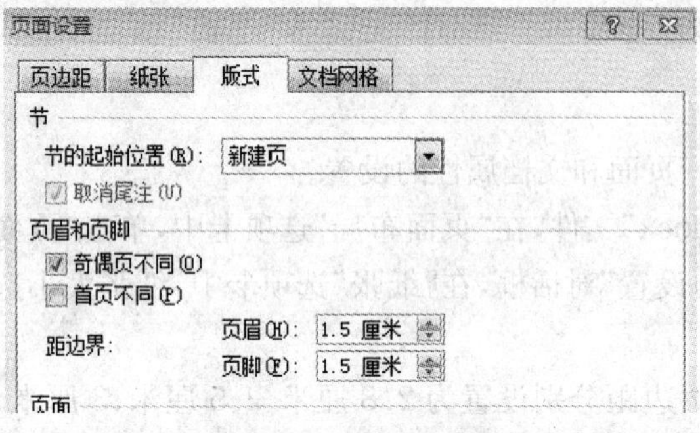

图 3.43 “版式”选项卡

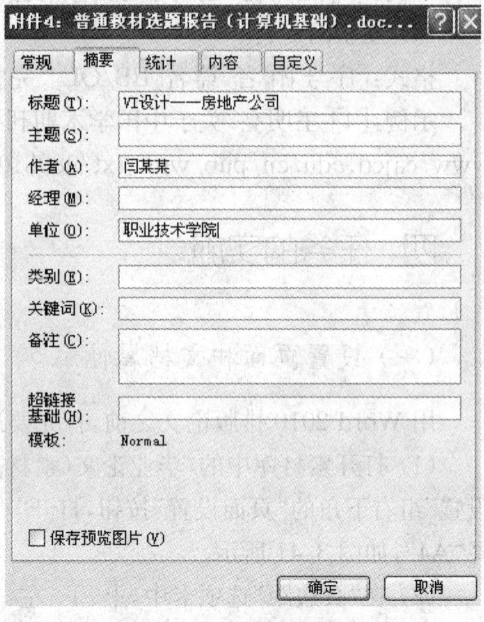

图 3.44 “摘要”选项卡

（二）设置标题样式和多级列表

在论文排版过程中常常需要使用样式，以使论文各级标题、正文等版面格式符合要求，Word 2010 中已内置了一些常用样式，可直接应用这些样式，也可根据排版的格式要求，修改这些样式或新建样式。论文全文中各个层次之间，可分为一级标题（章标题）、二级标题（节标题）、三级标题（小节标题）和正文内容等。

使用多级列表可为文档设置层次结构，方便论文内容的组织，也便于阅读。

1. 设置标题样式

(1) 在“视图”选项卡中,选中“显示”组中的“导航窗格”复选框,在窗口左侧将显示“导航”窗格。

(2) 在“开始”选项卡中,右击“样式”组中的“标题 1”样式,在弹出的快捷菜单中选择“修改”命令,打开“修改样式”对话框。

(3) 在“修改样式”对话框的“格式”区域中,设置格式为“宋体,二号,加粗,居中”,如图 3.45 所示。

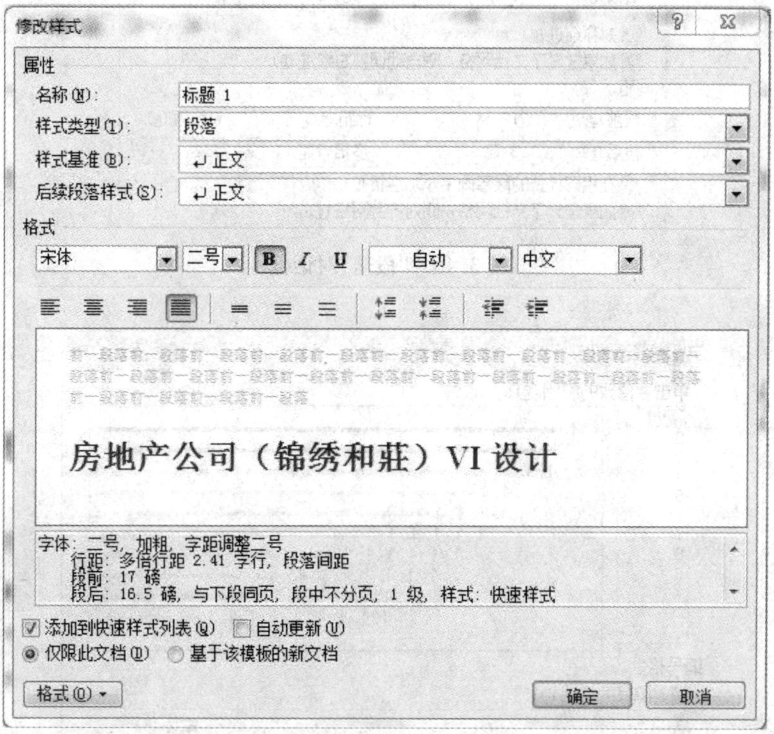

图 3.45 “修改样式”对话框

(4) 单击“修改样式”对话框左下角的“格式”下拉按钮,在打开的下拉列表中选择“段落”命令,打开“段落”对话框,如图 3.46 所示。

(5) 在“段落”对话框中,设置段落格式为“段前”间距为 12 磅、“段后”间距为 3 磅,“行距”为“多倍行距”,如图 3.46 所示,单击“确定”按钮,返回到“修改样式”对话框;再单击“确定”按钮,完成“标题 1”样式的设置。

(6) 使用相同的方法,修改“标题 2”样式的格式为“黑体,三号,加粗,左对齐,段前、段后间距都为 13 磅,多倍间距”;“标题 3”样式的格式为“黑体,四号,加粗,左对齐,自动更新,段前、段后间距 0.5 行,单倍间距”。

2. 设计多级列表

多级列表是用于为列表或文档设置层次结构而创建的列表。创建多级列表可使列表具有复杂的结构,并使列表的逻辑关系更加清晰,列表最多可有 9 个级别。

(1) 将光标置于“第一章　导论”所在行中,在“开始”选项卡中,单击“段落”组中的“多级列表”下拉按钮,在打开的下拉列表中选择“定义新的多级列表”选项,如图 3.47 所示。

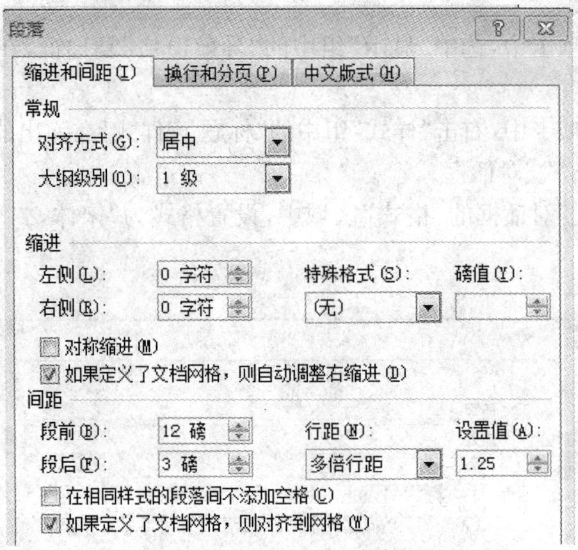

图 3.46 “段落”对话框

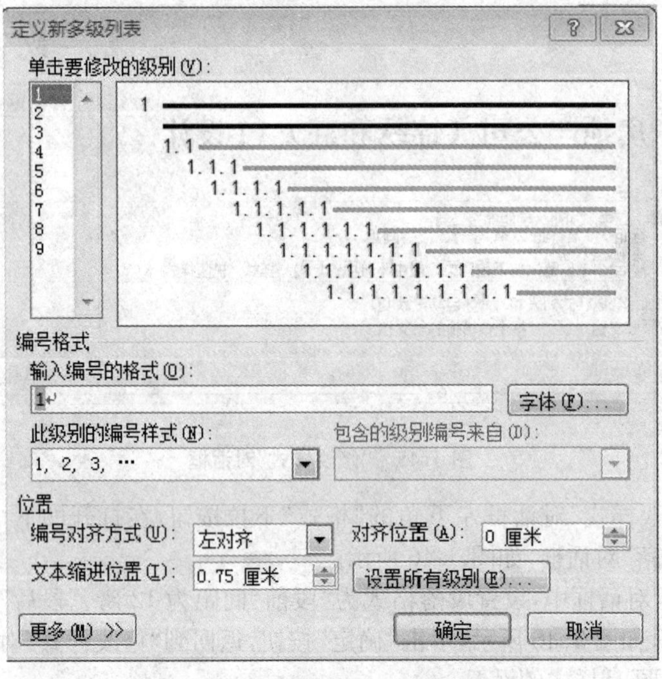

图 3.47 “定义新多级列表”对话框

(2) 在打开的“定义新多级列表”对话框中，选择左上角的级别“1”，并在“输入编号的格式”文本框中的“1”的左、右两侧分别输入“第”和“章”，构成“第 1 章”的形式；再单击左下角的“更多”按钮，将“将级别链接到样式”设置为“标题 1”，“编号之后”为“空格”，如图 3.48 所示。

(3) 在图 3.48 所示的界面中，再选择左上角的级别“2”，此时“输入编号的格式”默认为“1.1”的形式，将“将级别链接到样式”设置为“标题 2”，“对齐位置”为“0 厘米”，“编号之后”为“空格”，如图 3.49 所示。

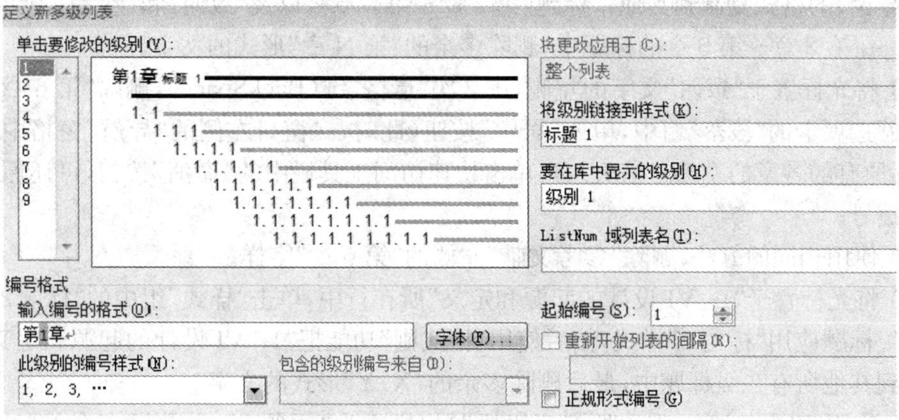

图 3.48　定义 1 级标题

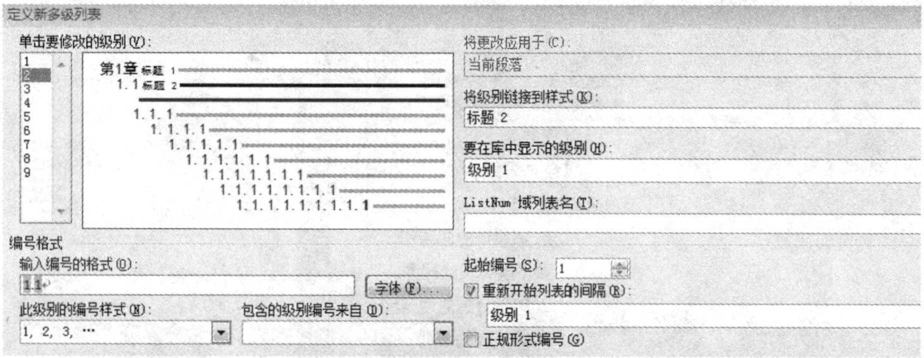

图 3.49　定义 2 级标题

(4) 在图 3.49 所示的界面中，再选择左上角的级别“3”，此时“输入编号的格式”默认为“1.1.1”的形式，“将级别链接到样式”设置为“标题 3”，“对齐位置”为“0 厘米”，“编号之后”为“空格”，单击“确认”按钮，完成多级列表的设置，此时“样式”组中的“标题 1”“标题 2”“标题 3”的样式按钮中出现了多级列表，如图 3.50 所示。

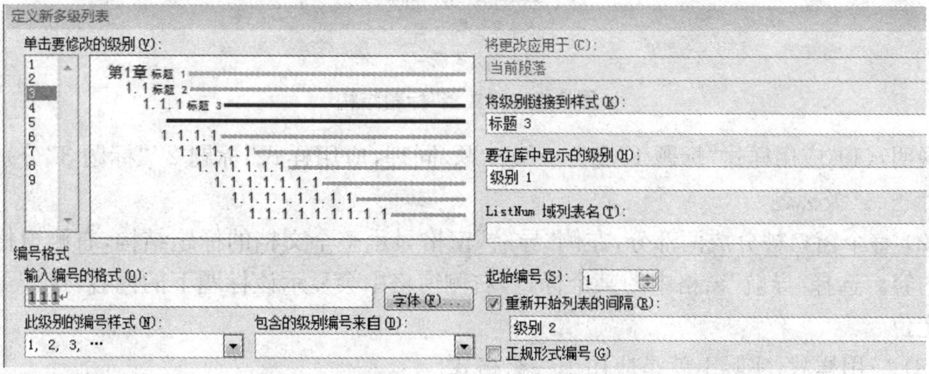

图 3.50　定义 3 级标题

3. 应用标题模式

(1) “第一章　导论”所在段落已经自动应用了“标题 1”样式，使用“格式刷”功能把“第

一章　导论”的格式复制到其他章标题(第2章～第5章),以及“致谢”和“参考文献”标题。

(2) 在第2章～第5章的标题中,删除多余的“第N章”形式的文字。

(3) 将光标置于“致谢”文字的左侧,按2次“退格”键(BackSpace),删除“第6章”字样,在“开始”选项卡的“段落”组中,单击“居中”按钮(此时,在窗口左侧的“导航”窗格中可以看到,前面原有的各章的章编号消失),再单击快速访问工具栏中的“撤消”按钮,可还原前面各章的章编号。

(4) 使用相同的方法,删除“参考文献”左侧的“第6章”字样。

(5) 将光标置于“1. VI设计的起源和定义”所在行中,单击“样式”组中的“标题2”按钮,使该二级标题应用“标题2”样式,然后使用“格式刷”功能把“1. VI设计的起源和定义”的格式复制到其他所有二级标题中,最后删除多余的“X. Y”形式的文字。

(6) 使用相同的方法,设置所有三级标题的样式为“标题3”,并删除多余的“X. Y. Z”形式的文字。此时,在窗口左侧的“导航”窗格中可以看到整个文档的结构,如图3.51所示。

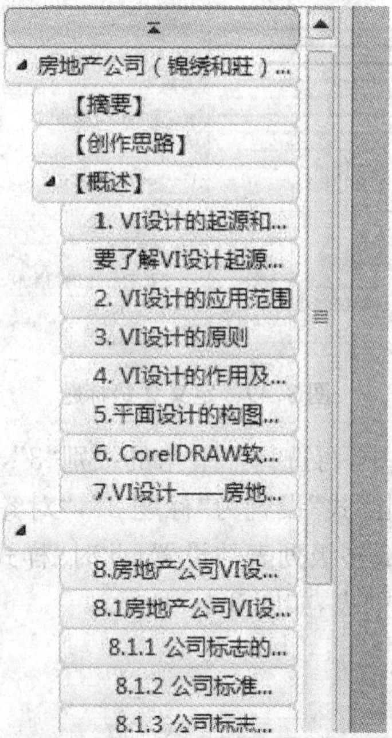

图3.51　“文档”标题结构

说明:(1) 应用样式“标题1”成为一级标题,同理,应用样式“标题2”“标题3”分别成为二级标题、三级标题。

(2) 整个窗口被分成两部分,左侧“导航”窗格显示整个文档的标题结构,右侧窗格显示文档内容。选择“导航”窗格中的某个标题,右侧窗格中会显示该标题下的内容,这样可实现快速定位。

(3) 应用样式,实际上就是应用了一组格式。

4. 新建样式并应用于正文

根据排版需要,还可新建样式“正文01”,格式为“宋体,五号、左对齐,1.5倍行距,首行缩进2个字符,自动更新”,并把它应用于论文的正文中。

(1) 将光标置于正文中(不是在标题中)，在“开始”选项卡中，单击“样式”组右下角的“样式”按钮，打开“样式”任务窗格。

(2) 单击“样式”任务窗格左下角的“新建样式”按钮，打开“根据格式设置创建新样式”对话框，设置新建样式的名称为“正文 01”，设置其格式为“宋体，五号、左对齐，1.5 倍行距，自动更新”，如图 3.52 所示。

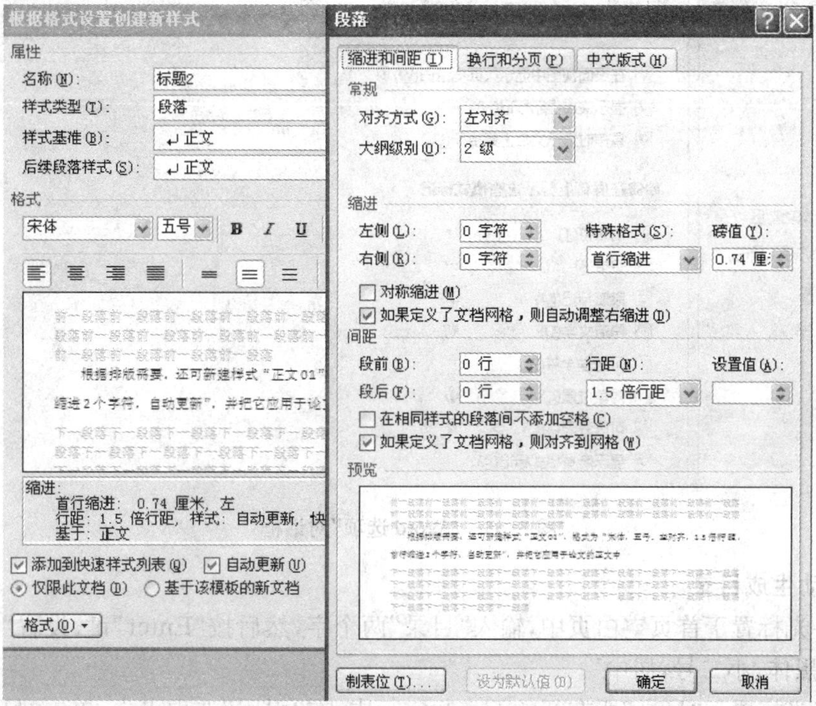

图 3.52　新建样式格式设置

(3) 在图 3.52 所示的界面中，单击左下角的“格式”下拉按钮，在打开的下拉列表中选择“段落”命令，在打开的“段落”对话框中，设置段落格式为“首行缩进 2 个字符”。

(4) 单击“确定”按钮，返回“根据格式设置创建新样式”对话框；再单击“确定”按钮，完成样式“正文 01”的新建，新建的样式名“正文 01”会出现在“样式”任务窗口格的样式列表中。

(5) 把新建的样式“正文 01”应用于所有正文中(不包括章名、节名、小节名、空行、图和图的题注等)，最后关闭“样式”任务窗格。

(三) 自动生成目录

在论文正文中设置各级标题后，为了使每章内容另起一页，可在每章前面插入分页符，然后利用 Word 的引用功能为论文提取目录。

1. 在每章前插入分页符

(1) 将光标置于第 1 章的标题文字“导论”的左侧(不是在上一行的空行中)，在“插入”选项卡中，单击“页”组中的“分页”按钮，在第 1 章前面插入了“分页符”。

(2) 选择“文件”下的“选项”命令，打开“Word 选项”对话框，在左侧窗格中选项“显示”选项，在右侧窗格中选中“显示所有格式标记”复选框，如图 3.53 所示，单击“确定”按钮，可在文档中显示“分页符”(单虚线)。

(3) 使用相同的方法,在其余4章(第2章~第5章)前,以及“致谢”和“参考文献”前,依次插入“分页符”,使它们另起一页显示。

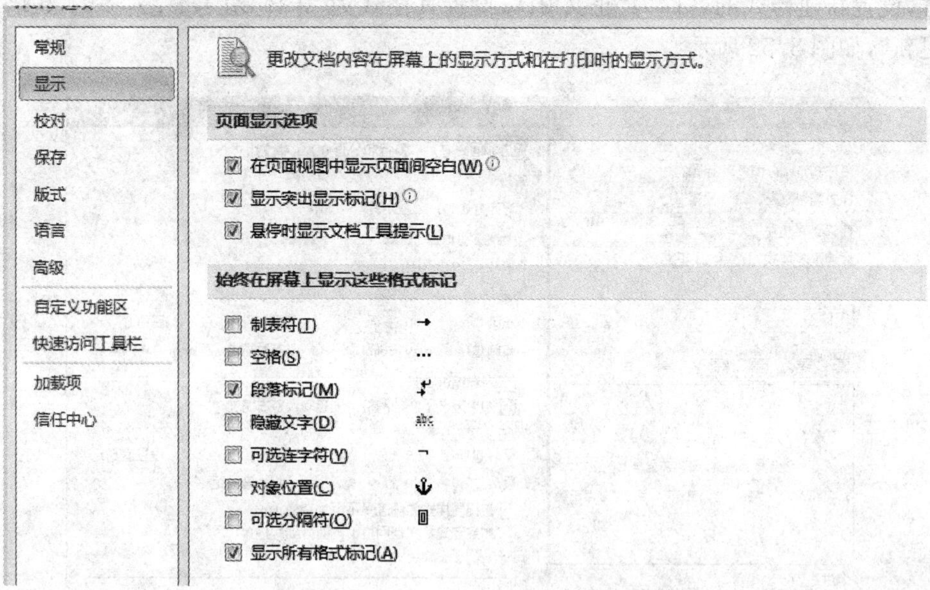

图 3.53 “Word 选项”对话框

2. 自动生成目录

(1) 将光标置于首页空白页中,输入“目录”两个字,然后按“Enter”键,设置“目录”两字的格式为“黑体,小二号,居中”。

(2) 将光标置于“目录”所在行的下一行空行中,在“引用”选项卡中,单击“目录”组中的“目录”下拉按钮,在打开的下拉列表中选择“插入目录”选项。

(3) 在打开的“目录”对话框中,选中“显示页码”和“页码右对齐”复选框,选择“显示级别”为3,单击“确定”按钮,生成的目录如图3.54所示。

(四) 插入分节符,把论文分成三部分

为了在论文的不同部分设置不同的页面格式(如不同的页眉和页脚、不同的页码编号等),在“第1章”前插入分节符,使目录、论文正文成为两个不同的节,再在“目录”前插入分节符,以便在目录前插入论文封面和摘要。这样,就把整个文档分成3节:封面和摘要(第1节)、目录(第2节)、论文正文(第3节)。在不同的节中,可设置不同的页眉和页脚。

(1) 将光标置于第1章标题“导论”的左侧,在“页面布局”选项卡中,单击“页面设置”组中的“分隔符”下拉按钮,在打开的下拉列表中选择“下一页”分节符,从而插入“下一页”分节符。

(2) 使用相同的方法,在“目录”前插入“下一页”分节符,在“目录”前会添加一空白页。

注意:分节符显示为双虚线,而分页符显示为单虚线。

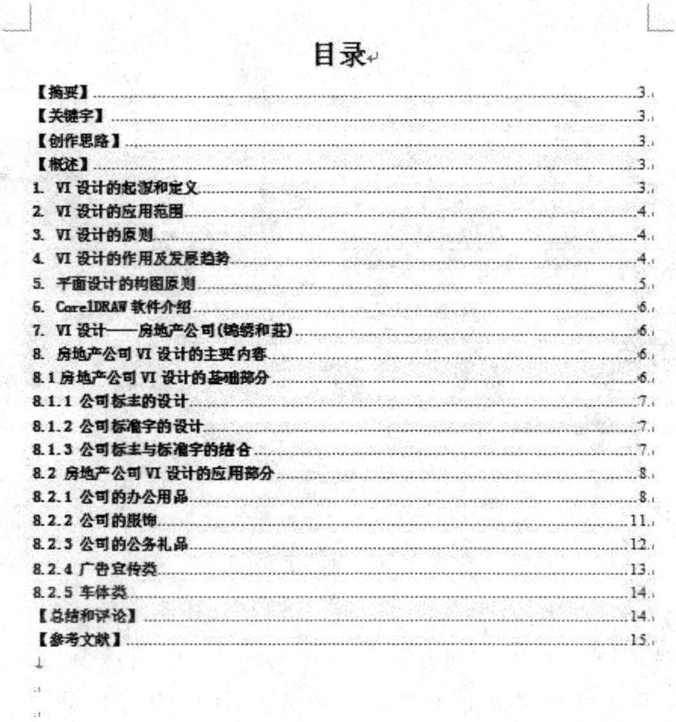
目录

【摘要】......3
【关键字】......3
【创作思路】......3
【概述】......3
1. VI 设计的起源和定义......3
2. VI 设计的应用范围......4
3. VI 设计的原则......4
4. VI 设计的作用及发展趋势......4
5. 平面设计的构图原则......5
6. CorelDRAW 软件介绍......6
7. VI 设计——房地产公司(锦绣和苑)......6
8. 房地产公司 VI 设计的主要内容......6
8.1 房地产公司 VI 设计的基础部分......6
8.1.1 公司标志的设计......7
8.1.2 公司标准字的设计......7
8.1.3 公司标志与标准字的结合......7
8.2 房地产公司 VI 设计的应用部分......8
8.2.1 公司的办公用品......8
8.2.2 公司的服饰......11
8.2.3 公司的公务礼品......12
8.2.4 广告宣传类......13
8.2.5 车体类......14
【总结和评论】......14
【参考文献】......15

图 3.54　目录效果图

（五）利用插入域的方法添加论文正文的页眉

根据毕业论文排版要求，封面、摘要和目录页上没有页眉，论文正文有页眉。前文中已对页眉和页脚“奇偶页不同”做了设置，所以要对论文正文的奇偶页的页眉分别进行设置，在奇数的页眉中插入章标题（一级标题），在偶数页的页眉中插入论文题目。

1. 在正文奇数页的页眉中插入章标题

(1) 将光标置于论文正文（第 3 页）第 1 页（奇数页）中，在“插入”选项卡中，单击“页眉和页脚”组中的“页眉”下拉按钮，在打开的下拉列表中选择“编辑页眉”选项，切换到“页眉和页脚”的编辑状态，此时光标位于页眉中。

(2) 在“页眉和页脚工具”的“设计”选项卡中，取消“导航”组中的“链接到前一条页眉”按钮的选中状态，如图 3.55 所示，确保“论文正文”节（第 3 节）奇数页页眉与“目录”节（第 2 节）奇数页页眉的链接断开，链接断开后，页眉右下角的文字“与上一节相同”会消失。

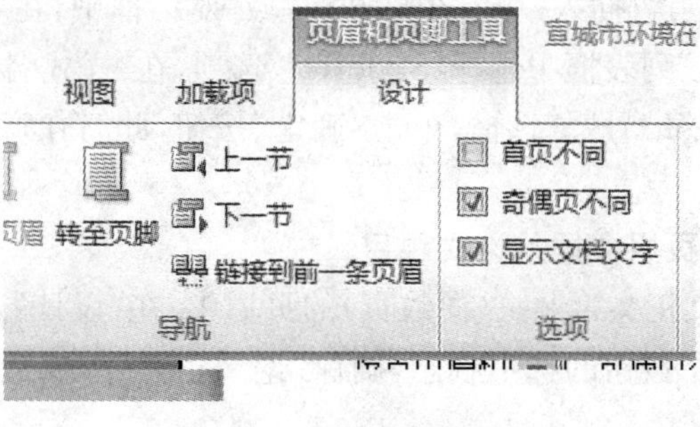

图 3.55　页眉和页脚工具

(3) 在“设计”选项卡中，单击“插入”组中的“文档部件”下拉按钮，在打开的下拉列表中选择“域”选项，如图 3.56 所示。

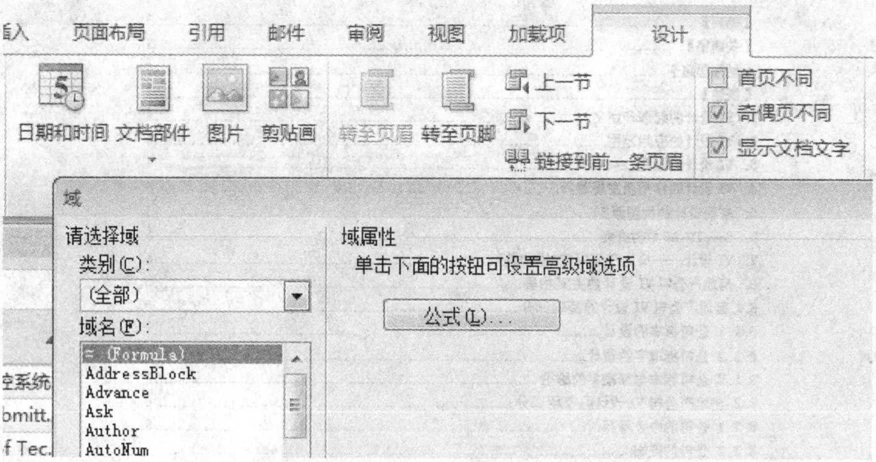

图 3.56 “域”选项

(4) 打开的“域”对话框中，在“类别”下拉框中选择“链接和引用”选项，在“域名”列表框中选择“StyleRef”选项，在“样式名”列表框中选择“标题 1”选项，选中“插入段落编号”复选框，如图 3.57 所示，单击“确定”按钮，此时在奇数页页眉中插入章标题的编号“第 1 章”，再在其后插入一个空格。

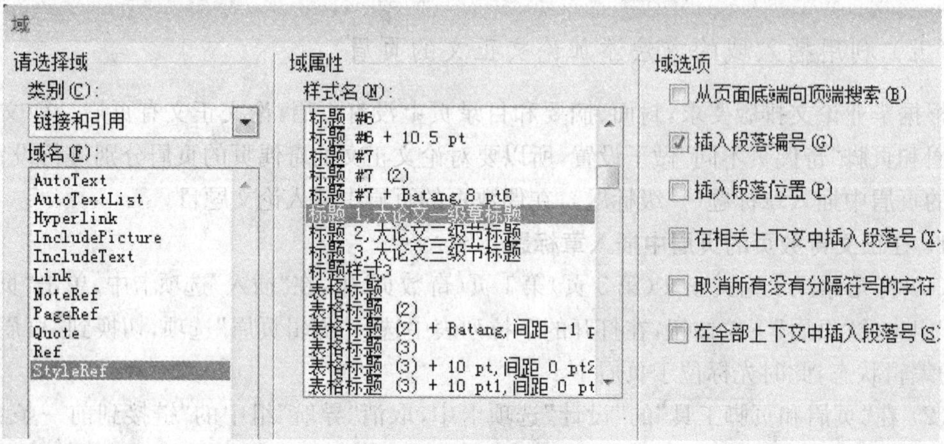

图 3.57 “链接和引用”选项设置

(5) 使用相同的方法，再插入“域”，在打开的“域”对话框中，在“类别”下拉框中选择“链接和引用”选项，在“域名”列表框中选择“StyleRef”选项，在“样式名”列表框中选择“标题 1”选项，不要选中“插入段落编号”复选框，单击“确定”按钮，此时在章编号“第 1 章”后面插入了章标题“导论”。

2. 在正文偶数页的页眉中插入论文题目

(1) 将光标置于论文正文第 2 页(偶数页)的页眉中，在“设计”选项卡中，取消“导航”组中的“链接到前一条页眉”按钮的选中状态，确保“论文正文”节偶数页页眉与“目录”节偶数页页眉的链接断开。

(2) 在“设计”选项卡中,单击“插入”组中的“文档部件”下拉按钮,在打开的下拉列表中选择“域”选项,打开“域”对话框,在“类别”下拉框中选择“文档信息”选项,在“域名”列表框中选择“Title”选项,再单击“确定”按钮,就可在偶数页页眉中插入设置好的文档标题(Title,即论文题目):“房产公司(锦绣和莊)VI设计”。

(六) 在页脚中添加页码并更新目录

在不同的节中,可设置不同的页眉和页脚。根据毕业论文排版要求,封面和摘要无页码,“目录”节的页码格式为“ⅰ,ⅱ,ⅲ,…”,“论文正文”节的页码格式为“1,2,3,…”,页码位于页脚中,并居中显示。前文中已对页眉和页脚“奇偶页不同”做了设置,所以要对“论文正文”节和“目录”节的奇偶页的页脚分别进行设置。

下面设置论文正文奇数页的页码。

(1) 将光标置于论文正文(第3节)第1页(奇数页)的页脚中,在“设计”选项卡中,取消“导航”组中的“链接到前一条页眉”按钮的选中状态,确保“论文正文”节(第3节)奇数页页脚与“目录”节(第2节)奇数页页脚的链接断开,链接断开后,页脚右上角的文字“与上一节相同”会消失。

(2) 单击“页眉和页脚”组中的“页码”下拉按钮,在打开的下拉列表中选择“设置页码格式”命令,打开“页码格式”对话框,选择编号格式为“1,2,3.…”,选择“起始页码”单选按钮,并设置起始页码为1,再单击“确定”按钮,完成页码格式设置,如图3.58所示。

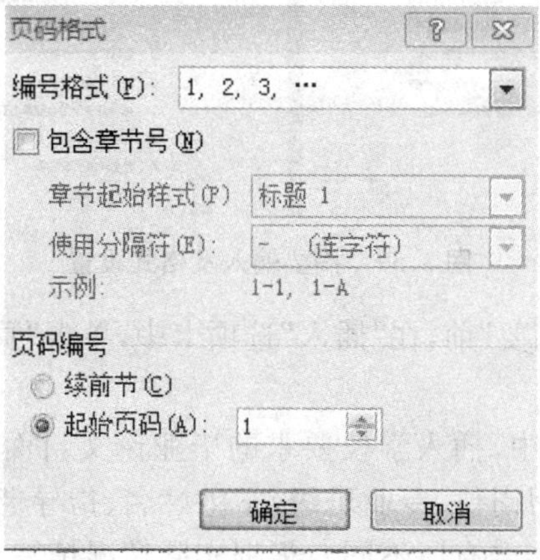

图3.58 页码格式

(3) 单击“页眉和页脚”组中的“页码”下拉按钮,在打开的下拉列表中选择“当前的位置”下的“普通数字”选项,即可在页脚中插入页码,最后设置页码居中显示。

下面设置论文正文偶数页的页码。

(4) 将光标置于论文正文(第3节)第2页(偶数页)的页脚中,同前面的操作方法一样,先取消“链接到前一条页眉”按钮的选中状态,再插入页码(普通数字),并设置页码居中显示。

至此,论文正文奇数页和偶数页的页码均已设置完成。

(5) 同“论文正文”节中的页码设置方法一样,读者自行完成“目录”节的页码设置(页码格式为“ⅰ,ⅱ,ⅲ,…”,居中显示)。

因为论文中的页码已重新设置,原自动生成的目录内容(包括页码)应该更新。

(6) 右击“目录”页中的目录内容，在弹出的快捷菜单中选择“更新域”命令，打开“更新目录”对话框，根据需要，选择“只更新页码”或“更新整个目录”单选按钮，再单击“确定按钮”，即可更新目录内容。

（七）添加论文摘要和封面

毕业论文中已有目录和论文正文，下面添加论文摘要和封面。

(1) 在目录页前的空白页中(第1节)，输入论文摘要(含关键词)，并根据需要设置相关格式，如图3.59所示。

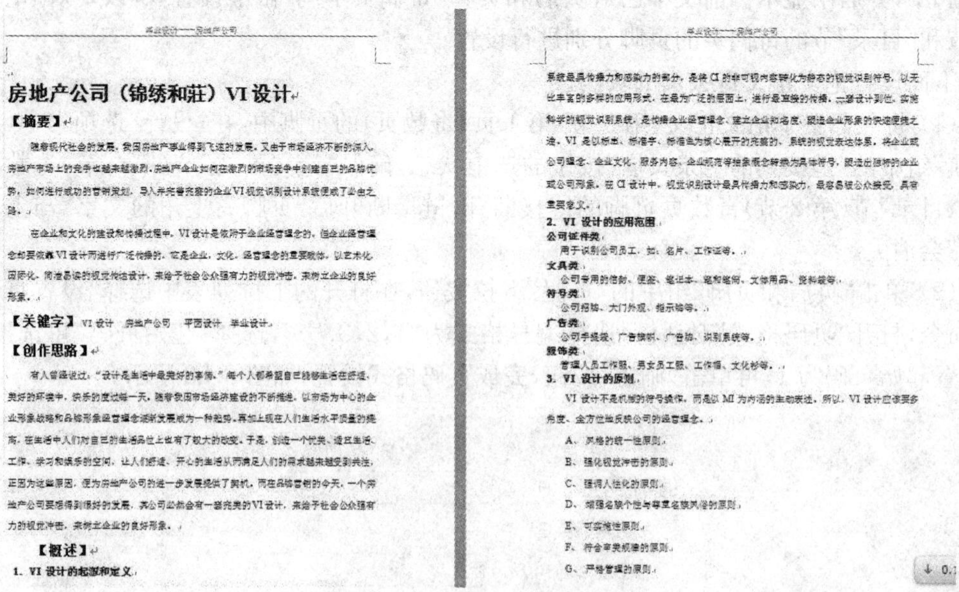

图3.59 摘要输入及格式设置

(2) 将光标置于文字“摘要”前，在“插入”选项卡中，单击“页”组中的“分页”按钮，在“摘要”前插入一新空白页。

(3) 在新插入的空白页中，插入学校要求的毕业论文封面，封面上一般含有学校的名称、论文题目、实习单位、实习岗位、专业班级、学生姓名、指导老师、日期等，如图3.60所示(各个学校对封面的要求可能会有所不同)，根据实际情况填写封面上的相关内容。可以利用制表符来对齐论文题目、实习单位、指导老师等内容。

五、总结与提高

本任务以“毕业论文排版”为例，介绍了长文档的排版方法和技巧，要重点掌握样式、节、页眉和页脚的设置方法。

在创建标题样式时，要明确各级别之间的相互关系以及正确设置标题编号格式等，否则将会导致排版出现标题级别的混乱状况。

引用自动创建目录功能，使目录的制作变得非常简便，但前提是已经为各级标题设置了样式。当目录标题或页码发生变化时，注意及时更新目录内容。

分节符可以将文档分成若干个“节”，不同的节可以设置不同的页面格式，如不同的纸

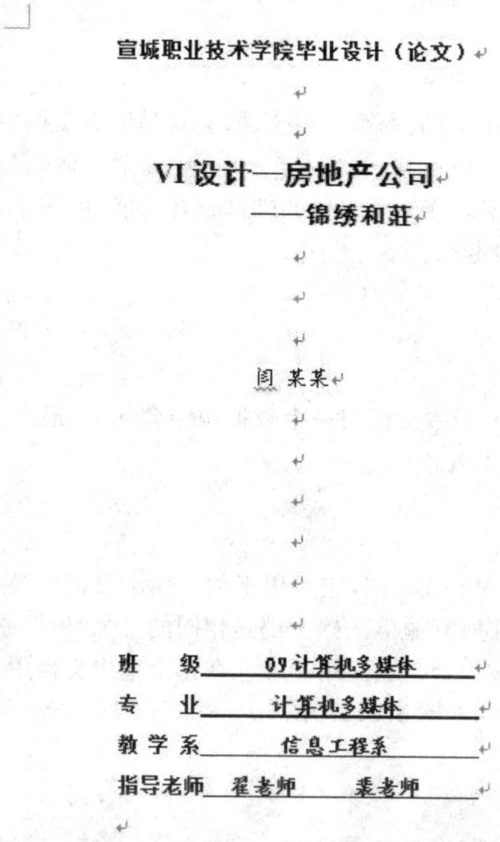
宣城职业技术学院毕业设计（论文）

VI设计—房地产公司
——锦绣和莊

阎 某某

班　　级　09计算机多媒体
专　　业　计算机多媒体
教 学 系　信息工程系
指导老师　翟老师　　裴老师

图 3.60　论文封面

张、不同的页边距、不同的页眉页脚、不同的页码、不同的页面边框、不同的分栏等。在使用“分节符”时不要与“分页符”混淆。

设置不同的页眉和页脚时，可在“页面设置”中设置页眉和页脚“奇偶页不同”，要注意断开不同“节”之间的链接，可以利用插入“域”功能来设置灵活的页眉和页脚内容。

任务四　使用邮件合并技术批量处理文档

一、任务的提出

在实际工作中，经常会遇到这种情况：处理大量日常报表和信函。这些报表和信函的主要内容基本相同，只是具体数据有变化。为了减少重复工作，提高效率，Word 提供了邮件合并功能。现宇创科技有限公司需要利用邮件合并技术为每个客户制作一份邀请函。

二、解决方案分析

邮件合并首先需要创建两个文档：一个是主文档，它就是所有文档中相同的内容，如录取通知、会议通知、邀请函等具有统一格式的内容。另一个是数据源，它就是各文档中不同的信息数据。如姓名、地址等，利用 Word 提供的邮件合并功能，可在主文档中加入变化的信息（合并域），这样两者就结合起来。

三、相关知识点

Word 的邮件合并可以将一个主文档与一个数据源结合起来，最终生成一系列输出文档。在此需要明确以下几个基本概念。

（一）创建主文档

主文档是经过特殊标记的 Word 文档，它是用于创建输出文档的模板。其中包含了基本的文本内容，这些文本内容在所有输出文档中都是相同的，比如信件的信头、主体以及落款等。另外还有一系列指令（称为合并域），用于插入在每个输出文档中都要发生变化的文本，比如收件人的姓名和地址等，如图 3.61 所示。

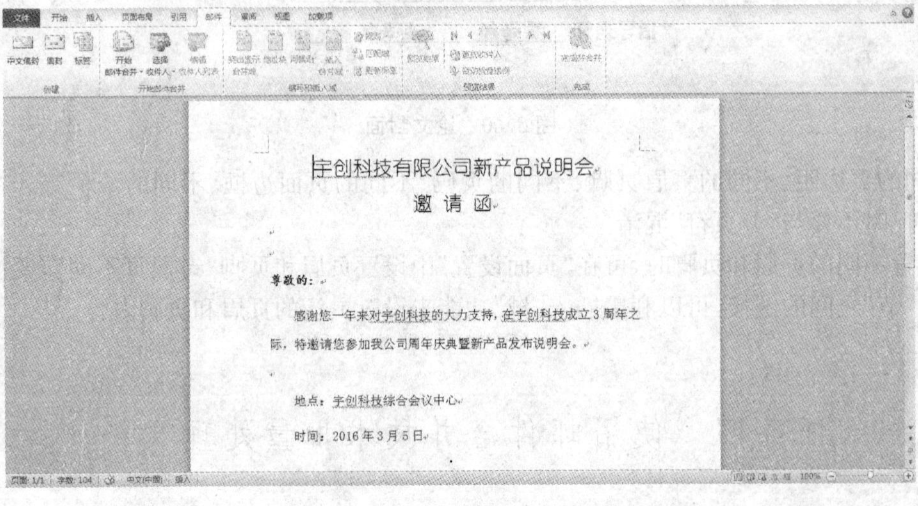

图 3.61　邀请函主文档

（二）选择数据源

数据源实际上是一个数据列表，其中包含了用户希望合并到输出文档的数据。通常它保存了姓名、通讯地址、联系方式等数据字段。Word 的“邮件合并”功能支持很多类型的数据源，其中主要包括下列几类数据源：

(1) Office 地址列表：在邮件合并的过程中，“邮件合并”任务窗格为用户提供了创建简单的“Office 地址列表”的机会，用户可以在新建的列表中填写收件人的姓名和地址等相关信息。

(2) Word 数据源：可以使用某个 Word 文档作为数据源。该文档应该只包含一个表格，同时该表格的第一行必须用于存放标题，其他行必须包含邮件合并所需要的数据记录，如图 3.62 所示。

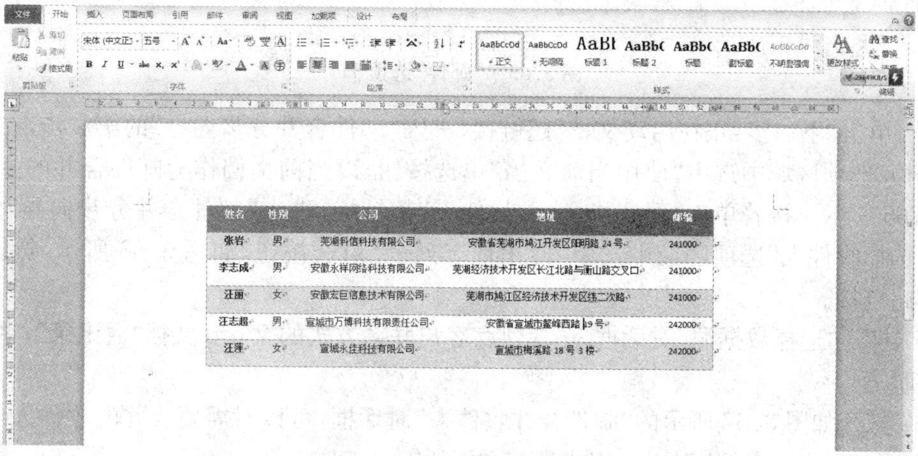

图 3.62　客户联系方式文档

(3) Excel 工作表：可以从工作簿内的任意工作表或命名区域选择数据。

(4) Microsoft Outlook 联系人列表：可直接在“Outlook 联系人列表”中直接检索联系人信息。

(5) Access 数据库：在 Access 中创建的数据库。

(6) HTML 文件：使用只包含一个表格的 HTML 文件。表格的第一行必须用于存放标题，其他行必须包含邮件合并所需要的数据。

(三) 邮件合并的最终文档

邮件合并的最终文档包含了所有的输出结果，其中有些文本内容在输出文档中都是相同的，而有些会随着收件人的不同而发生变化。

四、任务的实施

(一) 制作邀请函

Word 提供了“邮件合并分步向导”，它能帮助用户一步步地了解整个邮件合并的使用过程，并高效、顺利地完成邮件合并任务。利用“邮件合并分步向导”批量创建信函的操作步骤如下：

(1) 打开邀请函主文档，在 Word 2010 的功能区中，打开如图 3.63 所示的“邮件”选项卡。

(2) 在“邮件”选项卡上的“开始邮件合并”选项组中，单击“开始邮件合并”下的“邮件合并分步向导”命令。

(3) 打开“邮件合并”任务窗格，如图 3.64 所示，进入“邮件合并分步向导”的第 1 步(共有 6 步)。在“选择文档类型”选项区域中，选择一个希望创建的输出文档的类型。本例选中

“信函”单选按钮。

图 3.63 “邮件”选项卡

(4) 单击“下一步:正在启动文档”超链接,进入“邮件合并分步向导”的第 2 步,在“选择开始文档”选项区域中选中“使用当前文档”单选按钮,以当前文档作为邮件合并的主文档,如图 3.65 所示。接着单击“下一步:选取收件人”超链接,进入“邮件合并分步向导”的第 3 步,在“选择收件人”选项区域中选中“使用现有列表”单选按钮,如图 3.66 所示,然后单击“浏览”超链接。

(5) 打开“选择数据源”对话框,选择保存客户联系方式的 Word 文档“通讯录”,单击“打开”按钮。

(6) 打开如图 3.67 所示的“邮件合并收件人”对话框,可以对需要合并的收件人信息进行修改。然后,单击“确定”按钮,完成现有文档的链接工作。

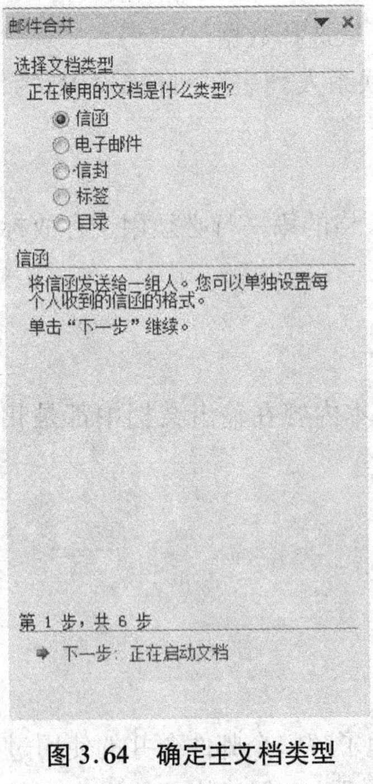

图 3.64 确定主文档类型

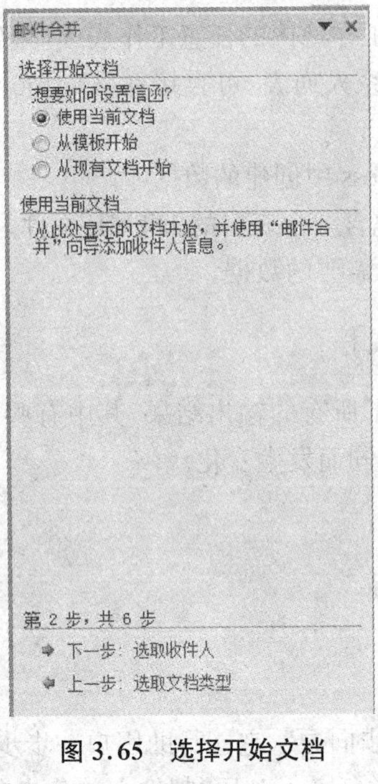

图 3.65 选择开始文档

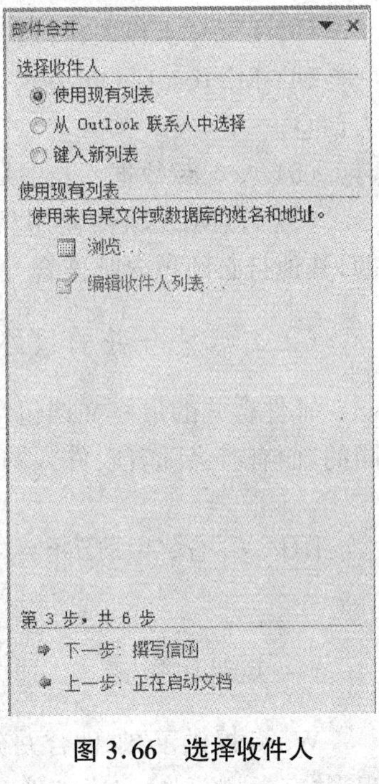

图 3.66 选择收件人

(7) 选择了收件人的列表之后,单击“下一步:撰写信函”超链接,进入“邮件合并分步向导”的第 4 步。如果用户此时还未撰写信函的正文部分,可以在活动文档窗口中输入与所有输出文档保持一致的文本。如果需要将收件人信息添加到信函中,先将鼠标指针定位在文档中的合适位置,然后单击“地址块”“问候语”等超链接。本例单击“其他项目”超链接。

(8) 打开如图 3.68 所示的“插入合并域”对话框,在“域”列表框中,选择要添加到邀请函中邀请人姓名所在位置的域,本例选择“姓名”域,单击“插入”按钮。

(9) 插入完所需的域后,单击“关闭”按钮,关闭掉“插入合并域”对话框。文档中的相应

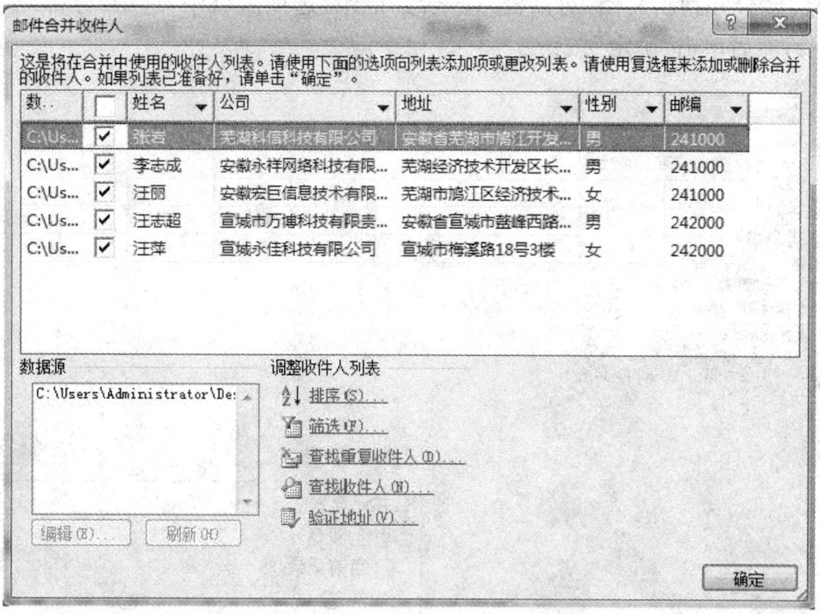

图 3.67　设置邮件合并收件人信息

位置就会出现已插入的域标记。

(10) 在“邮件”选项卡上的“编写和插入域”选项组中，单击“规则”下的“如果…那么…否则…”命令，打开“插入域”对话框，在“域名”下拉列表框中选择“性别”，在“比较条件”下拉列表框中选择“等于”，在“比较对象”文本框中输入“男”，在“则插入此文字”文本框中输入“先生”，在“否则插入此文字”文本框中输入“女士”，如图 3.69 所示。然后，单击“确定”按钮，这样就可以使被邀请人的称谓与性别建立关联。

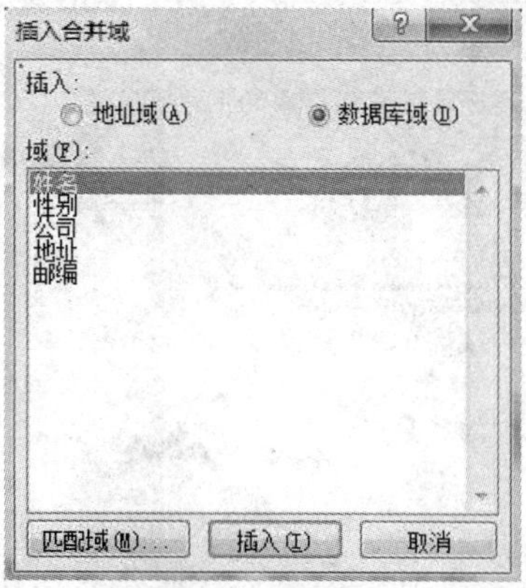

图 3.68　插入合并域

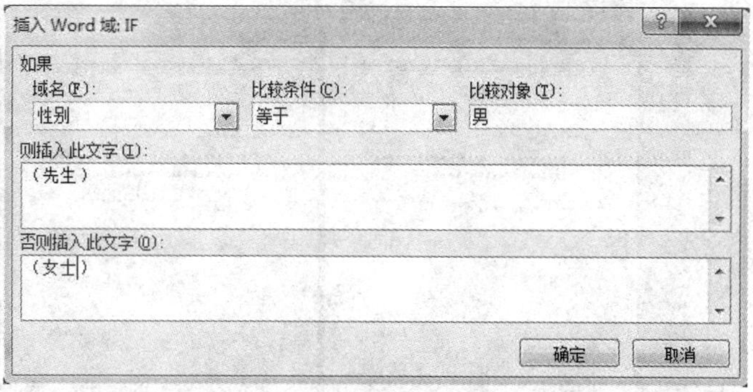

图 3.69　设置插入规则

(11) 在“邮件合并”任务窗格中，单击“下一步：预览信函”超链接，进入“邮件合并分步向导”的第 5 步。在“预览信函”选项(如图 3.70 所示)区域中，单击“≪”或“≫”按钮，查看具有不同邀请人姓名和称谓的信函。

(12) 预览并处理输出文档后，单击“下一步：完成合并”超链接，进入“邮件合并分步向导”的最后一步。在“合并”选项区域中，用户可以根据实际需要选择单击“打印”或“编辑单个信函”超链接，进行合并工作。本例单击“编辑单个信函”超链接。

(13) 打开“合并到新文档”对话框，在“合并记录”选项区域中，选中“全部”单选按钮，如图 3.71 所示，然后单击“确定”按钮。

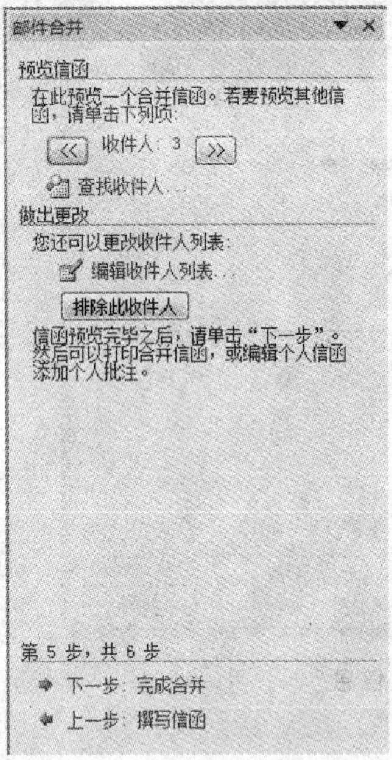

图 3.70　预览信函

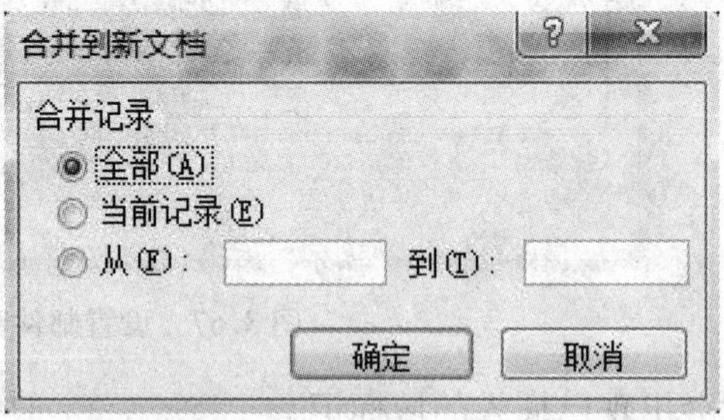

图 3.71　合并到新文档

这样，Word 将文档中存储的收件人信息自动添加到邀请函正文中，合并生成一批邀请函如图 3.72 所示的新文档，在该文档中，每页中的邀请函客户信息均由数据源自动创建生成。

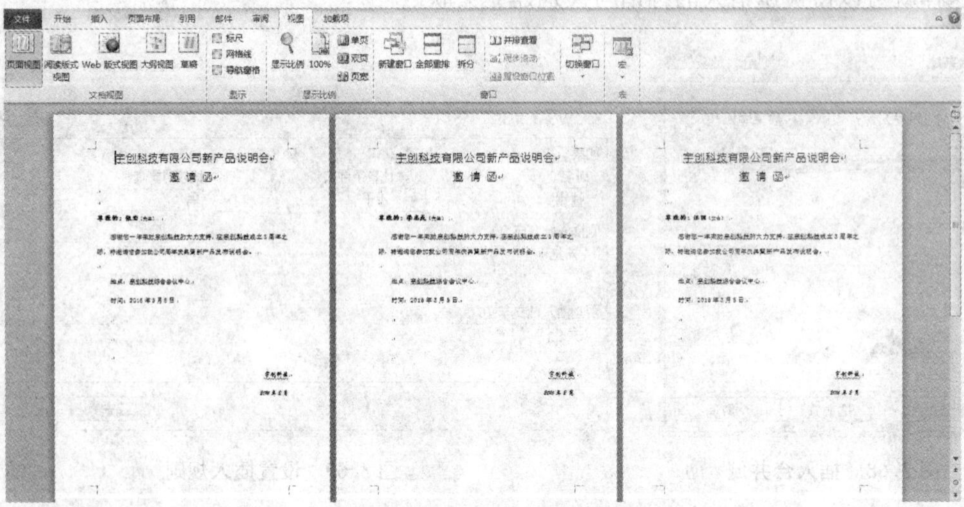

图 3.72　批量生成的邀请函

五、总结与提高

创建自定义的“套用信函”，其中每个副本都会针对特定的收件人(或列表项)自动定制。

Word 的合并功能甚至允许创建相应的信封和标签。

习 题 三

一、单项选择题

1. Word 是 Microsoft 公司开发的一个____。
   A. 操作系统　　B. 表格处理软件
   C. 文字处理软件　　D. 数据库管理系统
2. Word 2010 文档的扩展名是____。
   A. ".txt"　　B. ".wps"　　C. ".docx"　　D. ".dotx"
3. 在 Word 中,要设置字符颜色,应先选定文字,再选择"开始"功能区____分组中的命令。
   A. 段落　　B. 字体　　C. 样式　　D. 颜色
4. 在段落的对齐方式中,____可以使段落中的每一行(包括段落的结束行)都能与页面左右边界对齐。
   A. 左对齐　　B. 两端对齐　　C. 居中对齐　　D. 分散对齐
5. 在 Word 的编辑状态下,选择了文档全文,若在"段落"对话框中设置行距为 20 磅的格式,应该选择"行距"列表框中的____。
   A. 单倍行距　　B. 1.5 倍行距　　C. 多倍行距　　D. 固定值
6. 要设置精准的缩进量,应当使用____方式。
   A. 标尺　　B. 样式　　C. 段落格式　　D. 页面设置
7. 在 Word 中,下列关于标尺的叙述,错误的是____。
   A. 水平标尺的作用是缩进全文或插入点所在的段落、调整页面的左右边距、改变表的宽度、设置制表符的位置等
   B. 垂直标尺的作用是缩进全文,改变页面的上、下宽度
   C. 利用标尺可以对光标进行精准定位
   D. 标尺分为水平标尺和垂直标尺
8. 在 Word 文档中,插入表格的操作时,正确的说法是____。
   A. 可以调整每列的宽度,但不能调整高度
   B. 可以调整每行和列的宽度和高度,但不能随意修改表格线
   C. 不能画斜线
   D. 以上都不对
9. 关于 Word 查找操作,错误的说法是____。
   A. 可以从插入点当前位置开始向上查找
   B. 无论什么情况下,查找操作都是在整个文档范围内进行
   C. Word 可以查找带格式的文本内容
   D. Word 可以查找一些特殊的格式符号,如分页符等

10. 打印预览中显示文档外观与____的外观完全相同。
A. 草稿视图显示　B. 页面视图显示
C. 实际打印输出　D. 大纲视图显示
11. Word 快速访问工具栏中的按钮可以通过____进行增减。
A. “文件”菜单中“选项”命令
B. “页面布局”功能区的“页面设置”命令
C. “视图”功能区“窗口”分组中的命令
D. “引用”功能区中的命令
12. 在 Word 的____视图方式下，可以显示分页效果。
A. 阅读版式　B. 大纲　C. 页面　D. Web 版式
13. 如果要在文本中插入符号“√”，可以____。
A. 用“插入”选项卡中的“对象”操作
B. 用“插入”选项卡中的“图片”操作
C. 用“拷贝”和“粘贴”的办法从其他的图形中复制一个
D. 用“插入”选项卡中的“符号”或在光标处右击并选择“插入符号”命令后再进行操作
14. 当编辑具有相同格式的多个文档时，可使用____。
A. 样式　B. 向导　C. 联机帮助　D. 模版
15. Word 具有分栏功能，下列关于分栏的说法正确的是____。
A. 最多可以分 4 栏　B. 各栏的宽度必须相同
C. 各栏的宽度可以不同　D. 各栏的间距是固定的
16. 艺术字对象实际上是____。
A. 文字对象　B. 图形对象　C. 链接对象　D. 以上都不对
17. 在书籍杂志的排版中，为了将页边距根据页面的内侧、外侧进行设置，可将页面设置为____。
A. 对称页边距　B. 拼页　C. 书籍折页　D. 反向书籍折页
18. Word 中手动换行符是通过____产生的。
A. 插入分页符　B. 插入分节符
C. 输入“Enter”　D. 按“Shift + Enter”组合键
19. 下列关于 Word 页眉和页脚的叙述中____是错误的。
A. 文档内容和页眉、页脚可以同时处于编辑状态
B. 文档内容可以和页眉、页脚一起打印
C. 编辑页眉和页脚时不能编辑文档内容
D. 在页眉、页脚中可以进行格式设置和插入剪切画
20. Word 的样式是一组____集合。
A. 格式　B. 模版　C. 公式　D. 控制符
21. 在 Word 中编辑某篇毕业论文，若想为其建立便于更新的目录，应先对各级标题设置____。
A. 字体　B. 字号　C. 某样式　D. 居中
22. 通过设置内置标题样式，以下无法实现的功能是____。

A. 自动生成题注编号　　B. 自动生成脚注编号
C. 自动显示文档结构　　D. 自动生成目录

23. 如果要将某个新建样式应用到文档中，以下____方法无法完成样式的应用。
A. 使用快速样式库或样式任务窗格直接应用
B. 使用查找与替换功能替换样式
C. 使用格式刷复制样式
D. 使用“Ctrl+W”组合键重复应用样式

24. 关于大纲级别和内置样式的对应关系，以下说法正确的是____。
A. 如果文字套用内置样式格式正文，则一定在大纲视图中显示为正文文本
B. 如果文字在大纲文字视图中显示为正文文本，则一定对应样式为正文
C. 如果文字的大纲级别为1级，则被套用样式标题1
D. 以上说法都不正确

25. 若文档被分为多个节，并在页面设置的版式选项卡中将页眉和页脚设置为奇偶页不同，则以下关于页眉和页脚说法正确的是____。
A. 文档中所有奇偶页的页眉必然都不同
B. 文档中所有奇偶页的页眉可以都不相同
C. 每个节中奇数页页眉和偶数页页眉必然不相同
D. 每个节中奇数页页眉和偶数页页眉可以不相同

二、操作题

操作题一

DVD-Audio是以DVD(Digital Versatile Disc，数字多用途光盘)作为储存介质的新音乐媒体，于1999年3月出台。采样方式为LPCM(Linear Pulse Code Modulation，线性脉冲编码调制)，可选择采用MLP(Meridian Lossless Packing，无损压缩音频)技术减少庞大的信息容量。DVD-Audio的采样率有44.1 KHz、48 KHz、88.2 KHz、96 KHz、176.4 KHz和192 KHz等，可以16 Bit、20 Bit、24 Bit精度量化，使用立体声录制时最大信息流量可达192 KHz、24 Bit，当采用5.1声道录制时最大采样率可达96 KHz。DVD-Audio如此高的采样率最大的好处在于不需要繁复的超采样运算就可以得到正确的音乐信号波形，另一个好处是减少Jitter对音质的影响。DVD-Audio碟片目前的价位大概也在数百元左右。

Delta-Sigma Modulation可以用较低的成本和比较少的数字滤波器达到较高品质的声音水准，因此大受欢迎，飞利浦的Bitstream(比特流)也属此类技术。索尼将其改良的Delta -Sigma Modulation技术命名为DSD(Direct Stream Digital，直接流数字)。PWM不同于PCM采样，它是以信号振幅大小为主，而且改为记录目前信息数值大于或是小于前一个信息，是相当复杂的技术。

SACD使用DSD的最大好处是从录音到播放全部都以Delta-Sigma Modulation处理数字信号，不用在录音时先用PWM采样再转回PCM储存，放音时又要把PCM经过PWM处理再经转回模拟信号的层层手续(听起来很笨，可是绝大部分的CD都是这样工作的)，因此可以降低失真。

SACD同样也有立体声和5.1声道的规格。由于SACD并非PCM编码，不需要多Bit储存振幅，只要1个Bit就够了，且采样率高达2 822 400 Hz。SACD如同DVD-Audio有单

面单层和单面双层的规格，比较特殊的是混合光盘（Hybrid Disc），此种格式第一层信息与普通 CD 相同，可以放到 CD 播放器中播放，第二层则是存放正宗的 DSD 信号，供 SACD 播放器播放。

将上述文稿录入，并按下列要求排版。

① 为文章加标题“高保真音乐格式揭密”，要求：楷体、粗体、二号字、居中加下划线并将字间距加宽 2.5 磅，标题段前段后间距为 12 磅。

② 正文为四号字、宋体、纸张大小为 16 开，其中左边距为 4.15 厘米，右边距为 4.2 厘米。

③ 将正文中所有“无损压缩音频”替换为“MLP”。

④ 对正文中所有的“信号”进行修改，要求字体为黑体，字号为小三，字形为倾斜。

⑤ 为正文第二段设置首字下沉

⑥ 为文本设置页眉，页眉为“高保真音乐格式揭密”，居中显示。

⑦ 将正文的行间距设为 1.5 倍行距。

⑧ 为第一段加蓝色段落边框，上下左右间距各 3 磅

⑨ 在文档适当位置插入与主题相符的图片，并设置图片环绕方式为紧密型。

操作题二

制作一份电子贺卡，主题自定，建议以圣诞节为主题。

制作要求：

① 基本要求：综合运用关于文本框、艺术字、自选图形和图片等各种对象的有关操作技巧，主要包括设置文本框和自选图形的填充颜色、线条颜色、插入艺术字和图片、改变对象的大小以及叠放次序等。

② 提高要求：使用一些简单的自选图形进行组合，创造出具有个性创意和特色的图形。

项目四　制作电子报表

学习内容

任务一　制作学生综合测评表
任务二　工资表数据分析
任务三　图书销售统计

学习目标

通过本章学习，要求学生能够使用 Excel 2010 制作电子表格，并能够对表格中的数据进行计算、统计及分析。

任务一　制作学生综合测评表

一、任务的提出

通常教师上课时都会带上学生记分册，学生记分册中包括平时的考勤信息、作业提交信息、平时成绩、期末成绩、总评等。通过学生记分册，教师不仅可以在平时上课时点名，还可以在学期末进行成绩登录、计算及分析。教师徒手计算成绩、分析成绩，工作繁琐，工作效率低，还容易出差错。使用 Excel 2010 来制作学生综合测评表可以解决以上问题。

教师使用 Excel 2010 制作学生综合测评表需要进行以下六项工作：

(1) 新建学生考勤表、学生作业表、学生成绩表，并输入相应的初始数据，如考勤信息、作业信息、期末成绩等。

(2) 利用公式和函数，计算学生的“考勤总分”“作业平均分”及“总评分”。

(3) 根据“总评分”计算相应的“等级”。

(4) 为了使表格更加美观，需要对工作表进行格式设置。

(5) 筛选出“期末成绩”不及格的同学，并进行降序排列。

(6) 统计“期末成绩”各分数段的学生人数，并用图表表示“期末成绩”各分数段的学生人数。

二、解决方案分析

(1) 新建三个工作表，输入初始数据。

(2) 在“学生考勤表”中，利用“SUM”函数计算“考勤总分”列；在“学生作业表”中计算“作业平均分”列；将两列数据复制到“学生成绩表”中，再利用公式计算“总评分”。

总评分 = 考勤总分 × 10% + 作业平均分 × 30% + 期末成绩 × 60%

(3) 使用“IF”函数，根据“总评分”的值来计算出学生的“等级”，当总评分＜60 时，“等级”为“不合格”；当 60≤总评分＜70 时，“等级”为“合格”；当 70≤总评分＜80 时，“等级”为“良好”；当总评分≥80 时，“等级”为“优秀”。

(4) 计算完毕后，为了使表格更加美观，易读，利用“设置单元格格式”菜单对表格中的字体、框线、填充等进行设置，然后再设置条件格式，让“期末成绩”不及格的分数进行特殊显示。

(5) 打开自动筛选后，再设置筛选条件为“期末成绩＜60”，可筛选出“期末成绩”不及格的同学，并对其进行降序排列。

(6) 利用“COUNTIF”函数和“COUNTIFS”函数统计出各分数段学生的人数，并用簇状柱形图表示统计结果。

完成后的效果如图 4.1～图 4.4 所示

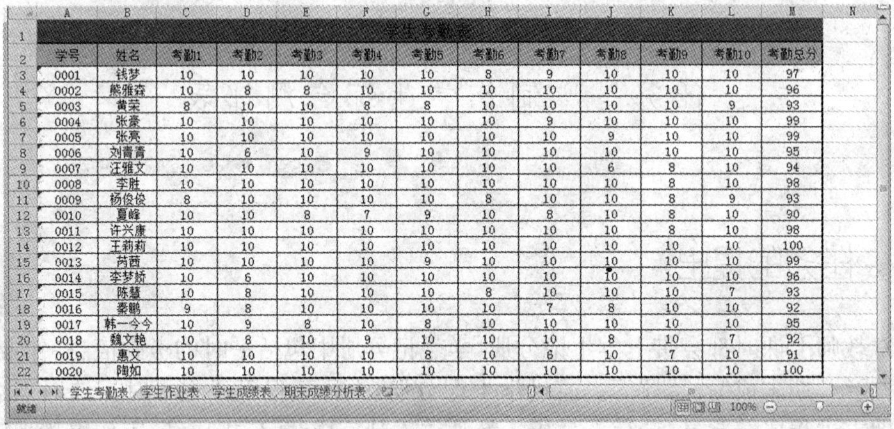

学生考勤表												
学号	姓名	考勤1	考勤2	考勤3	考勤4	考勤5	考勤6	考勤7	考勤8	考勤9	考勤10	考勤总分
0001	钱梦	10	10	10	10	10	8	9	10	10	10	97
0002	熊雅森	10	8	8	10	10	10	10	10	10	10	96
0003	黄荣	8	10	10	8	8	10	10	10	10	9	93
0004	张豪	10	10	10	10	10	10	9	10	10	10	99
0005	张亮	10	10	10	10	10	10	10	9	10	10	99
0006	刘青青	10	6	10	9	10	10	10	10	10	10	95
0007	汪雅文	10	10	10	10	10	10	10	6	8	10	94
0008	李胜	10	10	10	10	10	10	10	10	8	10	98
0009	杨俊俊	8	10	10	10	10	8	10	10	8	9	93
0010	夏峰	10	10	8	7	9	10	8	10	8	10	90
0011	许兴康	10	10	10	10	10	10	10	10	8	10	98
0012	王莉莉	10	10	10	10	10	10	10	10	10	10	100
0013	芮茜	10	10	10	10	9	10	10	10	10	10	99
0014	李梦娇	10	6	10	10	10	10	10	10	10	10	96
0015	陈慧	10	8	10	10	10	8	10	10	10	7	93
0016	秦鹏	9	8	10	10	10	10	7	8	10	10	92
0017	韩一今今	10	9	8	10	8	10	10	10	10	10	95
0018	魏文艳	10	8	10	9	10	10	10	8	10	7	92
0019	惠文	10	10	10	10	8	10	6	10	7	10	91
0020	陶如	10	10	10	10	10	10	10	10	10	10	100

图 4.1　学生考勤表

三、相关知识点

（一）Excel 2010 窗口的组成

窗口主要由标题栏、菜单栏、选项卡功能区、编辑栏、状态栏等组成，如图 4.5 所示。活动单元格中输入的数据同时显示在编辑栏和活动单元格中，如果确认数据，可以单击编辑栏中的按钮 ✔，或者按“Enter”键；如果输入的数据有错误，则单击编辑栏中的按钮 ✘，或者按“Esc”键即可取消。工作表标签位于水平滚动条的左侧，工作表标签上显示的是工作表的名称。

学生作业表

学号	姓名	作业1	作业2	作业3	作业4	作业5	作业6	作业7	作业平均分
0001	钱梦	80	60	82	95	87	100	86	84.28571
0002	熊雅森	75	77	67	90	80	75	70	76.28571
0003	黄荣	80	85	70	95	80	75	83	81.14286
0004	张豪	80	89	70	80	80	80	100	82.71429
0005	张亮	80	77	90	89	80	75	80	81.57143
0006	刘青青	76	89	90	85	79	69	78	80.85714
0007	汪雅文	90	78	90	66	78	88	80	81.42857
0008	李胜	70	89	90	78	76	85	90	82.57143
0009	杨俊俊	90	66	70	78	60	80	80	74.85714
0010	夏峰	97	90	86	78	80	80	85	85.14286
0011	许兴康	60	85	70	78	80	75	80	75.42857
0012	王莉莉	90	65	77	80	80	75	80	78.14286
0013	芮西	88	89	70	80	80	80	85	81.71429
0014	李梦娇	90	85	89	80	80	90	90	86.28571
0015	陈慧	90	60	66	80	90	92	78	79.42857
0016	秦鹏	90	80	70	80	90	90	80	82.85714
0017	韩一今今	92	80	88	60	98	90	90	85.42857
0018	魏文艳	78	80	80	60	80	85	80	77.57143
0019	惠文	68	80	80	60	98	90	90	80.85714
0020	陶如	70	88	80	78	80	90	85	81.57143

学生考勤表 学生作业表 学生成绩表 期末成绩分析表

图 4.2　学生作业表

学生成绩表

学号	姓名	考勤（10%）	作业（30%）	期末（60%）	总评分	等级
0001	钱梦	97	84.29	68	75.79	良好
0002	熊雅森	96	76.29	78	79.29	良好
0003	黄荣	93	81.14	86	85.24	优秀
0004	张豪	99	82.71	75	79.71	良好
0005	张亮	99	81.57	89	87.77	优秀
0006	刘青青	95	80.86	98	92.56	优秀
0007	汪雅文	94	81.43	66	73.43	良好
0008	李胜	98	82.57	56	68.17	合格
0009	杨俊俊	93	74.86	35	52.76	不合格
0010	夏峰	90	85.14	77	80.74	优秀
0011	许兴康	98	75.43	85	83.43	优秀
0012	王莉莉	100	78.14	80	81.44	优秀
0013	芮西	99	81.71	79	81.81	优秀
0014	李梦娇	96	86.29	75	80.49	优秀
0015	陈慧	93	79.43	70	75.13	良好
0016	秦鹏	92	82.86	84	84.46	优秀
0017	韩一今今	95	85.43	68	75.93	良好
0018	魏文艳	92	77.57	94	88.87	优秀
0019	惠文	91	80.86	83	83.16	优秀
0020	陶如	100	81.57	92	89.67	优秀

学生考勤表 学生作业表 学生成绩表 期末成绩分析

图 4.3　学生成绩表

分数段	人数
0～59	2
60～69	3
70～79	6
80～89	6
90～100	3

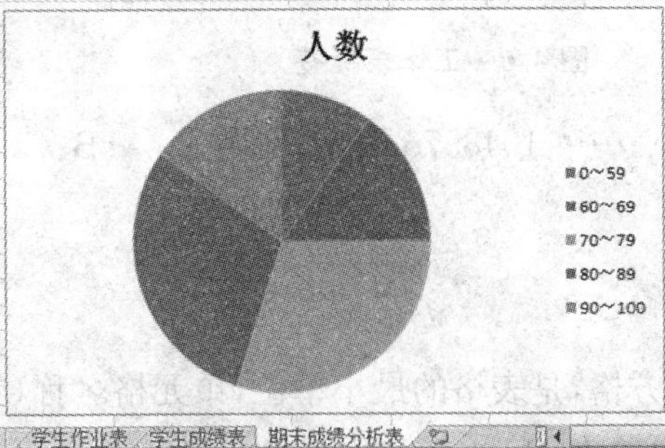

学生作业表 学生成绩表 期末成绩分析表

图 4.4　期末成绩分析表

项目四　制作电子报表

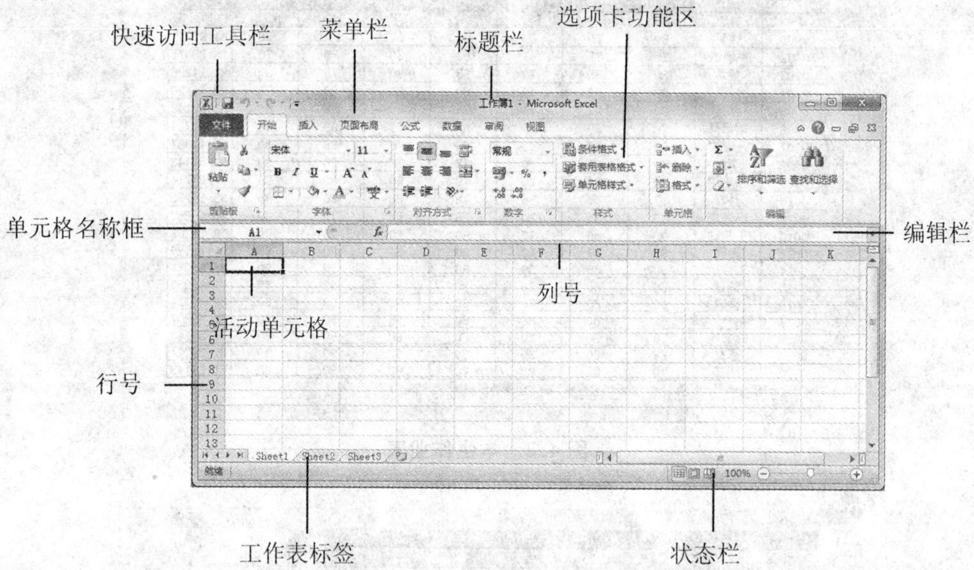

图 4.5　Excel 窗口

（二）工作簿

Excel 2010 的文件形式是工作簿，一个工作簿即为一个 Excel 文件，其扩展名为“. xlsx”。

（三）工作表

工作簿中每一张表称为工作表，由行和列组成，是用来存储和处理数据的。每张工作表都有自己的名字。每个工作簿在新建的时候，默认包含标签名为“sheet1”“sheet2”和“sheet3”三张工作表，如图 4.6 所示。

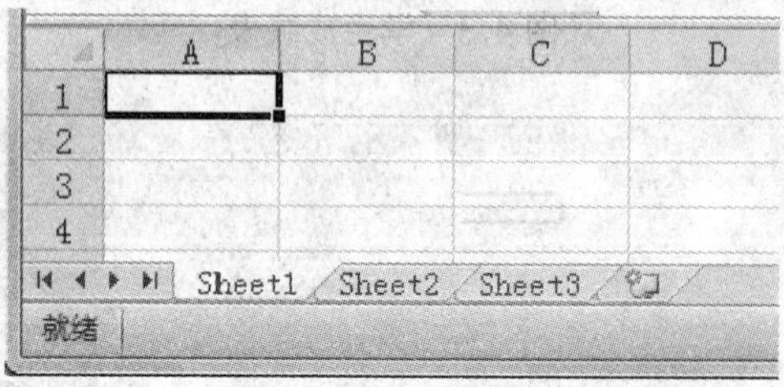

图 4.6　工作表标签

每张工作表的行号由 1、2、3、……、1048576 表示，列号由 A、B、C、……、AA、AB、AC、……、XFD 表示。

（四）单元格

单元格是工作表中的一个小方格，是表格的最小单位，单元格名称（又称单元格地址）由列号和行号组成，如 A1（第 1 行第 A 列）单元格。活动单元格是指当前正在操作的单元格，由一个加粗的边框标识。任何时候只能有一个活动单元格，只有在活动单元格中才可以输入数据。活动单元格右下角的小黑点，称为填充柄，拖动填充柄可以把单元格内容自动填充或复制到相邻单元格中。

单元格区域是由若干个相邻单元格组成的矩形块，单元格区域可用冒号连接左上角单元格地址和右下角单元格地址表示，如“B2:D4”，其表示的区域如图 4.7 所示。

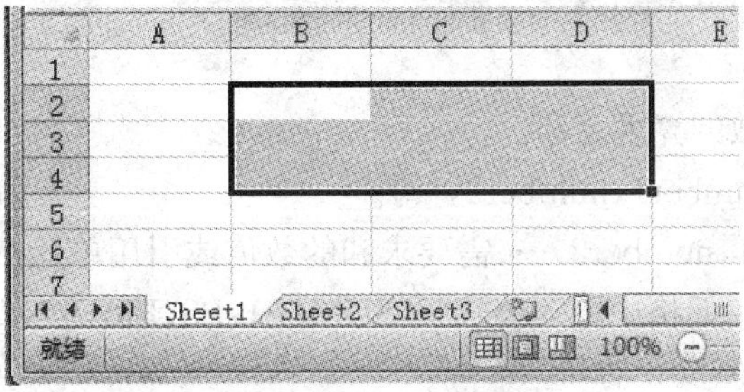

图 4.7　单元格区域表示

（五）单元格的引用

在工作表中，对单元格的引用有三种方法。

1. 相对引用

相对引用是指当公式在移动或复制时，公式单元格地址会随移动的位置而相应地改变。如在 A3 单元格中输入公式“= A1 + A2”，然后将 A3 单元格复制到 B3 中，可以看到公式中的相对引用变化了，B3 中的公式是“= B1 + B2”。

2. 绝对引用

绝对引用是指在把公式复制或者填入到新的位置时，引用的单元格地址保持不变。设置绝对地址方法通常是在单元格地址的列号和行号前添加符号“$”。如在 A3 单元格中输入公式“= A1 + A2”，然后将 A3 单元格复制到 B3 中，B3 中的公式仍是“= A1 + A2”。

3. 混合引用

混合引用是指在一个单元格地址中相对引用和绝对引用的混合使用，如在 A3 单元格中输入公式“= $A1 + A2”，然后将 A3 单元格复制到 B3 中，B3 中的公式变成了“= $A1 + B2”。

（六）公式

公式是由单元格中的一系列引用如单元格的地址、名称、运算符等组合而成的，可以生成新的结果。如“= C3 + 0.2 * B3 - D5”的形式，其中 C3、B3 和 D5 是数值所在单元格的地址，即用单元格中的数值参与公式的计算，中间以运算符相连接。公式的输入、编辑等操作可以在编辑栏中完成，也可以在单元格中完成。需要注意的是，公式的输入以“=”开始，以“Enter”键结束。

（七）函数

Excel 2010 中提供了大量的函数，利用函数可以实现各种复杂的计算和统计。

Excel 2010 函数共有 14 类，400 多个函数，涵盖了财务、日期、工程、逻辑、数学、统计、文本等不同领域。其中有一类特别的函数称为“兼容性函数”，这些函数实际上已经由新函数替换，但为了与以前的版本兼容，依然在 Excel 2010 中提供这些函数。

函数的语法为：函数名(参数 1，参数 2，…)。

单击编辑栏左侧的“插入函数”按钮 fx，可方便地插入各种函数。最常用函数有以下几种：

1. SUM 函数

功能：求出所有参数的算术之和。

使用格式：SUM(number1，number2，…)。

参数说明：number1，number2，…，需要求和的数值或引用单元格(区域)。

举例说明：在 B10 单元格中输入公式“=SUM(B1：B3，B5，6)”，即可求出 B1 至 B3 区域的数值、B5 单元格的数值及 6 的和。

2. AVERAGE 函数

功能：求出所有参数的算术平均值。

使用格式：AVERAGE(number1，number2，…)。

参数说明：number1，number2，…，需要求平均值的数值或引用单元格(区域)。

举例说明：在 C10 单元格中输入公式“=AVERAGE(C1：C9)”，即可求出 C1 至 C9 区域的数值的平均值。

3. IF 函数

功能：根据对指定条件的逻辑判断的真假结果，返回相对应的内容。

使用格式：IF(logical_test，value_if_true，value_if_false)。

参数说明：logical_test 是逻辑表达式；value_if_true 是指 logical_test 为 true(真)时返回的值；value_if_false 是指 logical_test 为 false(假)时返回的值。

举例说明：在 Y3 单元格中输入公式“=IF(X3＜60，"不合格"，"合格")”，即当 X3 单元格中的数值小于 60，返回值为“不合格”，否则，返回值为“合格”。

4. COUNTIF 函数

功能：统计某个单元格区域中满足给定条件的单元格的数目。

使用格式：COUNTIF(range，criteria)。

参数说明：range 表示需要统计的单元格区域；criteria 表示指定的统计条件，其形式可以为数字、表达式、单元格引用或文本。

举例说明：在 E25 单元格中输入公式“=COUNTIF(V3：V22，"＜60")”，即可统计出 V3：V22 单元格区域中，数值小于 60 的单元格数目。

5. COUNTIFS 函数

功能：统计一组给定条件的单元格的数目。

使用格式：COUNTIFS(range1，criteria1，[range2，criteria2]…)。

参数说明：range1，range2，…是计算关联条件的区域；criteria1，criteria2，…是数字、表达式、单元格引用或文本形式的条件，用于定义要对哪些单元格进行计算。

举例说明：在 K25 单元格中输入公式“=COUNTIFS(V3：V22，"＜80"，V3：V22，"＞=70")”，即可统计出在 V3：V22 单元格区域中，数值小于 80，并且大于等于 70 的单元格的数目。

（八）数据排序

电子表格可以根据一列或多列的数据按升序或降序对数据进行排序。排序可分成简单排序和复杂排序。

(1) 简单排序：简单排序是指对单一字段按升序或降序排列；选择“数据”菜单，在工具栏中直接单击工具栏的“升序”按钮和“降序”按钮快速实现。

(2) 复杂排序：当排序的字段值相同时，可使用最多 3 个字段进行三级复杂排序；选择“数据”菜单，在工具栏单击按钮，在打开的对话框中设置具体的排序关键字和排序依据，如图 4.8 所示。

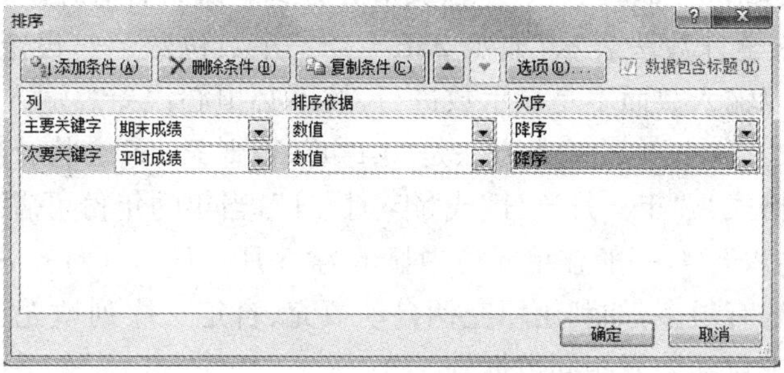

图 4.8　复杂排序设置

（九）数据筛选

数据筛选将显示数据清单中满足条件的数据，不满足条件的数据暂时隐藏起来(但没有被删除)。当筛选条件被删除时，隐藏的数据便又恢复显示。数据筛选分成自动筛选和高级筛选。

(1) 自动筛选：选择“数据”菜单，在工具栏中的“排序与筛选”区域单击按钮，进入自动筛选状态，在所需筛选的字段名下拉列表框中选择所要筛选的确切值，或通过“自定义”输入筛选的条件。

(2) 高级筛选：选择“数据”菜单，在工具栏中的“排序与筛选”区域单击按钮高级，就进入了高级筛选状态，使用高级筛选首先要建立条件区域，条件区域至少两行，且首行为数据区域相应字段精确匹配的字段。

（十）图表

在 Excel 2010 中，图表是指将工作表中的数据用图形表示出来。使用图表会使得工作表更易于理解和交流，使数据更加有趣、吸引人、易于阅读和评价，也可以帮助我们分析和比较数据。

Excel 2010 提供了 11 类图表类型，分别是柱形图、折线图、饼图、条形图、面积图、XY(散点图)、股价图、曲面图、圆环图、气泡图和雷达图。

当基于工作表选定区域建立图表时，Excel 2010 使用来自工作表的值，并将其当作数据点在图表上显示。数据点可用条形、线条、柱形、切片、点及其他形状表示，这些形状称作数据标示。

建立了图表后，可以通过增加图表项，如数据标签、图例、标题、文字、趋势线、误差线及网格线来美化图表及强调某些信息。大多数图表项可被移动或调整大小。也可以设置这些图表项的格式,如图案、颜色、对齐字体等属性。当工作表中的数据发生变化时,相应的图表也会跟着改变。

(十一)常用数据类型及输入技巧

在Excel 2010中有多种数据类型,常用的数据类型主要有文本型、数值型、日期型等。

文本型数据可以包括中文、字母、数字、空格和符号等,其对齐方式默认为左对齐。要输入纯数字组成的文本,必须在其前加单引号(英文状态下),或者先输入一个等号,再在文本前后加上双引号(英文状态下),如“="010"”。

数值型的数据包括0~9、()、+、-等,其对齐方式默认为右对齐。当输入绝对值很大或很小时,自动改为科学计数法表示,如1.23E+12。小数位数超过设定值时,自动“四舍五入”,但计算时一律以输入数而不是显示数进行,故不必担心误差。输入分数时,要先输入0和空格,如输入分数1/4,正确的输入方法是“0 1/4”,否则Excel会将分数当成日期。

日期型数据的格式为“年-月-日”或“年/月/日”,当年的年份可省略不输入,但“月”和“日”必须输入,如输入5/4,一般在单元格中显示为“5月4日”,其对齐方式默认为右对齐。

快速输入的方法有很多,如利用填充柄自动填充、自定义序列填充、按“Ctrl+Enter”组合键可在选定区域中自动填充相同数据等。

四、任务的实施

(一)新建工作簿、输入初始数据

(1)单击“文件”下的“新建”选项里的“空白工作簿”,如图4.9所示,单击“创建”按钮,就会新建了一个工作簿,保存为“学生综合测评表.xlsx”。

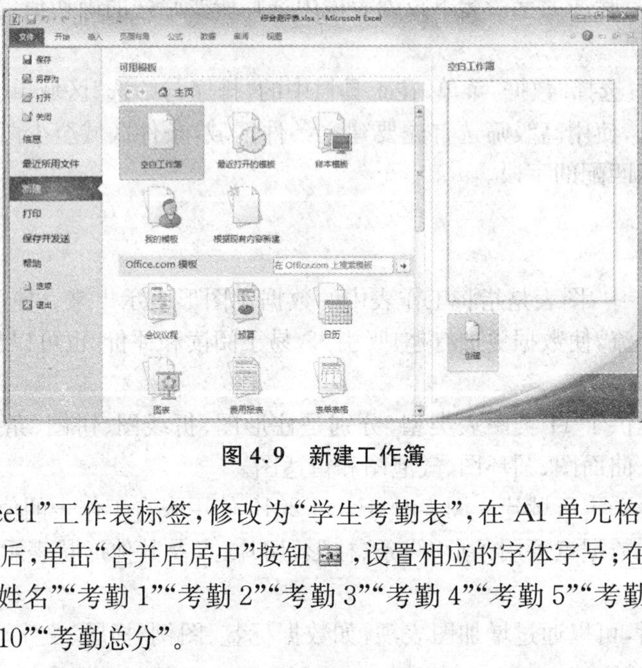

图4.9 新建工作簿

(2)双击“sheet1”工作表标签,修改为“学生考勤表”,在A1单元格中输入“学生考勤表”,选中A1:M1后,单击“合并后居中”按钮,设置相应的字体字号;在A2:M2区域中输入列标题“学号”“姓名”“考勤1”“考勤2”“考勤3”“考勤4”“考勤5”“考勤6”“考勤7”“考勤8”“考勤9”“考勤10”“考勤总分”。

（3）选中 A3:A22 后，单击“开始”选项卡，在“单元格”功能组中，单击“格式”按钮，在下拉列表中选择“设置单元格格式”，在打开的对话框中选择“数字”选项卡，设置为“文本”，如图 4.10 所示；在 A3 单元格中输入“0001”，将鼠标放置在单元格右下角的黑点，使用填充柄的方式将数据填充至 A22 单元格中；输入所有数据，如图 4.11 所示。

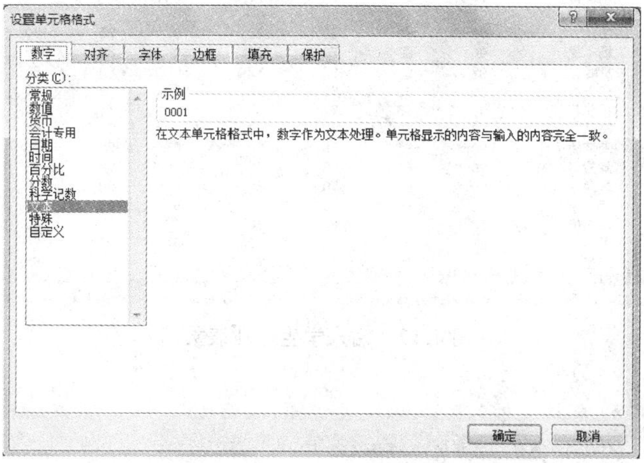

图 4.10　设置“学号”列为文本型

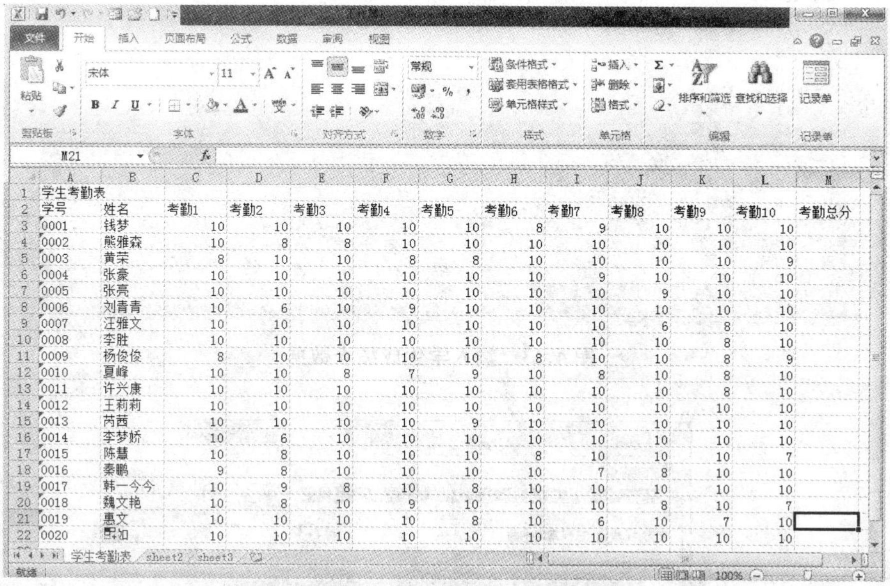

学生考勤表												
学号	姓名	考勤1	考勤2	考勤3	考勤4	考勤5	考勤6	考勤7	考勤8	考勤9	考勤10	考勤总分
0001	钱梦	10	10	10	10	10	8	9	10	10	10	
0002	熊雅森	10	8	8	10	10	10	10	10	10	10	
0003	黄荣	8	10	10	8	8	10	10	10	10	9	
0004	张豪	10	10	10	10	10	10	9	10	10	10	
0005	张亮	10	10	10	10	10	10	10	9	10	10	
0006	刘青青	10	6	10	9	10	10	10	10	10	10	
0007	汪雅文	10	10	10	10	10	10	10	6	8	10	
0008	李胜	10	10	10	10	10	10	10	10	8	10	
0009	杨俊俊	8	10	10	10	10	8	10	10	8	9	
0010	夏峰	10	10	8	7	9	10	8	10	8	10	
0011	许兴康	10	10	10	10	10	10	10	10	8	10	
0012	王莉莉	10	10	10	10	10	10	10	10	10	10	
0013	芮茜	10	10	10	10	9	10	10	10	10	10	
0014	李梦娇	10	6	10	10	10	10	10	10	10	10	
0015	陈慧	10	8	10	10	10	8	10	10	10	7	
0016	秦鹏	9	8	10	10	10	10	7	8	10	10	
0017	韩一今今	10	9	8	10	8	10	10	10	10	10	
0018	魏文艳	10	8	10	9	10	10	10	8	10	7	
0019	惠文	10	10	10	10	8	10	6	10	7	10	
0020	昭如	10	10	10	10	10	10	10	10	10	10	

图 4.11　输入学生考勤表数据

（4）用以上的方法修改“sheet2”和“sheet3”工作表为“学生作业表”和“学生成绩表”，并输入相关数据，如图 4.12 和图 4.13 所示。

（二）利用公式和函数计算“考勤总分”“作业平均分”和“总评分”

1. 利用“SUM”函数计算“考勤总分”

（1）在“学生考勤表”中选择 M3 单元格，单击编辑栏左边的“插入函数”按钮 fx，在打开的插入函数对话框中，在“常用函数”中选择“SUM”函数，如图 4.14 所示。

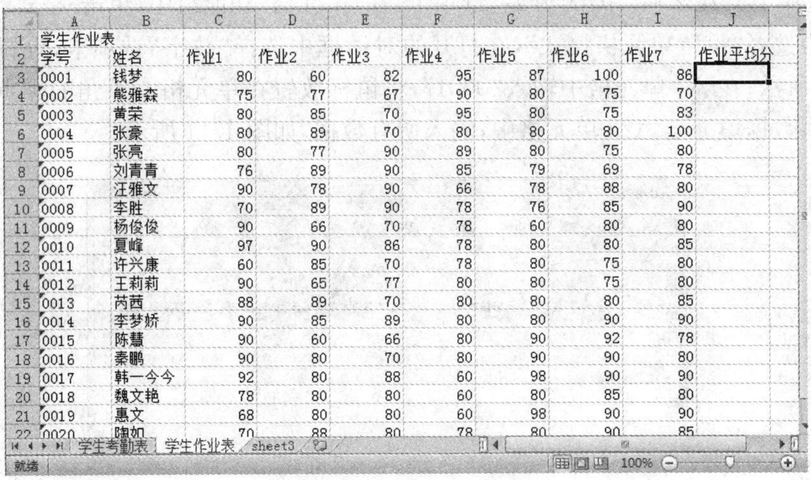

图 4.12　输入学生作业表数据

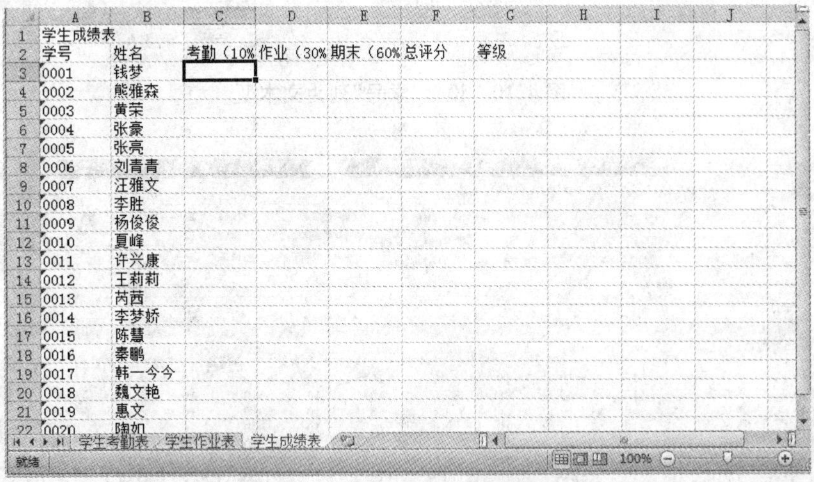

图 4.13　输入学生成绩表数据

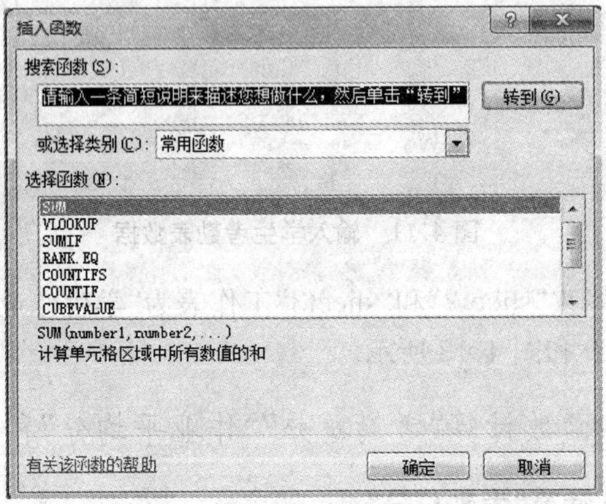

图 4.14　插入“SUM”函数

（2）在打开的函数参数对话框中，将参数“number1”设置为区域“C3:L3”，如图 4.15 所示，单击“确定”按钮后，则得出学号为“0001”学生的“考勤总分”。

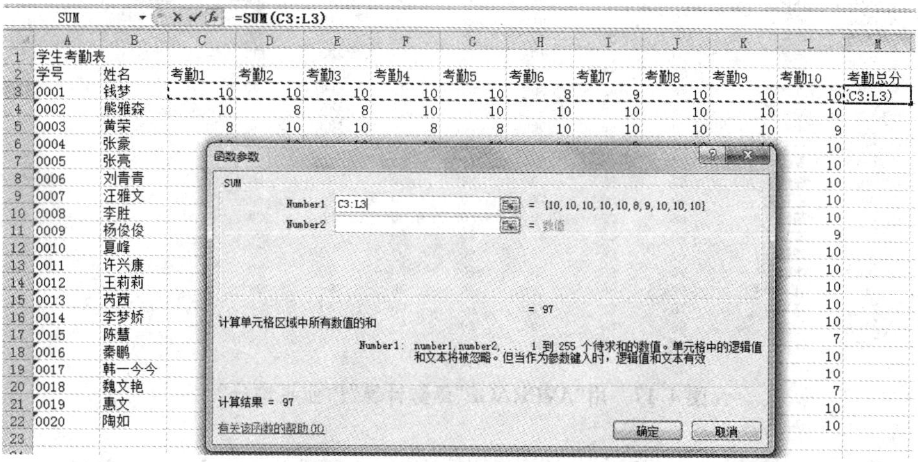

图 4.15　设置“SUM”函数的参数

（3）单击 M3 单元格，将鼠标放置在单元格右下角的黑点上，利用单元格填充柄，将 M3 单元格中的函数复制到 M4 至 M22 单元格，最后的效果如图 4.16 所示。

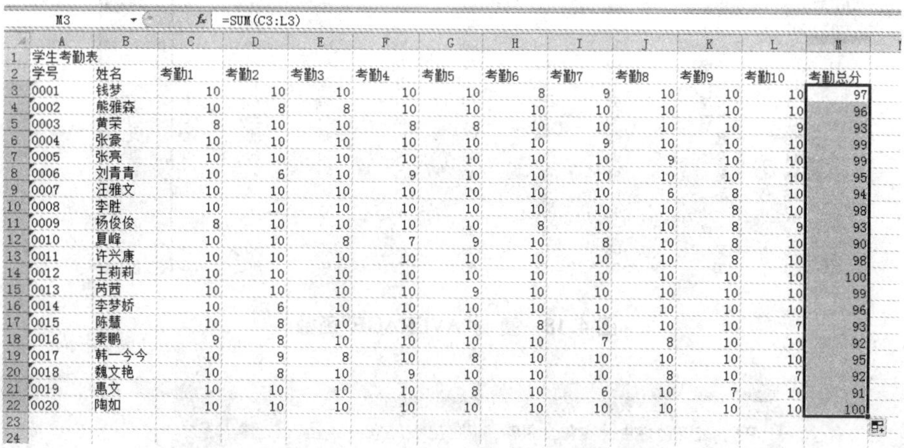

图 4.16　用填充的方式复制函数

2. 利用“AVERAGE”函数计算“作业平均分”

（1）在“学生作业表”中选中 J3 单元格，单击选项卡“公式”，在“函数库”功能组中，单击“自动求和”下拉按钮 Σ 自动求和 ▾，在下拉列表中选择“平均值”，用鼠标选择区域 C3:I3 为参数“Number1”，如图 4.17 所示，按“Enter”键后，则得出学号“0001”学生的作业平均分。

（2）单击 J3 单元格，将鼠标放置在单元格右下角的黑点上，利用单元格填充柄，将 J3 单元格中的函数复制到 J4 至 J22 单元格，最后的效果如图 4.18 所示。

（3）选中区域 J3:J22，单击“开始”选项卡，在“单元格”功能组中选择单击“格式”按钮 ，在下拉列表中选择“设置单元格格式”，在打开的对话框中选择“数字”选项卡，设置为“数值”，设置“小数位数”为“1”，“负数”为“1234.10”，如图 4.19 所示，确定后，效果如图 4.20 所示。

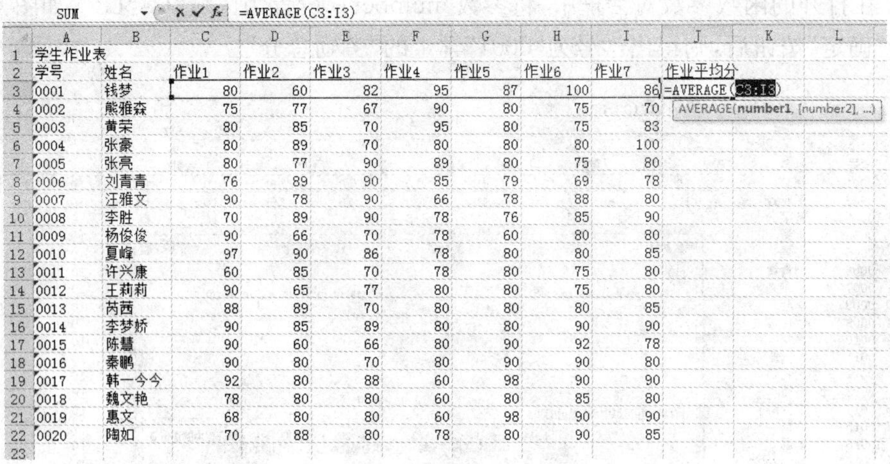

	A	B	C	D	E	F	G	H	I	J
1	学生作业表									
2	学号	姓名	作业1	作业2	作业3	作业4	作业5	作业6	作业7	作业平均分
3	0001	钱梦	80	60	82	95	87	100	86	=AVERAGE(C3:I3)
4	0002	熊雅森	75	77	67	90	80	75	70	
5	0003	黄荣	80	85	70	95	80	75	83	
6	0004	张豪	80	89	70	80	80	80	100	
7	0005	张亮	80	77	90	89	80	75	80	
8	0006	刘青青	76	89	90	85	79	69	78	
9	0007	汪雅文	90	78	90	66	78	88	80	
10	0008	李胜	70	89	90	78	76	85	90	
11	0009	杨俊俊	90	66	70	78	60	80	80	
12	0010	夏峰	97	90	86	78	80	80	85	
13	0011	许兴康	60	85	70	78	80	75	80	
14	0012	王莉莉	90	65	77	80	80	75	80	
15	0013	芮西	88	89	70	80	80	80	85	
16	0014	李梦娇	90	85	89	80	80	90	90	
17	0015	陈慧	90	60	66	80	90	92	78	
18	0016	秦鹏	90	80	70	80	90	90	80	
19	0017	韩一今今	92	80	88	60	98	90	90	
20	0018	魏文艳	78	80	80	60	80	85	80	
21	0019	惠文	68	80	80	60	98	90	90	
22	0020	陶如	70	88	80	78	80	90	85	
23										

图 4.17　用“AVERAGE”函数计算“作业平均分”

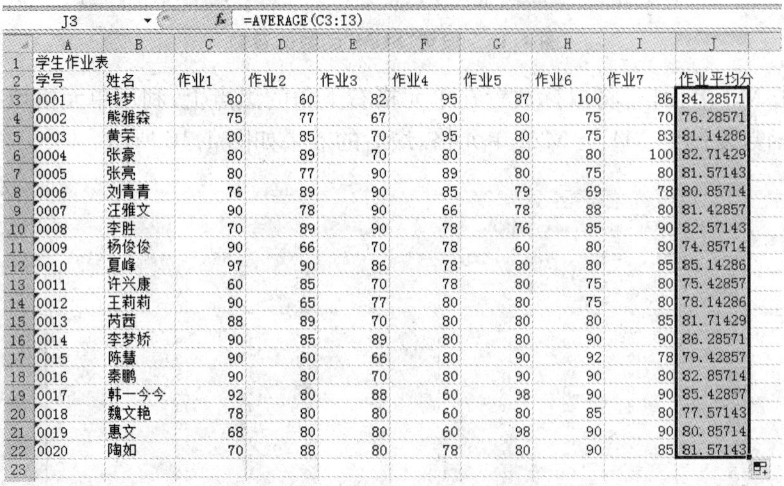

	A	B	C	D	E	F	G	H	I	J
1	学生作业表									
2	学号	姓名	作业1	作业2	作业3	作业4	作业5	作业6	作业7	作业平均分
3	0001	钱梦	80	60	82	95	87	100	86	84.28571
4	0002	熊雅森	75	77	67	90	80	75	70	76.28571
5	0003	黄荣	80	85	70	95	80	75	83	81.14286
6	0004	张豪	80	89	70	80	80	80	100	82.71429
7	0005	张亮	80	77	90	89	80	75	80	81.57143
8	0006	刘青青	76	89	90	85	79	69	78	80.85714
9	0007	汪雅文	90	78	90	66	78	88	80	81.42857
10	0008	李胜	70	89	90	78	76	85	90	82.57143
11	0009	杨俊俊	90	66	70	78	60	80	80	74.85714
12	0010	夏峰	97	90	86	78	80	80	85	85.14286
13	0011	许兴康	60	85	70	78	80	75	80	75.42857
14	0012	王莉莉	90	65	77	80	80	75	80	78.14286
15	0013	芮西	88	89	70	80	80	80	85	81.71429
16	0014	李梦娇	90	85	89	80	80	90	90	86.28571
17	0015	陈慧	90	60	66	80	90	92	78	79.42857
18	0016	秦鹏	90	80	70	80	90	90	80	82.85714
19	0017	韩一今今	92	80	88	60	98	90	90	85.42857
20	0018	魏文艳	78	80	80	60	80	85	80	77.57143
21	0019	惠文	68	80	80	60	98	90	90	80.85714
22	0020	陶如	70	88	80	78	80	90	85	81.57143
23										

图 4.18　复制“AVERAGE”函数

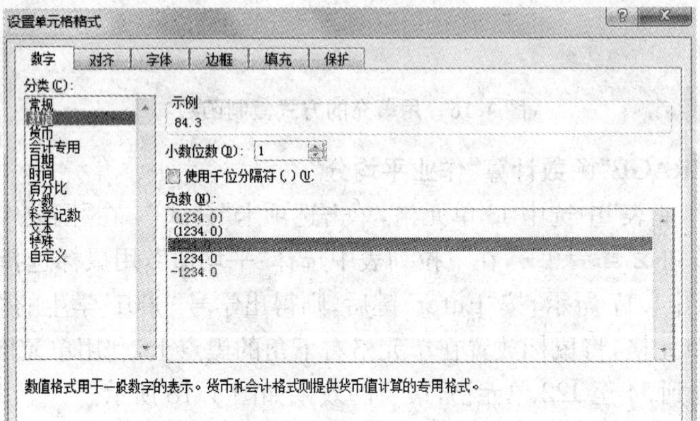

图 4.19　设置“作业平均分”列数值类型

N7

	A	B	C	D	E	F	G	H	I	J
1	学生作业表									
2	学号	姓名	作业1	作业2	作业3	作业4	作业5	作业6	作业7	作业平均分
3	0001	钱梦	80	60	82	95	87	100	86	84.3
4	0002	熊雅森	75	77	67	90	80	75	70	76.3
5	0003	黄荣	80	85	70	95	80	75	83	81.1
6	0004	张豪	80	89	70	80	80	80	100	82.7
7	0005	张亮	80	77	90	89	80	75	80	81.6
8	0006	刘青青	76	89	90	85	79	69	78	80.9
9	0007	汪雅文	90	78	90	66	78	88	80	81.4
10	0008	李胜	70	89	90	78	76	85	90	82.6
11	0009	杨俊俊	90	66	70	78	60	80	80	74.9
12	0010	夏峰	97	90	86	78	80	80	85	85.1
13	0011	许兴康	60	85	70	78	80	75	80	75.4
14	0012	王莉莉	90	65	77	80	80	75	80	78.1
15	0013	芮西	88	89	70	80	80	80	85	81.7
16	0014	李梦娇	90	85	89	80	80	90	90	86.3
17	0015	陈慧	90	60	66	80	90	92	78	79.4
18	0016	秦鹏	90	80	70	80	90	90	80	82.9
19	0017	韩一今今	92	80	88	60	98	90	90	85.4
20	0018	魏文艳	78	80	80	60	80	85	80	77.6
21	0019	惠文	68	80	80	60	98	90	90	80.9
22	0020	陶如	70	88	80	78	80	90	85	81.6
23										

图 4.20 “作业平均分”列的效果图

3. 利用公式计算“总评分”

（1）选中“学生考勤表”的 M3:M22 区域，右击，在弹出的快捷菜单中选择“复制”，在“学生成绩表”中，选择 C3:C22 区域，右击鼠标，在弹出的快捷菜单中单击“粘贴选项”中的“粘贴值”按钮 123，如图 4.21 所示；用同样的方法将“学生作业表”中的“作业平均分”列数据也复制到“学生成绩表”中来，并设置 D3:D22 区域的数据类型为“数值型”，保留 1 位小数；最后，输入学生的“期末成绩(60%)”列数据，效果如图 4.22 所示。

	A	B	C	D	E	F	G
1	学生成绩表						
2	学号	姓名	考勤（10%	作业（30%	期末（60%	总评分	等级
3	0001	钱梦	97				
4	0002	熊雅森	96				
5	0003	黄荣	93				
6	0004	张豪	99				
7	0005	张亮	99				
8	0006	刘青青	95				
9	0007	汪雅文	94				
10	0008	李胜	98				
11	0009	杨俊俊	93				
12	0010	夏峰	90				
13	0011	许兴康	98				
14	0012	王莉莉	100				
15	0013	芮西	99				
16	0014	李梦娇	96				
17	0015	陈慧	93				
18	0016	秦鹏	92				
19	0017	韩一今今	95				
20	0018	魏文艳	92				
21	0019	惠文	91				
22	0020	陶如	100				

图 4.21 复制考勤分

（2）在 F3 单元格中输入公式“= C3 * 10% + D3 * 30% + E3 * 60%”，按“Enter”键后得到学号为“0001”学生的总评分，利用序列填充的方式将公式复制到 F4 至 F22 单元格内，设置 F3:F22 区域的数据类型为“数值型”，保留 1 位小数，如图 4.23 所示。

E3 fx

	A	B	C	D	E	F	G
1	学生成绩表						
2	学号	姓名	考勤（10%	作业（30%	期末（60%	总评分	等级
3	0001	钱梦	97	84.3			
4	0002	熊雅森	96	76.3			
5	0003	黄荣	93	81.1			
6	0004	张豪	99	82.7			
7	0005	张亮	99	81.6			
8	0006	刘青青	95	80.9			
9	0007	汪雅文	94	81.4			
10	0008	李胜	98	82.6			
11	0009	杨俊俊	93	74.9			
12	0010	夏峰	90	85.1			
13	0011	许兴康	98	75.4			
14	0012	王莉莉	100	78.1			
15	0013	芮西	99	81.7			
16	0014	李梦娇	96	86.3			
17	0015	陈慧	93	79.4			
18	0016	秦鹏	92	82.9			
19	0017	韩一今今	95	85.4			
20	0018	魏文艳	92	77.6			
21	0019	惠文	91	80.9			
22	0020	陶如	100	81.6			

图 4.22　输入所有数据后的效果

F3 fx =C3*10%+D3*30%+E3*60%

	A	B	C	D	E	F	G
1	学生成绩表						
2	学号	姓名	考勤（10%	作业（30%	期末（60%	总评分	等级
3	0001	钱梦	97	84.3	68	75.8	
4	0002	熊雅森	96	76.3	78	79.3	
5	0003	黄荣	93	81.1	86	85.2	
6	0004	张豪	99	82.7	75	79.7	
7	0005	张亮	99	81.6	89	87.8	
8	0006	刘青青	95	80.9	98	92.6	
9	0007	汪雅文	94	81.4	66	73.4	
10	0008	李胜	98	82.6	56	68.2	
11	0009	杨俊俊	93	74.9	35	52.8	
12	0010	夏峰	90	85.1	77	80.7	
13	0011	许兴康	98	75.4	85	83.4	
14	0012	王莉莉	100	78.1	80	81.4	
15	0013	芮西	99	81.7	79	81.8	
16	0014	李梦娇	96	86.3	75	80.5	
17	0015	陈慧	93	79.4	70	75.1	
18	0016	秦鹏	92	82.9	84	84.5	
19	0017	韩一今今	95	85.4	68	75.9	
20	0018	魏文艳	92	77.6	94	88.9	
21	0019	惠文	91	80.9	83	83.2	
22	0020	陶如	100	81.6	92	89.7	

图 4.23　计算“总评分”

（三）根据“总评分”计算相应的“等级”

(1) 在“学生成绩表”中选择 G3 单元格，单击编辑栏左边的“插入函数”按钮 fx，在打开“插入函数”对话框中的“常用函数”中选择“IF”函数，如图 4.24 所示。

(2) 在“参数设置”对话框中，设置“Logical_test”为“F3＜60”，“Value_if_true”为“不合格”，“Value_if_false”为“IF(F3＜70,"合格",IF(F3＜80,"良好","优秀"))”，如图 4.25 所示。

(3) 单击“确定”后，则会得出学号为“0001”学生的等级为“优秀”，使用序列填充的方式，将函数复制到 G4 至 G22 单元格，此时，就得出所有学生的等级，如图 4.26 所示。

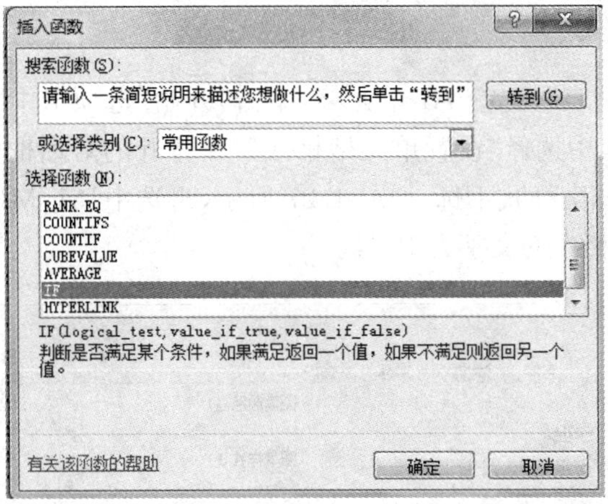

图 4.24 插入“IF”函数

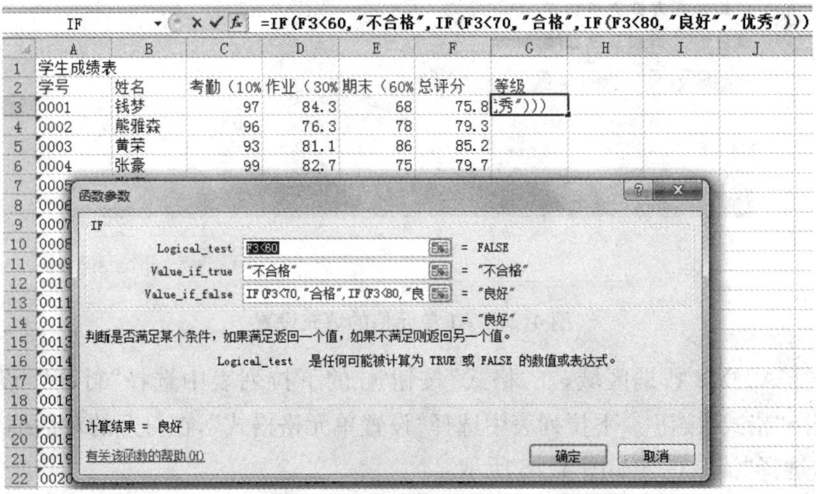

图 4.25 “IF”函数参数设置

图 4.26 复制“IF”函数

（四）设置表格格式

(1) 打开“学生考勤表”，选择 A1 单元格，单击“开始”选项卡中“单元格”功能组中“格式”按钮，在下拉列表中选择“设置单元格格式”，在打开的对话框中选择“填充”选项卡，选择填充色为“紫色”，图案样式不选，如图 4.27 所示，再选中 A1:M1 区域，单击“合并后居中”按钮，设置 A1 单元格中的文字为 16 号。

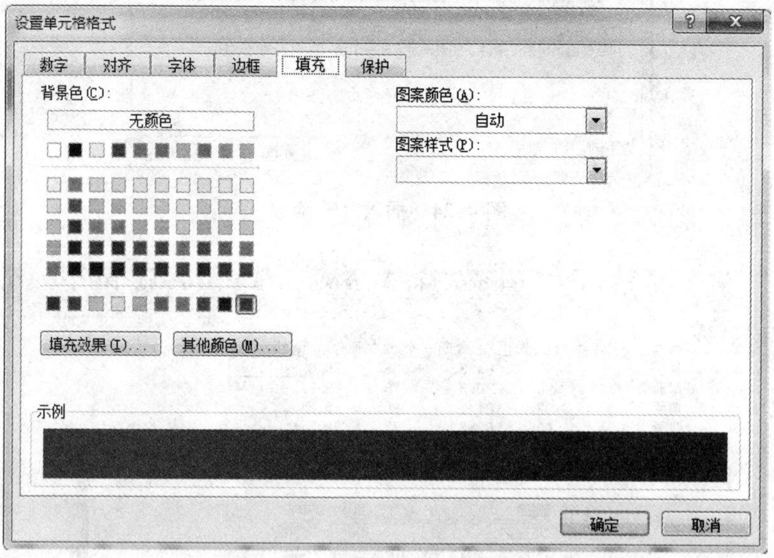

图 4.27　A1 单元格的填充设置

(2) 选择 A2:M2 数据区域，在“格式”按钮的下拉列表中选择“行高”，设置行高为“20”；再选择“格式”按钮下拉列表中选择“设置单元格格式”，在打开的对话框中选择“填充”选项卡，选择“淡紫色”，如图 4.28 所示。

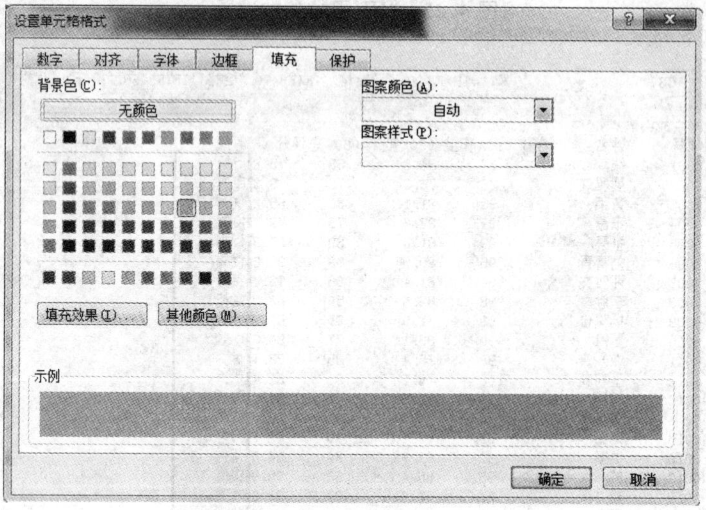

图 4.28　数据区域 A2:M2 的填充设置

(3) 选择数据区域 A2:M22，在“格式”按钮下拉列表中选择“设置单元格格式”，在打开的对话框中选择“边框”选项卡，设置粗实线外边框，细实线内边框，如图 4.29 所示。

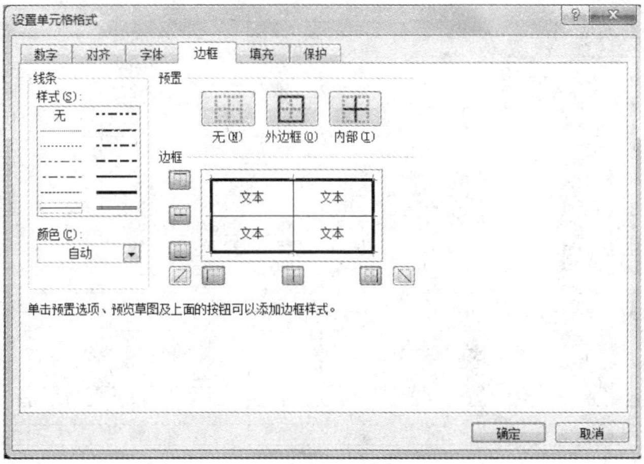

图 4.29　边框设置

(4) 选择数据区域 A2:M22，单击“开始”选项卡的“单元格”功能组中“格式”按钮，在下拉列表中选择“设置单元格格式”，在“设置单元格格式”对话框中，选择“对齐”选项卡，设置“水平对齐”为“居中”，“垂直对齐”为“居中”，如图 4.30 所示。

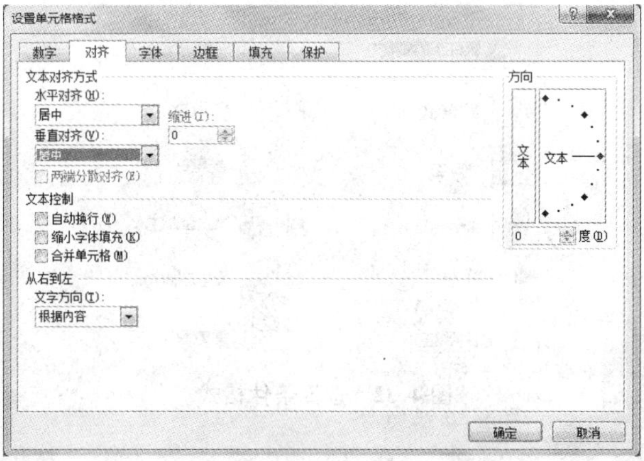

图 4.30　文字对齐方式设置

(5) 选中“学生考勤表”中的 A1:M22 数据区域，右击鼠标，在弹出的快捷菜单中选择“复制”。打开“学生作业表”，选中数据区域 A1:I22，右击鼠标，在弹出的快捷菜单中选择“粘贴”选项按钮，如图 4.31 所示。此时，“学生考勤表”的格式就会复制到“学生作业表”，将“学生作业表”中的“作业平均分”列数据区域 J3:J22 中的数据设置为数值型并保留两位小数。用同样的方法，将格式也复制到“学生成绩表”，并设置“作业(30%)”列数据区域 D3:D22 和“总评分”列数据区域 F3:F22 中的数据设置为数值型并保留两位小数。

(6) 选择“学生成绩表”中数据区域 E3:E22，在“开始”选项卡的“表格格式”功能组中，单击“条件格式”按钮，在下拉列表中选择“突出显示单元格规则”，在二级列表中选择“小于(L)…”，如图 4.32 所示。

(7) 在弹出的“小于”对话框中，设置小于的值为“60”，将格式设置为“自定义:黄色填充色红色文本”，如图 4.33 所示。

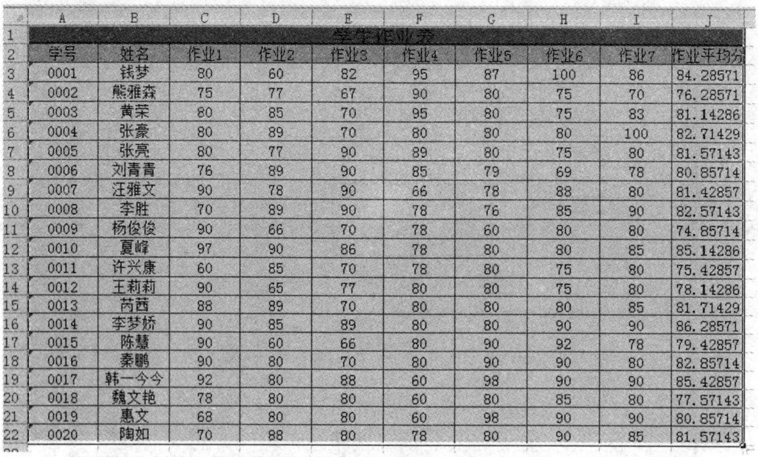

	A	B	C	D	E	F	G	H	I	J
1	学生作业表									
2	学号	姓名	作业1	作业2	作业3	作业4	作业5	作业6	作业7	作业平均分
3	0001	钱梦	80	60	82	95	87	100	86	84.28571
4	0002	熊雅森	75	77	67	90	80	75	70	76.28571
5	0003	黄荣	80	85	70	95	80	75	83	81.14286
6	0004	张豪	80	89	70	80	80	80	100	82.71429
7	0005	张亮	80	77	90	89	80	75	80	81.57143
8	0006	刘青青	76	89	90	85	79	69	78	80.85714
9	0007	汪雅文	90	78	90	66	78	88	80	81.42857
10	0008	李胜	70	89	90	78	76	85	90	82.57143
11	0009	杨俊俊	90	66	70	78	60	80	80	74.85714
12	0010	夏峰	97	90	86	78	80	80	85	85.14286
13	0011	许兴康	60	85	70	78	80	75	80	75.42857
14	0012	王莉莉	90	65	77	80	80	75	80	78.14286
15	0013	芮西	88	89	70	80	80	80	85	81.71429
16	0014	李梦娇	90	85	89	80	80	90	90	86.28571
17	0015	陈慧	90	60	66	80	90	92	78	79.42857
18	0016	秦鹏	90	80	70	80	90	90	80	82.85714
19	0017	韩一今今	92	80	88	60	98	90	90	85.42857
20	0018	魏文艳	78	80	80	60	80	85	80	77.57143
21	0019	惠文	68	80	80	60	98	90	90	80.85714
22	0020	陶如	70	88	80	78	80	90	85	81.57143

图 4.31　复制表格的格式

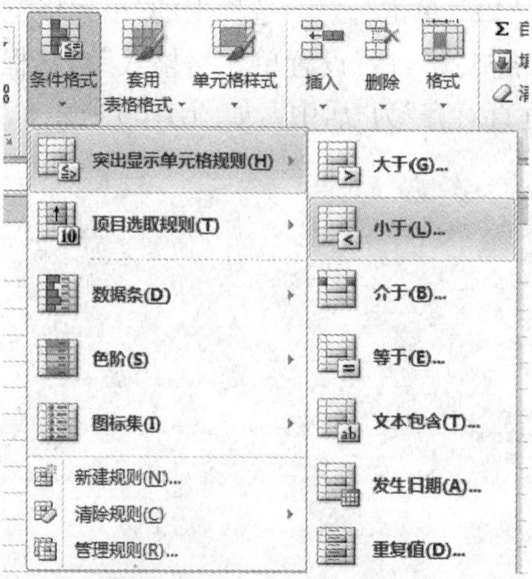

图 4.32　选择条件格式

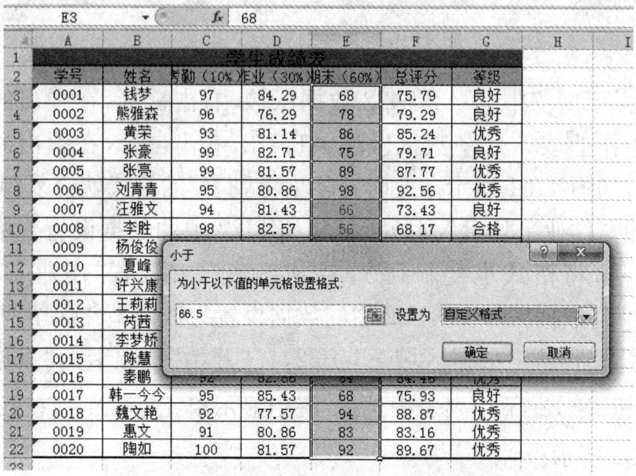

	A	B	C	D	E	F	G
1	学生成绩表						
2	学号	姓名	考勤（10%）	作业（30%）	期末（60%）	总评分	等级
3	0001	钱梦	97	84.29	68	75.79	良好
4	0002	熊雅森	96	76.29	78	79.29	良好
5	0003	黄荣	93	81.14	86	85.24	优秀
6	0004	张豪	99	82.71	75	79.71	良好
7	0005	张亮	99	81.57	89	87.77	优秀
8	0006	刘青青	95	80.86	98	92.56	优秀
9	0007	汪雅文	94	81.43	66	73.43	良好
10	0008	李胜	98	82.57	56	68.17	合格
11	0009	杨俊俊					
12	0010	夏峰					
13	0011	许兴康					
14	0012	王莉莉					
15	0013	芮西					
16	0014	李梦娇					
17	0015	陈慧					
18	0016	秦鹏					
19	0017	韩一今今	95	85.43	68	75.93	良好
20	0018	魏文艳	92	77.57	94	88.87	优秀
21	0019	惠文	91	80.86	83	83.16	优秀
22	0020	陶如	100	81.57	92	89.67	优秀

图 4.33　设置不及格分数的格式

（五）筛选期末成绩不及格的同学，并降序排列

(1) 打开"学生成绩表"，选择 A2:G22 区域，然后在"数据"选项卡的"排序和筛选"功能组，单击"筛选"按钮，此时，在表格中所有的列标题的右边就出现了"下拉箭头"，单击列标题"期末(60%)"右边的箭头，在下拉列表中选择"数字筛选"，在二级列表中选择"小于(L)…"，如图 4.34 所示。

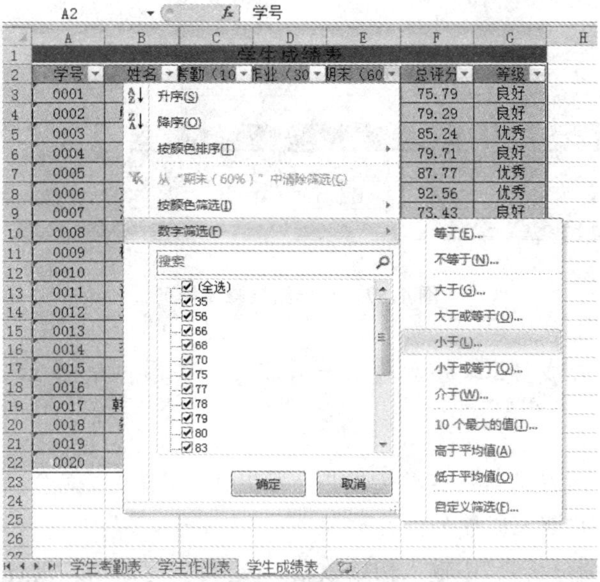

图 4.34 设置自动筛选

(2) 在打开的"自定义自动筛选方式"对话框中，设置"期末(60%)"小于"60"，如图 4.35 所示，筛选的结果如图 4.36 所示。

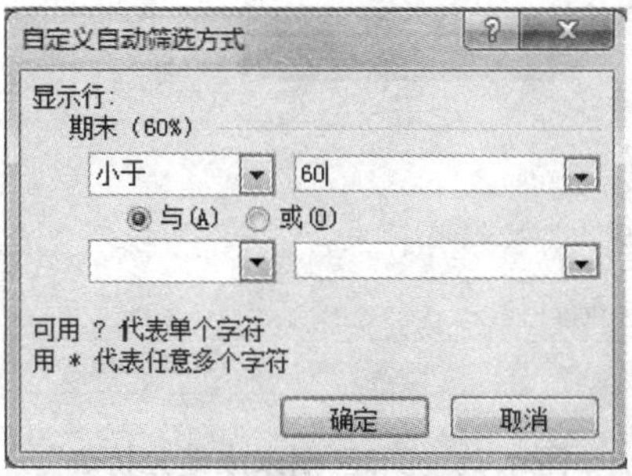

图 4.35 设置自动筛选条件

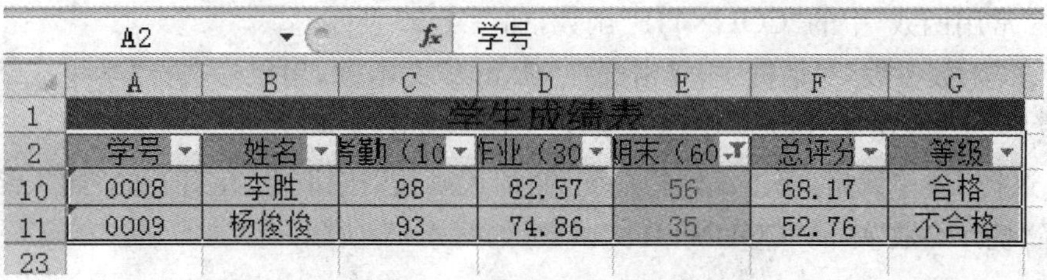

图 4.36 自动筛选的结果

(3) 将光标定位在“期末(60%)”列上的任一单元格,单击“排序和筛选”功能组中的“降序”按钮,此时,筛选结果就会按照期末成绩降序排序,其排序后的结果如图 4.37 所示。当再次单击“筛选”按钮时,就会恢复所有数据的显示。

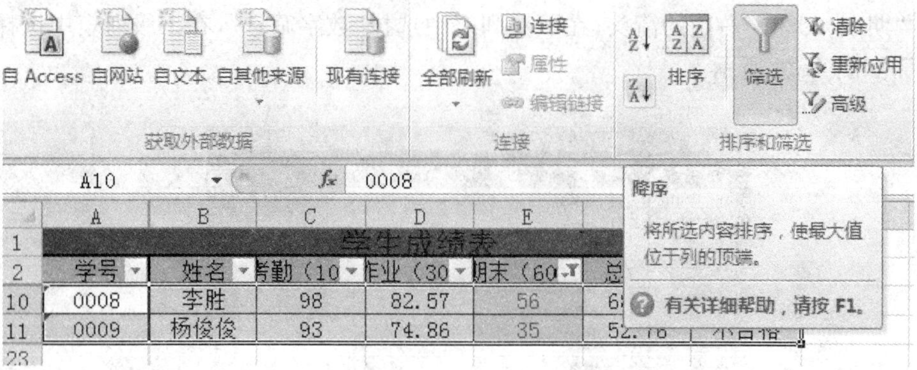

图 4.37 筛选结果降序排列

(六) 统计“期末成绩”各分数段的学生人数,并用图表显示“期末成绩”各分数段的学生人数

(1) 单击“学生成绩表”标签右边的“插入工作表”按钮,就会新建一个新的工作表“sheet4”,重新命名为“期末成绩分析表”。

(2) 在“期末成绩分析表”中输入初始数据,并进行一定的格式设置,如图 4.38 所示。

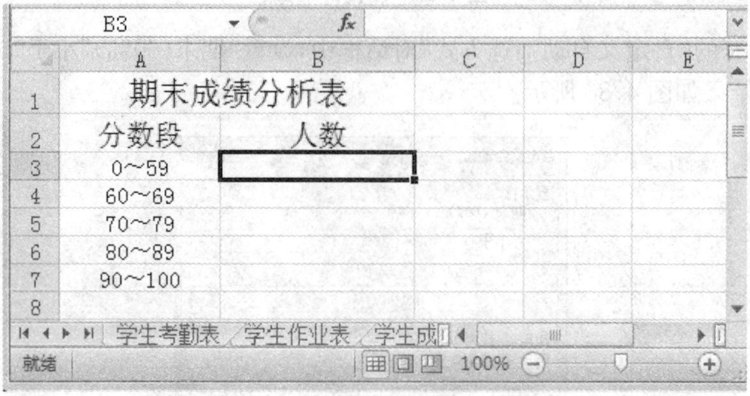

图 4.38 新建“期末成绩分析表”

(3) 单击 B3 单元格,单击编辑栏左侧的“插入函数”按钮,在打开的“插入函数”对话框中选择“常用函数”中的“COUNTIF”函数,如图 4.39 所示。

(4) 在“函数参数”对话框中,单击选中“Range”文本框,用鼠标选择“学生成绩表”中的数据区域 E3:E22,在“Criteria”中输入条件“<60”,如图 4.40 所示。

(5) 选择 B4 单元格,单击编辑栏左侧的“插入函数”按钮,在打开的“插入函数”对话框中选择“统计函数”中的“COUNTIFS”函数,如图 4.41 所示。

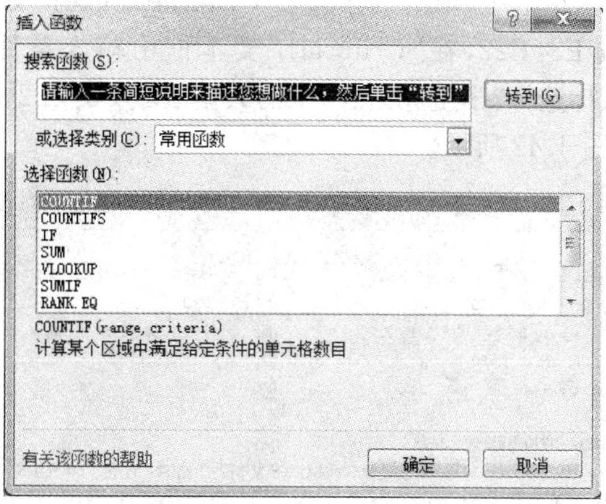

图 4.39　插入"COUNTIF"函数

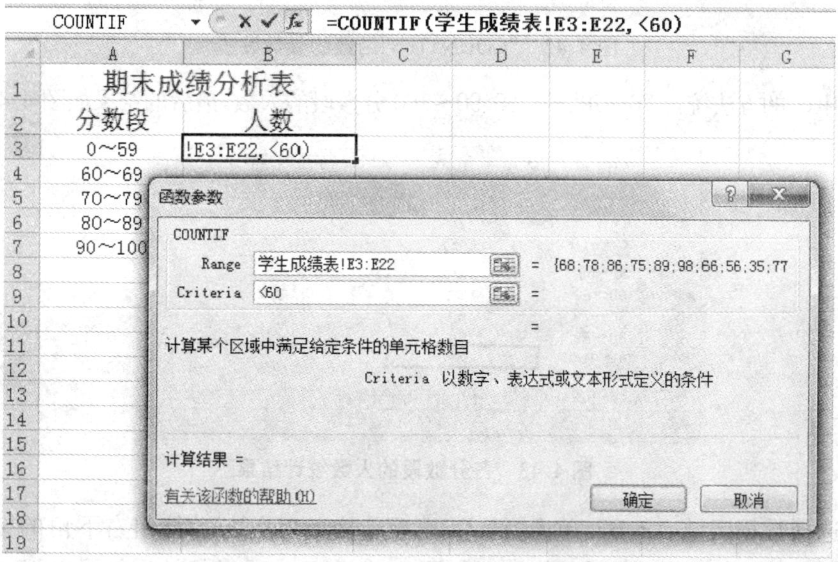

图 4.40　"COUNTIF"函数的参数设置

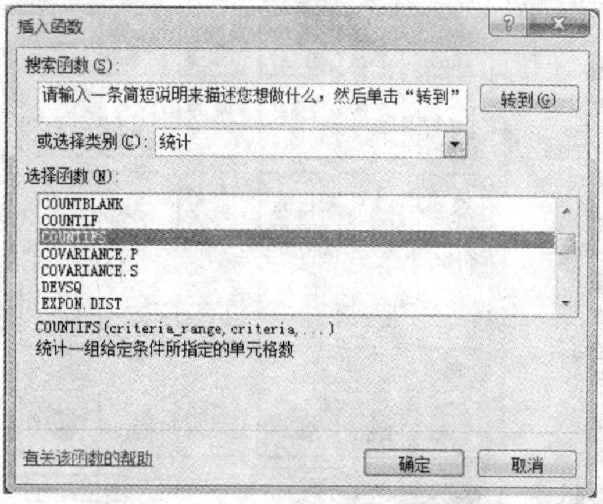

图 4.41　插入"COUNTIFS"函数

(6) 在“函数参数”对话框中，单击鼠标选中“Criteria_range1”文本框，用鼠标选择“学生成绩表”中的数据区域 E3:E22，在“Criteria1”文本框中输入条件“＜70”，在“Criteria_range2”文本框中，用鼠标选择“学生成绩表”中的数据区域 E3:E22，在“Criteria2”文本框中输入条件“＞=60”，如图 4.42 所示。

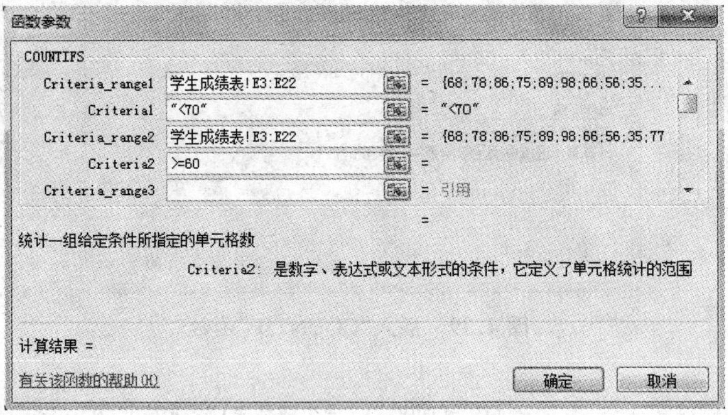

图 4.42 “COUNTIFS”函数的参数设置

(7) 用(6)的方法统计 70～79、80～89、90～100 分数段的人数，最后的结果如图 4.43 所示。

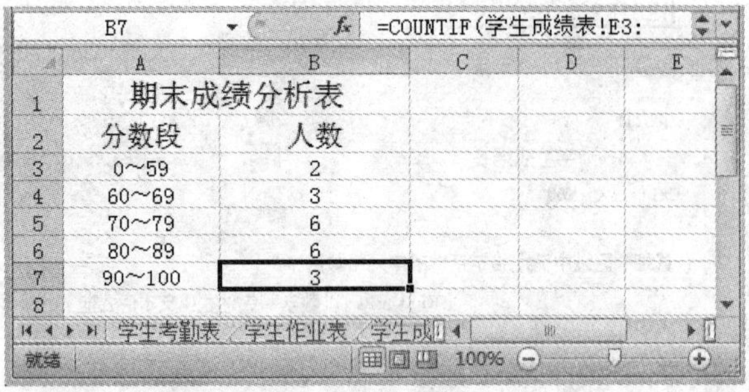

图 4.43 各分数段的人数统计结果

(8) 选择数据区域 A2:B7，单击“插入”选项卡中的“图表”功能组右下角的按钮 ，在打开的“插入图表”对话框中选择“饼图”，如图 4.44 所示。最后的效果如图 4.45 所示。

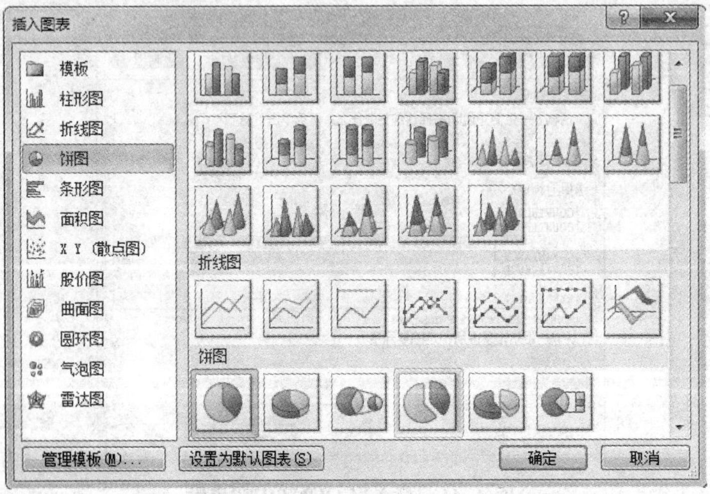

图 4.44 插入饼图

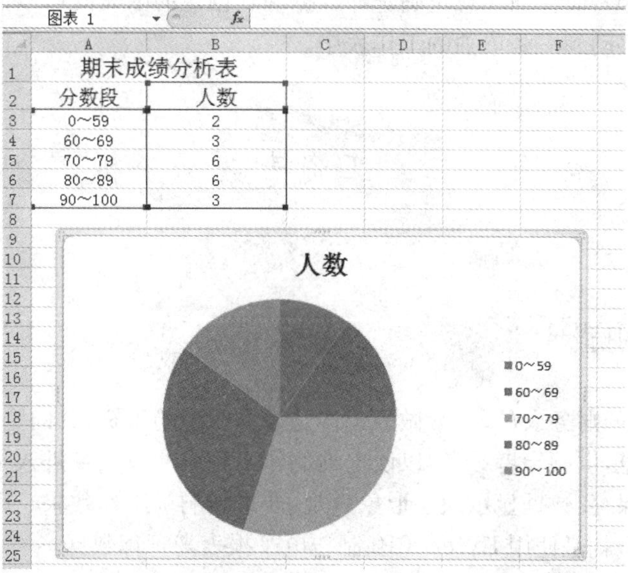

图 4.45　插入图表效果图

五、总结与提高

本任务主要介绍了 Excel 2010 的基本操作、工作表的格式设置、公式和函数的使用、筛选和排序的使用、图表的使用等。

在 Excel 2010 中有很多快速输入数据的技巧，如自动填充、自定义序列等，熟练掌握这些技巧可以提高输入速度。在输入数据时，要注意数据的类型，对于学号、邮编、电话号码等数据应该设置为文本型，即在前面加单引号。

工作表的格式设置，主要包括对工作表中数据的格式化、字体格式、行高和列宽、数据的对齐方式、表格的边框和底纹等进行设置。

在使用公式和函数时，要注意以下几点：

(1) 公式是对单元格中数据进行计算的表达式，输入公式前应先输入“=”。

(2) 函数的引用形式为：函数名(参数 1，参数 2，…)，参数之间用逗号隔开。如果是单独使用函数，要在函数名称前输入“=”构成公式。如果单击编辑栏左侧的“插入函数”按钮 f_x 来插入函数，会自动在函数名称前面加上“=”。

(3) 复制公式时，公式中使用的单元格引用需要随着所在位置的不同变化时，应该使用单元格的“相对引用”；不随所在位置变化的，使用单元格的“绝对引用”。

使用“COUNTIF”和“COUNTIFS”函数时要注意，在复制公式时，如果参数“range”的引用区域固定不变，应使用“绝对引用”；如果参数“criteria”不是单元格引用，而是表达式或字符串，应使用西文双引号括起来。

使用“IF”函数时要判断给出的条件是否满足，如果满足，返回逻辑值为真时的值；如果不满足，返回逻辑值为假时的值。如果判断条件超过两个时，采用“IF”函数的嵌套，就是将一个“IF”函数返回值作为另一个“IF”函数的参数。

图表比数据更易于表达数据之间的关系及数据变化趋势。表现不同的数据关系时，要选择合适的图表类型,应特别注意正确选择数据源。创建的图表既可以插入到工作表中,生成嵌入表,也可以移动到一张单独的工作表中。

任务二　工资表数据分析

一、任务的提出

作为一名企业的财务人员,经常做的工作是计算职工的工资,并向企业的领导者提供准确、直观的数据信息,供领导者参考,以便于他们作出相应的决策。进入了信息社会后,传统的账本厚重、难以保存、数据显示缺乏形象直观,严重影响了工作效果。因此,财务人员急需一种新的解决方案,就是使用 Excel 2010 制作电子报表来管理数据。

例如,某公司有管理、行政、人事、研发、销售等五个部门。财务人员需要根据员工的基本档案信息计算出当月每个员工的月工资,筛选出低工资收入人员信息,将工资数据进行统计分析。为了完成以上的工作,财务人员制作了三张工作表:“员工档案”表、“工龄工资”表、“统计报告”表,分别如图 4.46～图 4.48 所示。

某公司员工档案表

员工编号	姓名	性别	部门	职务	身份证号	出生日期	学历	入职时间	工龄	基本工资	工龄工资	基础工资
001	陈海风	男	管理	总经理	110108196301020119		博士	2001年2月		40000		
002	季晓军	男	管理	部门经理	410205196412278211		硕士	2001年3月		10000		
003	李江南	男	管理	人事行政经理	420316197409283216		硕士	2006年12月		9500		
004	苏果	女	行政	文秘	110105198903040128		大专	2012年3月		3500		
005	秦牧	男	研发	项目经理	370108197202213159		硕士	2003年8月		12000		
006	曾耀祖	男	研发	项目经理	110105196410020109		博士	2001年6月		18000		
007	楚依依	女	管理	销售经理	110102197305120123		硕士	2001年10月		15000		
008	侯毅	男	管理	研发经理	310108197712121139		硕士	2003年7月		12000		
009	宋子文	男	研发	员工	372208197510090512		本科	2003年7月		5600		
010	马进	男	人事	员工	110101197209021144		本科	2001年6月		5600		
011	周子琰	男	人事	员工	110108197812120129		本科	2005年9月		6000		
012	孙小红	女	行政	员工	551018198607311126		本科	2010年5月		4000		
013	陈家洛	男	研发	员工	372208197310070512		本科	2006年5月		5500		
014	孙飞	男	研发	员工	410205197908278231		本科	2011年4月		5000		
015	黄鹂	女	销售	员工	110106198504040127		大专	2013年1月		3000		
016	陈安培	男	行政	员工	610308198111020379		本科	2009年5月		4700		
017	许忠	男	研发	员工	327018198310123015		本科	2010年2月		5500		
018	袁嘉怡	女	销售	员工	110103198111090028		中专	2008年12月		3500		
019	丰飞	男	行政	员工	210108197912031129		本科	2007年1月		4500		
020	刘朝阳	男	研发	员工	302204198508090312		硕士	2010年3月		8500		
021	谢心翱	男	研发	员工	110106197809121104		本科	2010年3月		7500		
022	张雅婷	女	行政	员工	110107198010120109		高中	2010年3月		2500		
023	王沐风	男	研发	员工	412205196612280211		本科	2010年3月		5000		
024	谢小林	男	销售	员工	110108197507220123		本科	2010年3月		5200		
025	刘锋	男	研发	员工	551018198107210126		本科	2011年1月		5000		

图 4.46　员工档案表

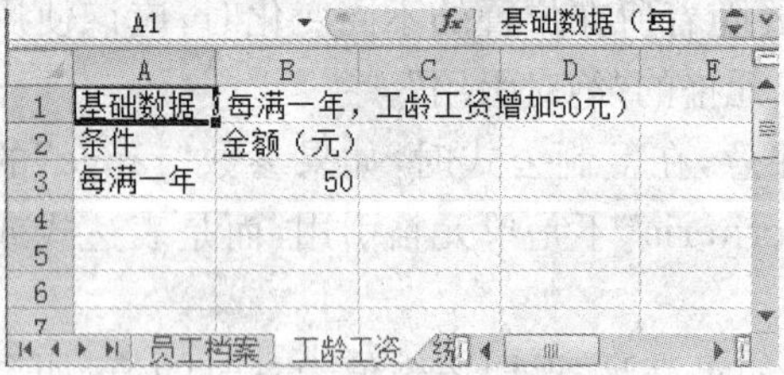

基础数据(每满一年,工龄工资增加50元)	
条件	金额(元)
每满一年	50

图 4.47　工龄工资表

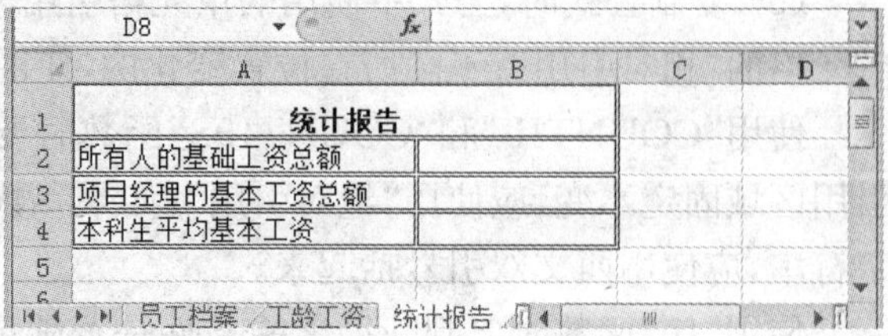

统计报告	
所有人的基础工资总额	
项目经理的基本工资总额	
本科生平均基本工资	

图 4.48　统计报告表

工资管理需要进行以下八项工作:

(1) 根据员工的身份证号码计算出员工的出生日期。

(2) 计算员工的工龄。

(3) 计算员工的工龄工资和基础工资。

(4) 筛选出基础工资在 4 000 元以下的员工信息。

(5) 对各部门基础工资信息进行分类汇总。

(6) 统计所有员工的基础工资总额。

(7) 统计出项目经理的基本工资总额。

(8) 统计出本科生员工的平均基本工资。

二、解决方案分析

(1) 根据“员工档案”表中员工的“身份证号”,利用“MID”函数计算出员工的“出生日期”列数据。

(2) 在“员工档案”表中,首先利用“TODAY”函数获取系统日期,再与表中员工的“入职时间”列的数据进行运算,最后使用“INT”函数取整得到“工龄”列数据,其公式如下:

工龄 = INT((TODAY( ) − 入职时间)/365)

(3) 根据“工龄”列数据和“工龄工资”表中的数据,利用公式计算员工的工龄工资和基础工资,其公式如下:

工龄工资 = 工龄 × 满一年增额

基础工资 = 基本工资 + 工龄工资

(4) 利用“高级筛选”功能,筛选出工资低于 4 000 元的员工信息。

(5) 利用“分类汇总”功能,统计每个部门当月的工资总额,分类汇总前一定要按“部门”进行排序。

(6) 利用“SUM”函数统计出当月所有员工基础工资总额;利用“SUMIF”函数统计出当月项目经理的基本工资总额;利用“AVERAGEIF”函数统计出当月本科生员工的基础工资平均值。

完成的效果如图 4.49~图 4.52 所示。

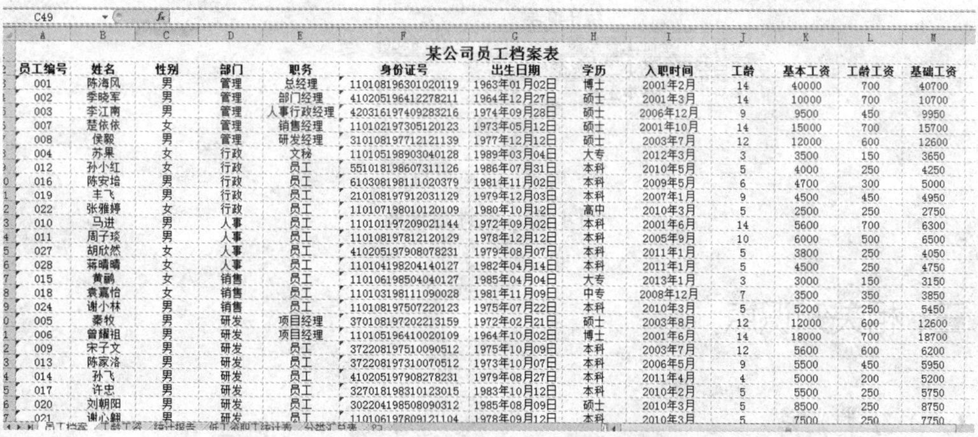

某公司员工档案表

员工编号	姓名	性别	部门	职务	身份证号	出生日期	学历	入职时间	工龄	基本工资	工龄工资	基础工资
001	陈海风	男	管理	总经理	110108196301020119	1963年01月02日	博士	2001年2月	14	40000	700	40700
002	季晓军	男	管理	部门经理	410205196412278211	1964年12月27日	硕士	2001年3月	14	10000	700	10700
003	李江南	男	管理	人事行政经理	420316197409283216	1974年09月28日	硕士	2006年12月	9	9500	450	9950
007	楚依依	女	管理	销售经理	110102197305120123	1973年05月12日	硕士	2001年10月	14	15000	700	15700
008	侯毅	男	管理	研发经理	310108197712121139	1977年12月12日	硕士	2003年7月	12	12000	600	12600
004	苏果	女	行政	文秘	110105198903040128	1989年03月04日	大专	2012年3月	3	3500	150	3650
012	孙小红	女	行政	员工	551018198607311126	1986年07月31日	本科	2010年5月	5	4000	250	4250
016	陈安培	男	行政	员工	610308198111020379	1981年11月02日	本科	2009年5月	6	4700	300	5000
019	丰飞	男	行政	员工	210108197912031129	1979年12月03日	本科	2007年1月	9	4500	450	4950
022	张雅婷	女	行政	员工	110107198010120109	1980年10月12日	高中	2010年3月	5	2500	250	2750
010	马进	男	人事	员工	110101197209021144	1972年09月02日	本科	2001年6月	14	5600	700	6300
011	周子琰	男	人事	员工	110108197812120129	1978年12月12日	本科	2005年9月	10	6000	500	6500
027	胡欣然	女	人事	员工	410205197908078231	1979年08月07日	本科	2011年1月	5	3800	250	4050
028	蒋晴晴	女	人事	员工	110104198204140127	1982年04月14日	本科	2011年1月	5	4500	250	4750
015	黄鹂	女	销售	员工	110106198504040127	1985年04月04日	大专	2013年1月	3	3000	150	3150
018	袁嘉怡	女	销售	员工	110103198111090028	1981年11月09日	中专	2008年12月	7	3500	350	3850
024	谢小林	男	销售	员工	110108197507220123	1975年07月22日	本科	2010年3月	5	5200	250	5450
005	秦牧	男	研发	项目经理	370108197202213159	1972年02月21日	硕士	2003年8月	12	12000	600	12600
006	曾耀祖	男	研发	项目经理	110105196410020109	1964年10月02日	博士	2001年6月	14	18000	700	18700
009	宋子文	男	研发	员工	372208197510090512	1975年10月09日	本科	2003年7月	12	5600	600	6200
013	陈家洛	男	研发	员工	372208197310070512	1973年10月07日	本科	2006年5月	9	5500	450	5950
014	孙飞	男	研发	员工	410205197908278231	1979年08月27日	本科	2011年4月	4	5000	200	5200
017	许忠	男	研发	员工	327018198310123015	1983年10月12日	本科	2010年2月	5	5500	250	5750
020	刘朝阳	男	研发	员工	302204198508090312	1985年08月09日	硕士	2010年3月	5	8500	250	8750
021	谢心翻	男	研发	员工	110106197809121104	1978年09月12日	本科	2010年3月	5	7500	250	7750

图 4.49 员工档案表

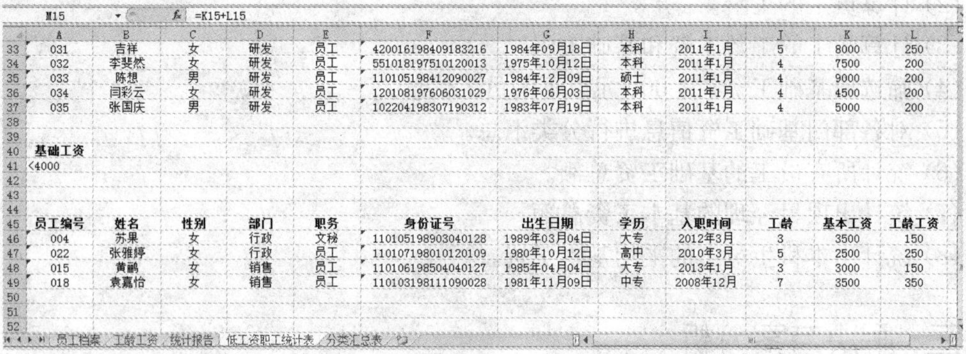

M15 =K15+L15

	A	B	C	D	E	F	G	H	I	J	K	L
33	031	吉祥	女	研发	员工	420016198409183216	1984年09月18日	本科	2011年1月	5	8000	250
34	032	李斐然	女	研发	员工	551018197510120013	1975年10月12日	本科	2011年1月	4	7500	200
35	033	陈想	男	研发	员工	110105198412090027	1984年12月09日	硕士	2011年1月	4	9000	200
36	034	闫彩云	女	研发	员工	120108197606031029	1976年06月03日	本科	2011年1月	4	4500	200
37	035	张国庆	男	研发	员工	102204198307190312	1983年07月19日	本科	2011年1月	4	5000	200
38												
39												
40	**基础工资**											
41	<4000											
42												
43												
44												
45	**员工编号**	**姓名**	**性别**	**部门**	**职务**	**身份证号**	**出生日期**	**学历**	**入职时间**	**工龄**	**基本工资**	**工龄工资**
46	004	苏果	女	行政	文秘	110105198903040128	1989年03月04日	大专	2012年3月	3	3500	150
47	022	张雅婷	女	行政	员工	110107198010120109	1980年10月12日	高中	2010年3月	5	2500	250
48	015	黄鹂	女	销售	员工	110106198504040127	1985年04月04日	大专	2013年1月	3	3000	150
49	018	袁嘉怡	女	销售	员工	110103198111090028	1981年11月09日	中专	2008年12月	7	3500	350
50												
51												
52												

员工档案 / 工龄工资 / 统计报告 / 低工资职工统计表 / 分类汇总表

图 4.50　低工资职工统计表

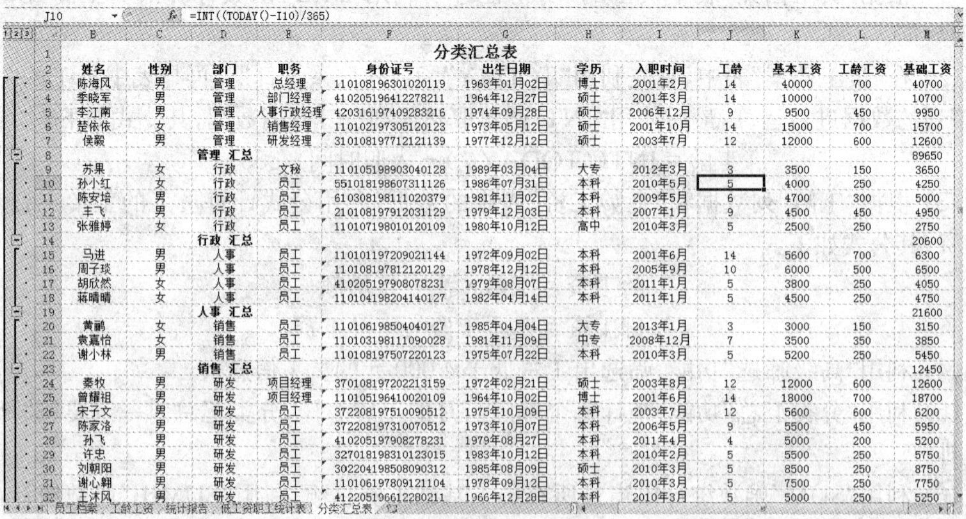

J10 =INT((TODAY()-I10)/365)

	B	C	D	E	F	G	H	I	J	K	L	M
1						**分类汇总表**						
2	**姓名**	**性别**	**部门**	**职务**	**身份证号**	**出生日期**	**学历**	**入职时间**	**工龄**	**基本工资**	**工龄工资**	**基础工资**
3	陈海风	男	管理	总经理	110108196301020119	1963年01月02日	博士	2001年2月	14	40000	700	40700
4	季晓军	男	管理	部门经理	410205196412278211	1964年12月27日	硕士	2001年3月	14	10000	700	10700
5	李江南	男	管理	人事行政经理	420316197409283216	1974年09月28日	硕士	2006年12月	9	9500	450	9950
6	楚依依	女	管理	销售经理	110102197305120123	1973年05月12日	硕士	2001年10月	14	15000	700	15700
7	侯毅	男	管理	研发经理	310108197712121139	1977年12月12日	硕士	2003年7月	12	12000	600	12600
8			**管理 汇总**									89650
9	苏果	女	行政	文秘	110105198903040128	1989年03月04日	大专	2012年3月	3	3500	150	3650
10	孙小红	女	行政	员工	551018198607311126	1986年07月31日	本科	2010年5月	5	4000	250	4250
11	陈安培	男	行政	员工	610308198111020379	1981年11月02日	本科	2009年5月	6	4700	300	5000
12	丰飞	男	行政	员工	210108197912031129	1979年12月03日	本科	2007年1月	9	4500	450	4950
13	张雅婷	女	行政	员工	110107198010120109	1980年10月12日	高中	2010年3月	5	2500	250	2750
14			**行政 汇总**									20600
15	马进	男	人事	员工	110101197209021144	1972年09月02日	本科	2001年6月	14	5600	700	6300
16	周子琰	男	人事	员工	110108197812120129	1978年12月12日	本科	2005年9月	10	6000	500	6500
17	胡欣然	女	人事	员工	410205197908078231	1979年08月07日	本科	2011年1月	5	3800	250	4050
18	蒋晴晴	女	人事	员工	110104198204140127	1982年04月14日	本科	2011年1月	5	4500	250	4750
19			**人事 汇总**									21600
20	黄鹂	女	销售	员工	110106198504040127	1985年04月04日	大专	2013年1月	3	3000	150	3150
21	袁嘉怡	女	销售	员工	110103198111090028	1981年11月09日	中专	2008年12月	7	3500	350	3850
22	谢小林	男	销售	员工	110108197507220123	1975年07月22日	本科	2010年3月	5	5200	250	5450
23			**销售 汇总**									12450
24	秦牧	男	研发	项目经理	370108197202213159	1972年02月21日	硕士	2003年8月	12	12000	600	12600
25	曾耀祖	男	研发	项目经理	110105196410020109	1964年10月02日	博士	2001年6月	14	18000	700	18700
26	宋子文	男	研发	员工	372208197510090512	1975年10月09日	本科	2003年7月	12	5600	600	6200
27	陈家洛	男	研发	员工	372208197310070512	1973年10月07日	本科	2006年5月	9	5500	450	5950
28	孙飞	男	研发	员工	410205197908278231	1979年08月27日	本科	2011年4月	4	5000	200	5200
29	许忠	男	研发	员工	327018198310123015	1983年10月12日	本科	2010年2月	5	5500	250	5750
30	刘朝阳	男	研发	员工	302204198508090312	1985年08月09日	硕士	2010年3月	5	8500	250	8750
31	谢心翱	男	研发	员工	110106197809121104	1978年09月12日	本科	2010年3月	5	7500	250	7750
32	王沐风	男	研发	员工	412205196612280211	1966年12月28日	本科	2010年3月	5	5000	250	5250

员工档案 / 工龄工资 / 统计报告 / 低工资职工统计表 / 分类汇总表

图 4.51　分类汇总表

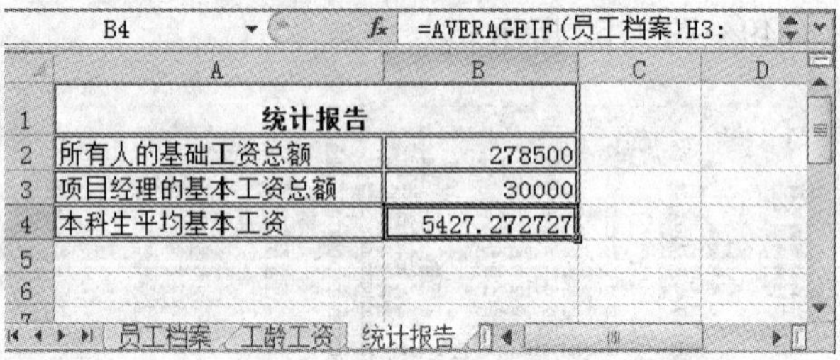

B4 =AVERAGEIF(员工档案!H3:

	A	B	C	D
1	**统计报告**			
2	所有人的基础工资总额	278500		
3	项目经理的基本工资总额	30000		
4	本科生平均基本工资	5427.272727		
5				
6				

员工档案 / 工龄工资 / 统计报告

图 4.52　统计报告表

三、相关知识点

（一）分类汇总

分类汇总是指对工作表中的某一项数据进行分类，再对数据进行汇总计算。汇总方式包括求和、计数、求平均值、求最大值、求最小值等。

在分类汇总前，要先对表格按分类字段进行排序，以便将同类记录组织在一起。

（二）高级筛选

相对于自动筛选，高级筛选可以根据复杂条件进行筛选，而且还可以把筛选的结果复制到指定的地方，更方便进行对比。

在高级筛选的指定条件中，如果条件之间是“或者”的关系，此时条件需写在多行上，如果条件之间是“并且”的关系，此时条件需要写在同一行上，如图 4.53 和图 4.54 所示。

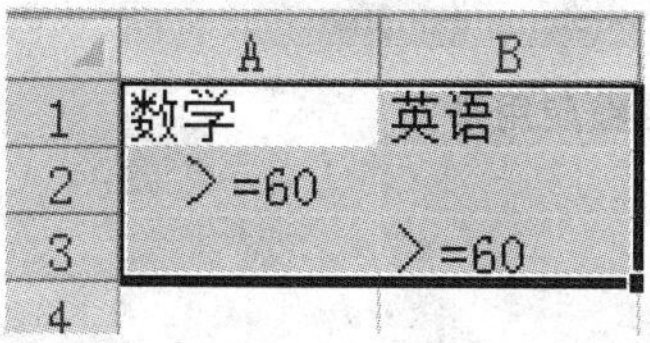

图 4.53　数学及格或英语及格

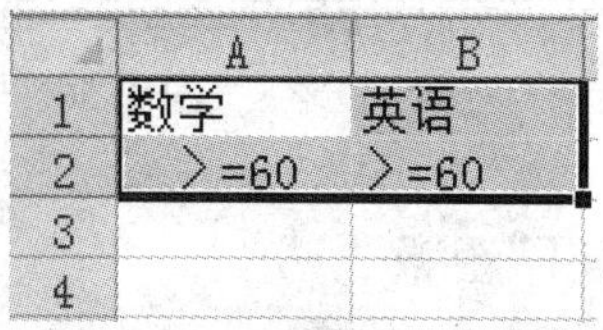

图 4.54　数学和英语都及格

（三）“MID”函数

功能：从指定字符串中指定位置提取指定个数字符。

使用格式：MID(text，start_num，num_chars)。

参数说明：text 表示指定的字符串，一般为引用的单元格；start_num 表示指定位置；num_chars 表示指定个数。

该函数的应用举例如图 4.55 所示。

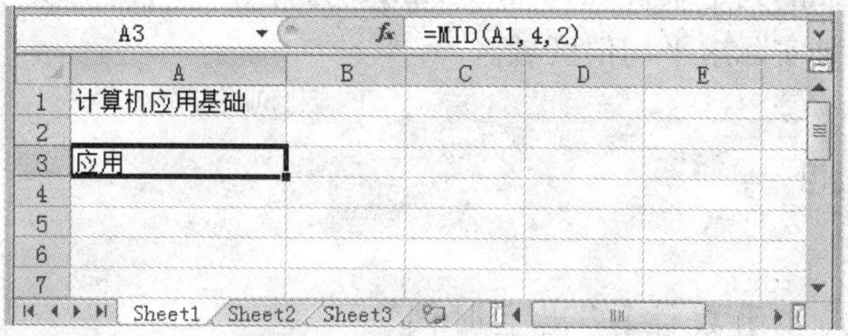

图 4.55　“MID”函数应用举例

（四）“TODAY”函数

功能：用来返回当前电脑系统的日期。

使用格式：TODAY()。

参数说明：该函数是无参函数。

（五）“SUMIF”函数

功能：根据指定条件对若干单元格求和。

使用格式：SUMIF(range，criteria，sum_range)。

参数说明：range 为条件区域，用于条件判断的单元格区域；criteria 是求和条件，由数字、逻辑表达式等组成的判定条件；sum_range 为实际求和区域，需要求和的单元格、区域或引用，当省略该参数时，则条件区域就是实际求和区域。

该函数的应用举例如图 4.56 所示。

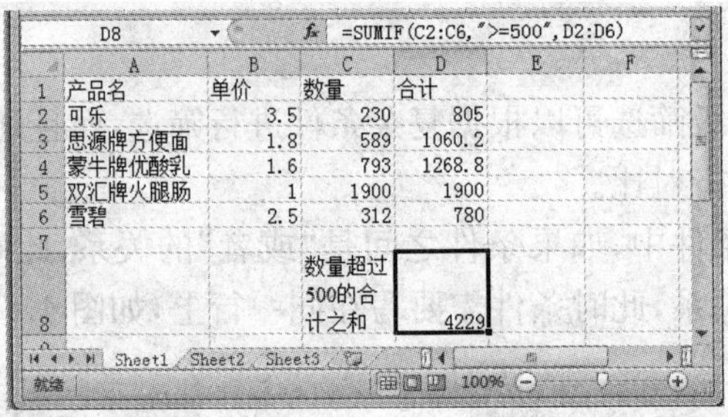

图 4.56 “SUMIF”函数应用举例

（六）“INT”函数

功能：将数字向下取整为最接近的整数。

使用格式：INT(number)。

参数说明：number 是需要进行向下取整的实数。

（七）“AVERAGEIF”函数

功能：返回某个区域内满足给定条件的所有单元格的平均值(算术平均值)。

使用格式：AVERAGEIF(range，criteria，average_range)。

参数说明：range 为条件区域，用于条件判断的单元格区域；criteria 是求和条件，由数字、逻辑表达式等组成的判定条件；average_range 为计算平均值的实际单元格区域，如果省略，则条件区域就是实际求平均值区域。

四、任务实施

（一）利用公式和函数计算“出生时间”

(1) 打开素材文件“工资表.xlsx”，打开“员工档案”表，选择 G3 单元格，在编辑栏中输入公式“=MID(F3,7,4)&"年"&MID(F3,11,2)&"月"&MID(F3,13,2)&"日"”后回车，则会算出编号为“001”员工的出生日期，如图 4.57 所示。

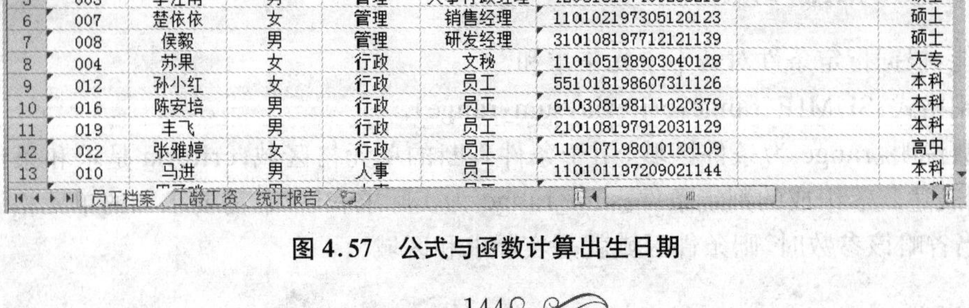

图 4.57 公式与函数计算出生日期

(2) 使用序列填充的方式将公式复制至 G37 单元格，最后的结果如图 4.58 所示。

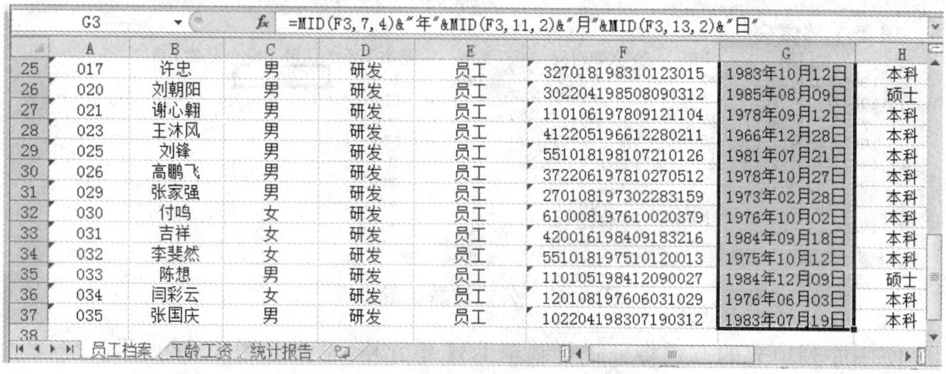
G3 =MID(F3,7,4)&"年"&MID(F3,11,2)&"月"&MID(F3,13,2)&"日"

	A	B	C	D	E	F	G	H
25	017	许忠	男	研发	员工	327018198310123015	1983年10月12日	本科
26	020	刘朝阳	男	研发	员工	302204198508090312	1985年08月09日	硕士
27	021	谢心翱	男	研发	员工	110106197809121104	1978年09月12日	本科
28	023	王沐风	男	研发	员工	412205196612280211	1966年12月28日	本科
29	025	刘锋	男	研发	员工	551018198107210126	1981年07月21日	本科
30	026	高鹏飞	男	研发	员工	372206197810270512	1978年10月27日	本科
31	029	张家强	男	研发	员工	270108197302283159	1973年02月28日	本科
32	030	付鸣	女	研发	员工	610008197610020379	1976年10月02日	本科
33	031	吉祥	女	研发	员工	420016198409183216	1984年09月18日	本科
34	032	李斐然	女	研发	员工	551018197510120013	1975年10月12日	本科
35	033	陈想	男	研发	员工	110105198412090027	1984年12月09日	硕士
36	034	闫彩云	女	研发	员工	120108197606031029	1976年06月03日	本科
37	035	张国庆	男	研发	员工	102204198307190312	1983年07月19日	本科
38								

员工档案 工龄工资 统计报告

图 4.58 利用填充的方式复制公式

(二) 利用公式和函数计算“工龄”

(1) 选择“员工档案”表中的 J3 单元格，在编辑栏中输入公式“= INT((TODAY() - I3)/365)”后回车，则会计算出编号为“001”员工的工龄，如图 4.59 所示。

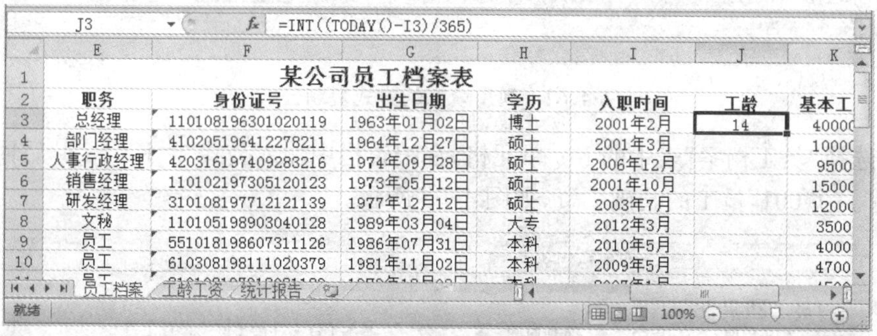
J3 =INT((TODAY()-I3)/365)

	E	F	G	H	I	J	K
1	某公司员工档案表						
2	职务	身份证号	出生日期	学历	入职时间	工龄	基本工
3	总经理	110108196301020119	1963年01月02日	博士	2001年2月	14	40000
4	部门经理	410205196412278211	1964年12月27日	硕士	2001年3月		10000
5	人事行政经理	420316197409283216	1974年09月28日	硕士	2006年12月		9500
6	销售经理	110102197305120123	1973年05月12日	硕士	2001年10月		15000
7	研发经理	310108197712121139	1977年12月12日	硕士	2003年7月		12000
8	文秘	110105198903040128	1989年03月04日	大专	2012年3月		3500
9	员工	551018198607311126	1986年07月31日	本科	2010年5月		4000
10	员工	610308198111020379	1981年11月02日	本科	2009年5月		4700

员工档案 工龄工资 统计报告

就绪 100%

图 4.59 公式与函数计算工龄

(2) 使用序列填充的方式将公式复制至 J37 单元格，结果如图 4.60 所示。

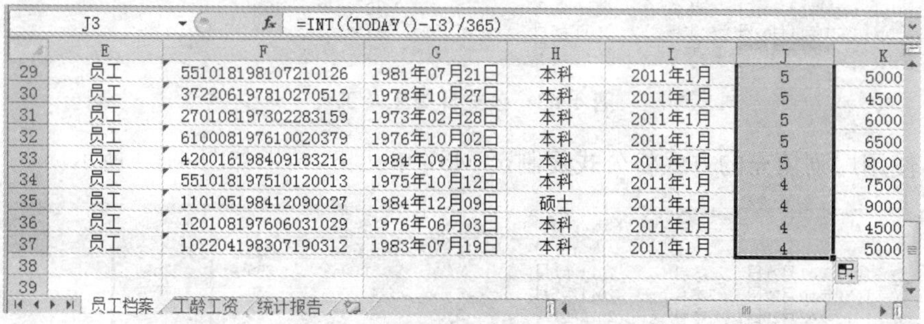
J3 =INT((TODAY()-I3)/365)

	E	F	G	H	I	J	K
29	员工	551018198107210126	1981年07月21日	本科	2011年1月	5	5000
30	员工	372206197810270512	1978年10月27日	本科	2011年1月	5	4500
31	员工	270108197302283159	1973年02月28日	本科	2011年1月	5	6000
32	员工	610008197610020379	1976年10月02日	本科	2011年1月	5	6500
33	员工	420016198409183216	1984年09月18日	本科	2011年1月	5	8000
34	员工	551018197510120013	1975年10月12日	本科	2011年1月	4	7500
35	员工	110105198412090027	1984年12月09日	硕士	2011年1月	4	9000
36	员工	120108197606031029	1976年06月03日	本科	2011年1月	4	4500
37	员工	102204198307190312	1983年07月19日	本科	2011年1月	4	5000
38							
39							

员工档案 工龄工资 统计报告

图 4.60 利用填充的方式复制公式

(三) 利用公式计算“工龄工资”和“基础工资”

(1) 选择“员工档案”表中的 L3 单元格，在编辑栏中输入公式“=J3 * 工龄工资! B3”后回车，则会计算出编号为“001”员工的工龄工资，如图 4.61 所示。

图 4.61　公式计算工龄工资

(2) 使用序列填充的方式将公式复制至 L37 单元格，结果如图 4.62 所示。

图 4.62　利用填充的方式复制公式

(3) 选择“员工档案”表中的 M3 单元格，在编辑栏中输入公式“= K3 + L3”后回车，则会计算出编号为“001”员工的基础工资，如图 4.63 所示。

图 4.63　公式计算工龄工资

(4) 使用序列填充的方式将公式复制至 M37 单元格，结果如图 4.64 所示。

图 4.64　利用填充的方式复制公式

（四）筛选工资低于 4 000 元的职工信息

可以利用“高级筛选”功能，筛选出“基础工资”低于 4 000 元的员工信息，在高级筛选前，要先设置筛选条件。

（1）单击窗口底部的“插入工作表”按钮，插入一个新的工作表“sheet1”，将其重命名为“低工资职工统计表”。复制“员工档案”表中的所有单元格至“低工资职工统计表”中相同的位置，并修改标题为“某公司低工资员工统计表”，并适当调整各列的列宽。

（2）复制 M2 单元格中内容“基础工资”至 A40 单元格，在 A41 单元格中输入条件“＜4000”。

（3）选择数据区域 A2：M37，在“数据”选项卡的“排序和筛选”功能组中选择“高级筛选”按钮 高级 。

（4）在打开的“高级筛选”对话框中，选择“将筛选结果复制到其他位置”单选按钮；设置“列表区域”为“＄A＄2：＄M＄37”，“条件区域”为“低工资职工统计表！＄A＄40：＄A＄41”，“复制到”为“低工资职工统计表！ ＄A＄45：＄M＄60”，如图 4.65 所示，单击“确定”后得出结果如图 4.66 所示。

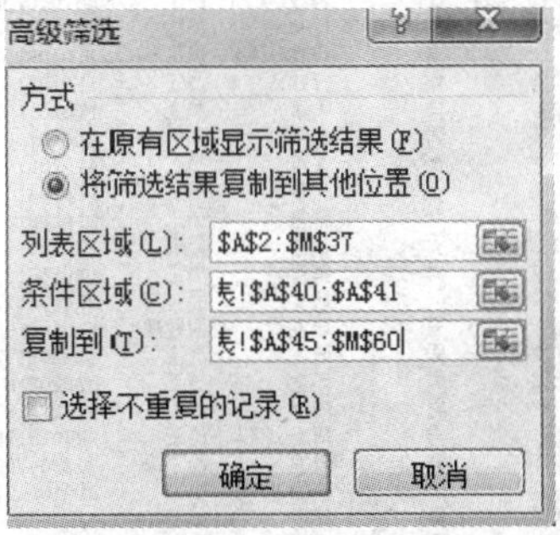

图 4.65 高级筛选参数设置

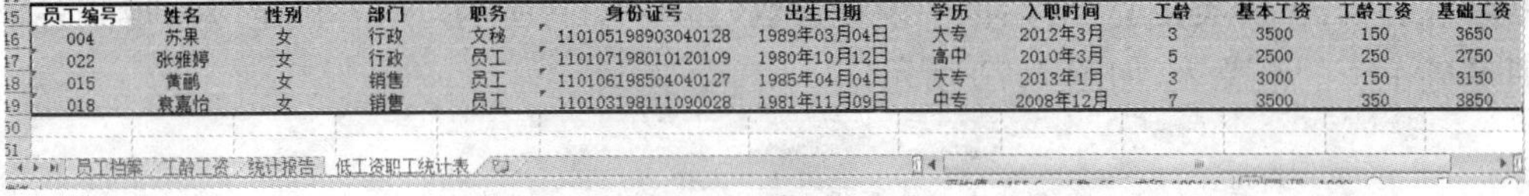

员工编号	姓名	性别	部门	职务	身份证号	出生日期	学历	入职时间	工龄	基本工资	工龄工资	基础工资
004	苏果	女	行政	文秘	110105198903040128	1989年03月04日	大专	2012年3月	3	3500	150	3650
022	张雅婷	女	行政	员工	110107198010120109	1980年10月12日	高中	2010年3月	5	2500	250	2750
015	黄鹂	女	销售	员工	110106198504040127	1985年04月04日	大专	2013年1月	3	3000	150	3150
018	袁嘉怡	女	销售	员工	110103198111090028	1981年11月09日	中专	2008年12月	7	3500	350	3850

图 4.66 低工资员工信息

（五）统计每个部门当月的工资总额

可以利用“分类汇总”功能，统计出每个部门当月的工资总额。在分类汇总之前要对“员工档案”表根据“部门”字段进行排序。

（1）单击窗口底部的“插入工作表”按钮，插入一个新的工作表“sheet2”，将其重命名为“分类汇总表”。复制“员工档案”表中的所有单元格至“分类汇总表”中相同的位置，并修改标题为“分类汇总表”，并适当调整各列的列宽。

（2）选择“分类汇总表”中的数据区域 A2：M37，在“数据”选项卡的“排序和筛选”功能组

中单击“排序”按钮 ，打开排序对话框，参数设置如图 4.67 所示；单击“确定”后，排序结果如图 4.68 所示

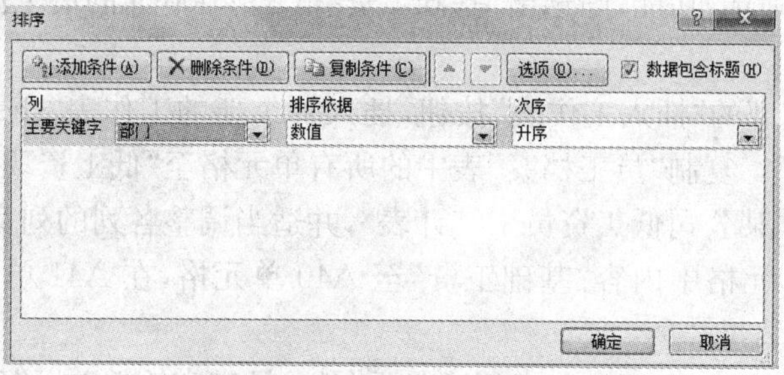

图 4.67 排序参数设置

	A	B	C	D	E	F	
1							分类汇总
2	员工编号	姓名	性别	部门	职务	身份证号	出
3	001	陈海风	男	管理	总经理	110108196301020119	1963
4	002	季晓军	男	管理	部门经理	410205196412278211	1964
5	003	李江南	男	管理	人事行政经理	420316197409283216	1974
6	007	楚依依	女	管理	销售经理	110102197305120123	1973
7	008	侯毅	男	管理	研发经理	310108197712121139	1977
8	004	苏果	女	行政	文秘	110105198903040128	1989
9	012	孙小红	女	行政	员工	551018198607311126	1986
10	016	陈安培	男	行政	员工	610308198111020379	1981
11	019	丰飞	男	行政	员工	210108197912031129	1979
12	022	张雅婷	女	行政	员工	110107198010120109	1980
13	010	马进	男	人事	员工	110101197209021144	1972
14	011	周子琰	男	人事	员工	110108197812120129	1978
15	027	胡欣然	女	人事	员工	410205197908078231	1979
16	028	蒋晴晴	女	人事	员工	110104198204140127	1982
17	015	黄鹂	女	销售	员工	110106198504040127	1985
18	018	袁嘉怡	女	销售	员工	110103198111090028	1981
19	024	谢小林	男	销售	员工	110108197507220123	1975
20	005	秦牧	男	研发	项目经理	370108197202213159	1972
21	006	曾耀祖	男	研发	项目经理	110105196410020109	1964
22	009	宋子文	男	研发	员工	372208197510090512	1975
23	013	陈家洛	男	研发	员工	372208197310070512	1973
24	014	孙飞	男	研发	员工	410205197908278231	1979
25	017	许忠	男	研发	员工	327018198310123015	1983
26	020	刘朝阳	男	研发	员工	302204198508090312	1985
27	021	谢心翱	男	研发	员工	110106197809121104	1978
28	023	王沐风	男	研发	员工	412205196612280211	1966
29	025	刘锋	男	研发	员工	551018198107210126	1981
30	026	高鹏飞	男	研发	员工	372206197810270512	1978
31	029	张家强	男	研发	员工	270108197302283159	1973
32	030	付鸣	女	研发	员工	610008197610020379	1976

图 4.68 按部门进行排序

(3) 选择数据区域 A2:M37，在“数据”选项卡的“分级显示”功能组中单击“分类汇总”按钮 ，在打开的“分类汇总”对话框中设置参数，如图 4.69 所示；单击“确定”后，得到各部门当月基础工资的汇总表，如图 4.70 所示。

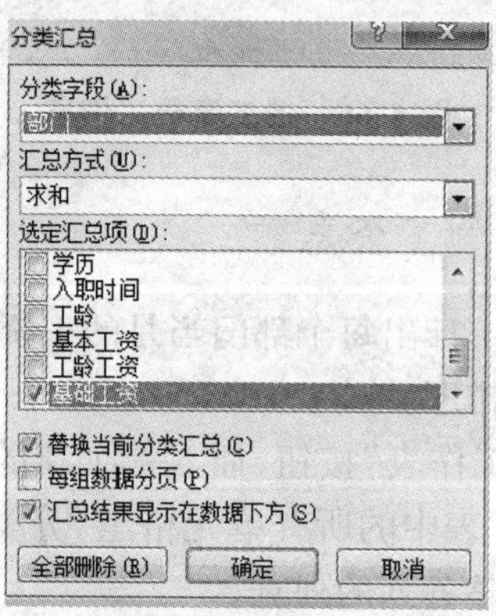

图 4.69 分类汇总参数设置

	B	C	D	E	F	G	H	I	J	K	L	M
1	分类汇总表											
2	姓名	性别	部门	职务	身份证号	出生日期	学历	入职时间	工龄	基本工资	工龄工资	基础工资
3	陈海风	男	管理	总经理	110108196301020119	1963年01月02日	博士	2001年2月	14	40000	700	40700
4	季晓军	男	管理	部门经理	410205196412278211	1964年12月27日	硕士	2001年3月	14	10000	700	10700
5	李江南	男	管理	人事行政经理	420316197409283216	1974年09月28日	硕士	2006年12月	9	9500	450	9950
6	楚依依	女	管理	销售经理	110102197305120123	1973年05月12日	硕士	2001年10月	14	15000	700	15700
7	侯毅	男	管理	研发经理	310108197712121139	1977年12月12日	硕士	2003年7月	12	12000	600	12600
8			管理 汇总									89650
9	苏果	女	行政	文秘	110105198903040128	1989年03月04日	大专	2012年3月	3	3500	150	3650
10	孙小红	女	行政	员工	551018198607311126	1986年07月31日	本科	2010年5月	5	4000	250	4250
11	陈安培	男	行政	员工	610308198111020379	1981年11月02日	本科	2009年5月	6	4700	300	5000
12	丰飞	男	行政	员工	210108197912031129	1979年12月03日	本科	2007年1月	9	4500	450	4950
13	张雅婷	女	行政	员工	110107198010120109	1980年10月12日	高中	2010年3月	5	2500	250	2750
14			行政 汇总									20600
15	马进	男	人事	员工	110101197209021144	1972年09月02日	本科	2001年6月	14	5600	700	6300
16	周子琰	男	人事	员工	110108197812120129	1978年12月12日	本科	2005年9月	10	6000	500	6500
17	胡欣然	女	人事	员工	410205197908078231	1979年08月07日	本科	2011年1月	5	3800	250	4050
18	蒋晴晴	女	人事	员工	110104198204140127	1982年04月14日	本科	2011年1月	5	4500	250	4750
19			人事 汇总									21600
20	黄鹂	女	销售	员工	110106198504040127	1985年04月04日	大专	2013年1月	3	3000	150	3150
21	袁嘉怡	女	销售	员工	110103198111090028	1981年11月09日	中专	2008年12月	7	3500	350	3850
22	谢小林	男	销售	员工	110108197507220123	1975年07月22日	本科	2010年3月	5	5200	250	5450
23			销售 汇总									12450
24	秦牧	男	研发	项目经理	370108197202213159	1972年02月21日	硕士	2003年8月	12	12000	600	12600
25	曾耀祖	男	研发	项目经理	110105196410020109	1964年10月02日	博士	2001年6月	14	18000	700	18700
26	宋子文	男	研发	员工	372208197510090512	1975年10月09日	本科	2003年7月	12	5600	600	6200
27	陈家[illegible]	男	研发	员工	372208197310070512	1973年10月07日	本科	2006年5月	9	5500	450	5950

图 4.70　分类汇总结果

（六）利用函数统计数据

1. 利用"SUM"函数统计所有员工的基础工资总额

(1) 在"统计报告"表中单击 B2 单元格，单击编辑栏左侧的"插入函数"按钮 fx，在"插入函数"对话框中，选择"常用函数"中"SUM"函数，如图 4.71 所示。

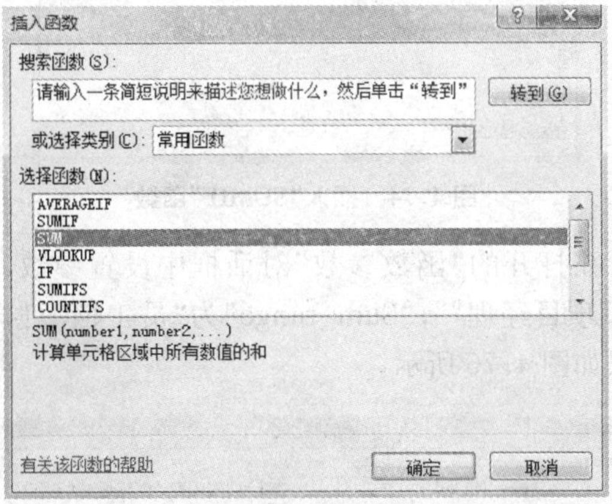

图 4.71　插入"SUM"函数

(2) 单击"确定"后，在打开的"函数参数"对话框中设置函数参数，"Number1"为"员工档案！M3:M37"，如图 4.72 所示，单击"确定"后，最后的结果如图 4.73 所示。

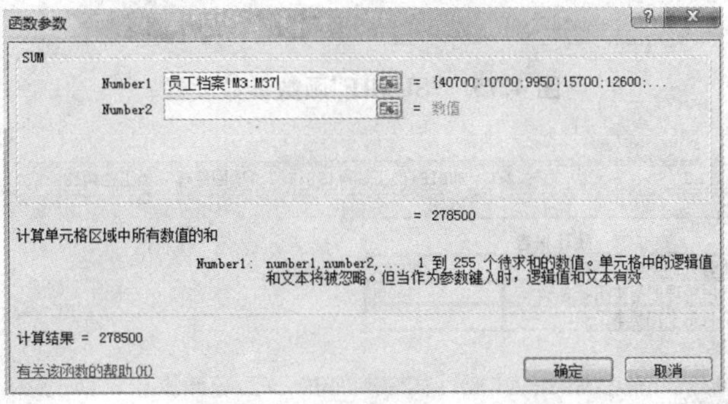

图 4.72　"SUM"函数参数设置

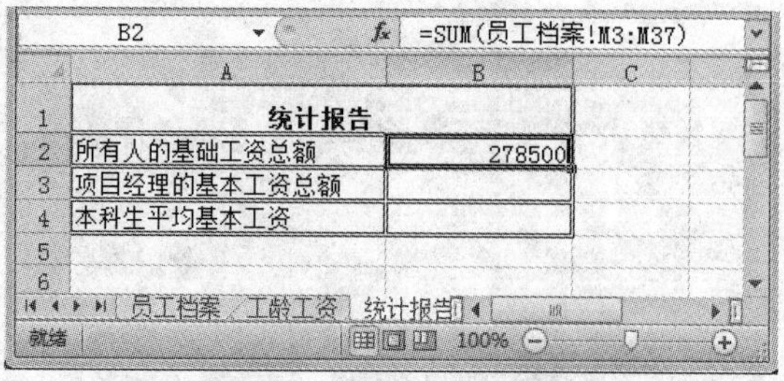

图 4.73　统计所有员工的基础工资总额

2. 利用“SUMIF”函数统计出项目经理的基本工资总额

(1) 在“统计报告”表中单击 B3 单元格，单击编辑栏左侧的“插入函数”按钮 f_x，在“插入函数”对话框中，选择“常用函数”中“SUMIF”函数，如图 4.74 所示。

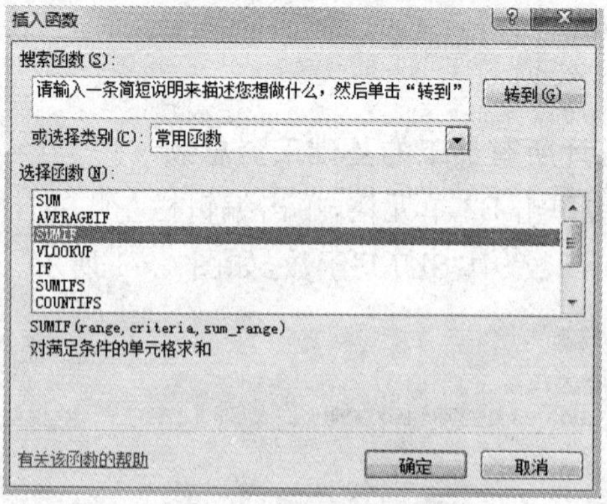

图 4.74　插入“SUMIF”函数

(2) 单击“确定”后，在打开的“函数参数”对话框中设置参数，“Range”为“员工档案!E3:E37”；“Criteria”为“"项目经理"”；“Sum_range”为“员工档案! K3:K37”，如图 4.75 所示，单击“确定”后的结果如图 4.76 所示。

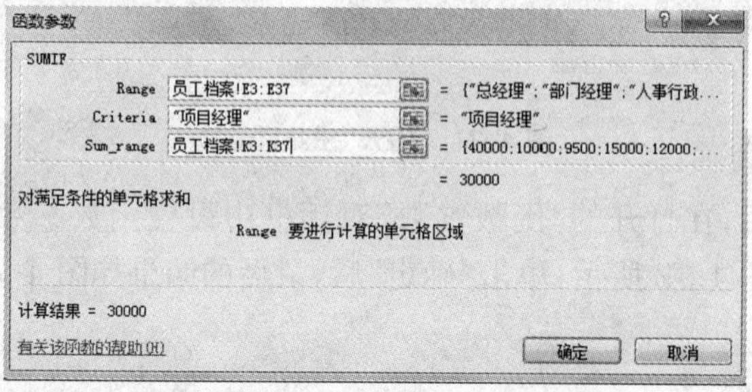

图 4.75　“SUMIF”函数参数设置

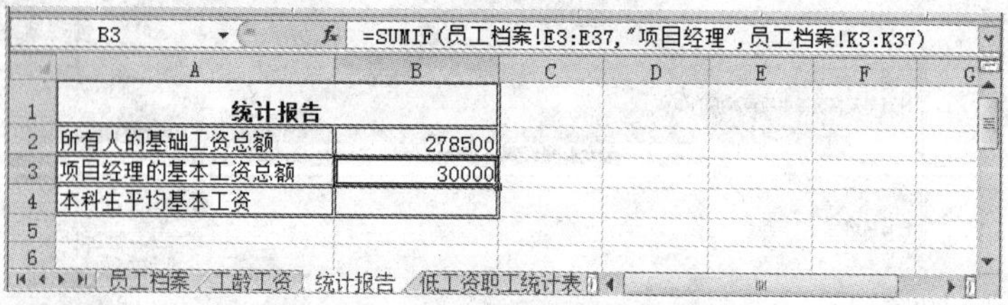

图 4.76　统计项目经理的基本工资总额

3. 统计出本科生员工的平均基本工资

(1) 在“统计报告”表中单击 B4 单元格，单击编辑栏左侧的“插入函数”按钮 f_x，在“插入函数”对话框中，选择“全部”中“AVERAGEIF”函数，如图 4.77 所示。

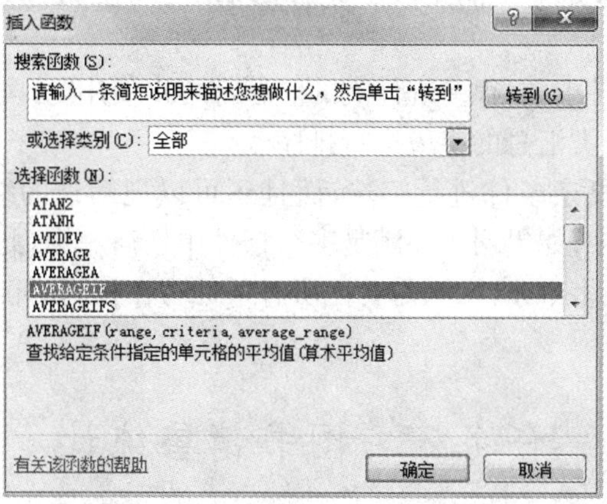

图 4.77　插入“AVERAGEIF”函数

(2) 单击“确定”后，在打开的“函数参数”对话框中设置参数，“Range”为“员工档案!H3:H37”；“Criteria”为“"本科"”；“Average_range”为“员工档案! K3:K37”，如图 4.78 所示，单击“确定”后的结果如图 4.79 所示。

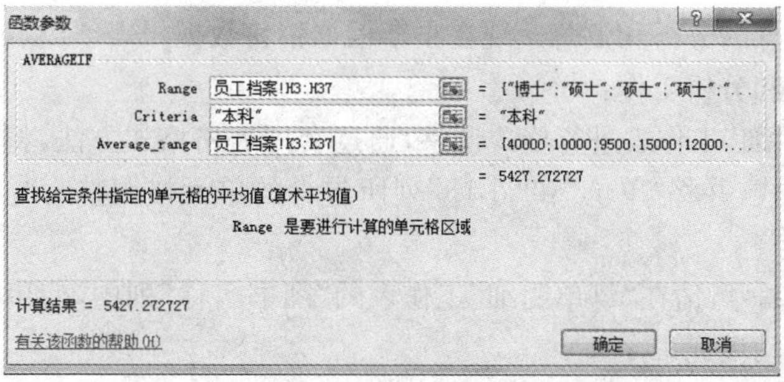

图 4.78　“SUMIF”函数参数设置

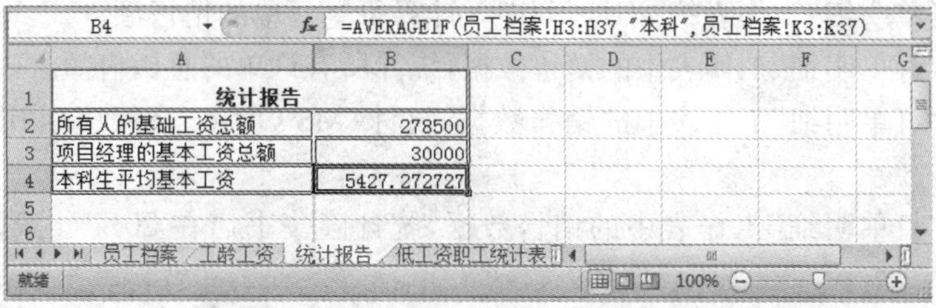

图 4.79　统计本科生员工的平均基本工资

五、总结与提高

本任务主要介绍了 Excel 2010 中“MID”函数、“TODAY”函数、“INT”函数、“SUMIF”

函数、“AVERAGEIF”函数的使用方法，并涉及了数据的排序、分类汇总、高级筛选等知识。

“MID”函数是一种常用了字符串处理函数，与此同时，“LEFT”函数和“RIGHT”函数也是用得比较多的字符串处理函数。“SUMIF”函数和“AVERAGEIF”函数是条件统计函数，但是只能满足一个条件，如果要满足多个条件的话，可以使用“SUMIFS”函数和“AVERAGEIFS”函数。

分类汇总是一种条件求和，很多统计类的问题都可以使用“分类汇总”来完成，在进行分类汇总之前，必须先对分类汇总的字段进行排序。

高级筛选可以根据复杂条件进行筛选，而且还可以把筛选的结果复制到指定的地方。在高级筛选的指定条件中，如果遇到要满足多个条件中任何一个，此时可以将条件写在多行中，如果遇到要同时满足多个条件，则需要把所有条件写在相同的行中。

任务三　图书销售统计

一、任务的提出

小李今年毕业后，在一家计算机图书销售公司担任市场部助理，主要的工作职责是为部门经理提供销售信息的分析和汇总。现在小李根据销售数据报表（“Excel. xlsx”文件），按照如下要求完成统计和分析工作：

(1) 对“订单明细”工作表进行格式调整，通过套用表格格式方法，将所有的销售记录调整为一致的外观格式，并将“单价”和“小计”列所包含的单元格调整为“会计专用”（人民币）数字格式。

(2) 根据图书编号，请在“订单明细”工作表的“图书名称”列中，使用“VLOOKUP”函数完成图书名称的自动填充。

(3) 根据图书编号，在“订单明细”工作表的“单价”列中，使用“VLOOKUP”函数完成图书单价的自动填充。

(4) 在“订单明细”工作表的“小计”列中。计算每笔订单的销售额。

(5) 根据“订单明细”工作表中的销售数据，统计所有订单的总销售额。

(6) 根据“订单明细”工作表中的销售数据，统计《MS Office 高级应用》图书在 2012 年的总销售额。

(7) 根据“订单明细”工作表中的销售数据，统计隆华书店在 2011 年第 3 季度的总销售额。

(8) 根据“订单明细”工作表中的销售数据，统计隆华书店在 2011 年的每月平均销售额（保留 2 位小数）。

(9) 为工作表“订单明细”中的销售数据创建一个数据透视表，放置在一个名为“数据透视分析”的新工作表中，要求针对各书店比较各类书每天的销售额。其中：书店名称为列标签，日期和图书名称为行标签，并对销售额求和。

(10) 根据生成的数据透视表，在透视表下方创建一个簇状柱形图，图表中仅对博达书店一月份的销售额小计进行比较。

（11）保存“Excel. xlsx”文件。

二、解决方案分析

根据上述任务的要求，本任务主要是对数据进行处理。任务涉及的Excel知识点包括单元格的格式化、公式和函数、数据透视表、数据透视图等方面的相关知识。

三、相关知识点

（一）单元格格式设置

单元格格式设置，主要包括对单元格中数据的格式化、字体格式、行高和列宽、数据的对齐方式、表格的边框和底纹等进行设置。

（二）数据透视表和数据透视图

数据透视表是一种多维表格，可快速合并和比较大量数据，它可以从不同角度对数据进行分析，以浓缩信息为决策者提供参考。

数据透视图是另一种数据表现形式，与数据透视表不同之处在于它可以选择适当的图形和色彩来描述数据的特性。

（三）“SUMIFS”函数

主要功能：根据多个指定条件对若干单元格求和。

使用格式：SUMIFS（sum _ range，criteria _ range1，criteria1，[criteria _ range2，criteria2]，...）

参数说明：

（1）criteria_range1 为计算关联条件的第一个区域。

（2）criteria1 为条件1，条件的形式为数字、表达式、单元格引用或者文本，可用来定义将对 criteria_range1 参数中的哪些单元格求和。

（3）criteria_range2 为计算关联条件的第二个区域。

（4）criteria2 为条件2。与 criteria_range2 成对出现。最多允许127个区域、条件对，即参数总数不超255个。

（5）sum_range 是需要求和的实际单元格。包括数字或包含数字的名称、区域或单元格引用。忽略空白值和文本值。

四、任务的实施

（一）对“订单明细”工作表进行格式调整

（1）启动“Excel. xlsx”文件，打开“订单明细”工作表，如图4.80所示。

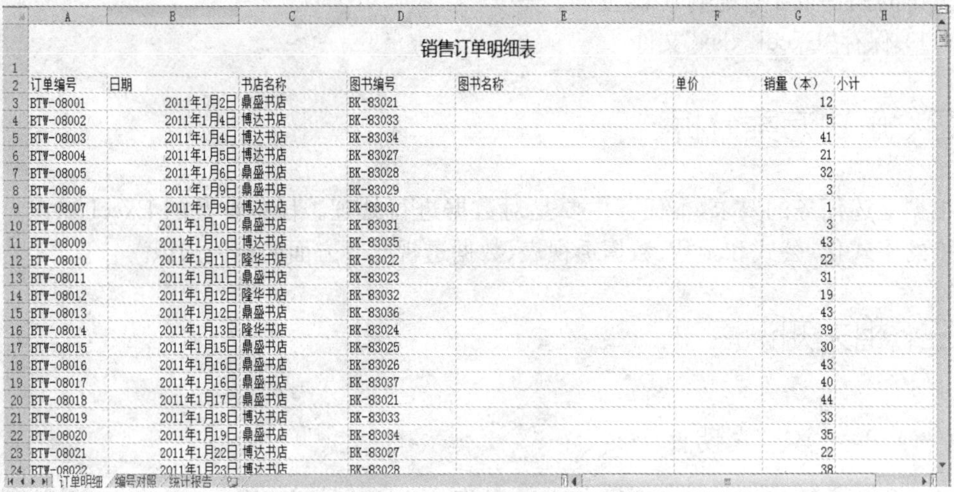

	A	B	C	D	E	F	G	H
1	销售订单明细表							
2	订单编号	日期	书店名称	图书编号	图书名称	单价	销量（本）	小计
3	BTW-08001	2011年1月2日	鼎盛书店	BK-83021			12	
4	BTW-08002	2011年1月4日	博达书店	BK-83033			5	
5	BTW-08003	2011年1月4日	博达书店	BK-83034			41	
6	BTW-08004	2011年1月5日	博达书店	BK-83027			21	
7	BTW-08005	2011年1月6日	鼎盛书店	BK-83028			32	
8	BTW-08006	2011年1月9日	鼎盛书店	BK-83029			3	
9	BTW-08007	2011年1月9日	博达书店	BK-83030			1	
10	BTW-08008	2011年1月10日	鼎盛书店	BK-83031			3	
11	BTW-08009	2011年1月10日	博达书店	BK-83035			43	
12	BTW-08010	2011年1月11日	隆华书店	BK-83022			22	
13	BTW-08011	2011年1月11日	鼎盛书店	BK-83023			31	
14	BTW-08012	2011年1月12日	隆华书店	BK-83032			19	
15	BTW-08013	2011年1月12日	鼎盛书店	BK-83036			43	
16	BTW-08014	2011年1月13日	隆华书店	BK-83024			39	
17	BTW-08015	2011年1月15日	鼎盛书店	BK-83025			30	
18	BTW-08016	2011年1月16日	鼎盛书店	BK-83026			43	
19	BTW-08017	2011年1月16日	鼎盛书店	BK-83037			40	
20	BTW-08018	2011年1月17日	鼎盛书店	BK-83021			44	
21	BTW-08019	2011年1月18日	博达书店	BK-83033			33	
22	BTW-08020	2011年1月19日	鼎盛书店	BK-83034			35	
23	BTW-08021	2011年1月22日	博达书店	BK-83027			22	
24	BTW-08022	2011年1月23日	博达书店	BK-83028			38	

图 4.80 “订单明细”工作表

(2) 选中工作表中的 A2:H636，单击“开始”选项卡下“样式”组中的“套用表格格式”按钮，在弹出的下拉列表中选择一种表样式，此处我们选择“表样式浅色 10”。弹出“套用表格式”对话框，保留默认设置后单击“确定”按钮即可。

(3) 选中“单价”列和“小计”列，右击鼠标，在弹出的下拉列表中选择“设置单元格格式”命令，继而弹出“设置单元格格式”对话框。在“数字”选项卡下的“分类”组中选择“会计专用”命令，然后单击“货币符号(国家/地区)”下拉列表选择“￥”，如图 4.81 所示。

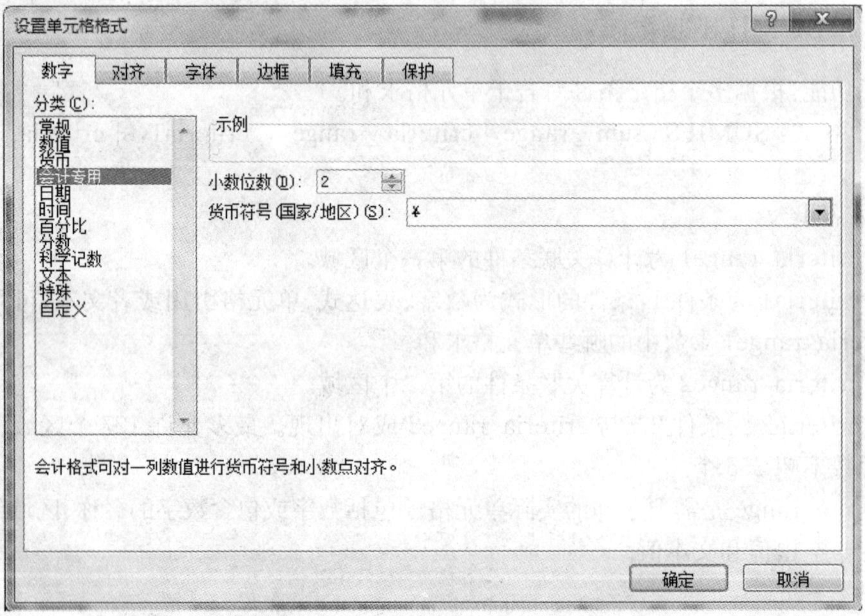

图 4.81 “设置单元格格式”对话框

（二）利用公式和函数计算各列内容

1. 使用“VLOOKUP”函数完成图书名称和单价的自动填充

(1) 在“订单明细”工作表中，选中E3单元格，单击编辑栏左侧的“插入函数”按钮 *fx*，在“插入函数”对话框中，选择“查找与引用”类别中“VLOOKUP”函数，如图4.82所示。

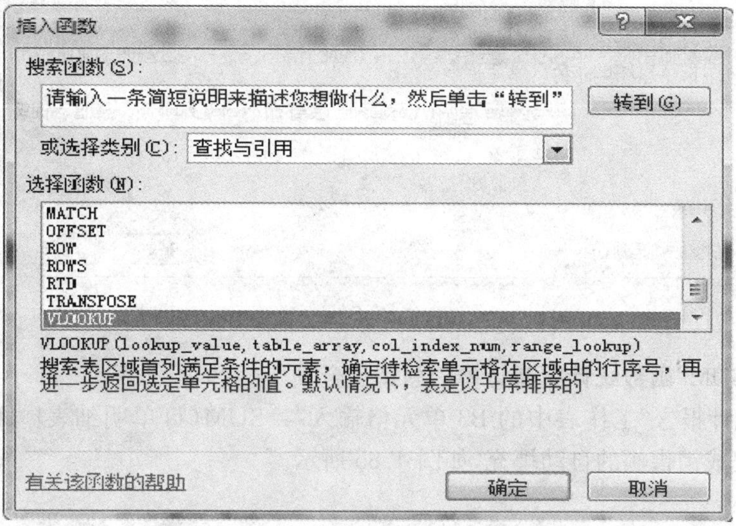

图4.82 “插入函数”对话框

(2) 单击“确定”后，在打开的“函数参数”对话框中，设置“Lookup_value”参数为“D3”；设置“Table_array”参数为“表2”；设置“Col_index_num”参数为“2”；设置“Range_lookup”参数为“False”，如图4.83所示，单击“确定”完成图书名称的自动填充。

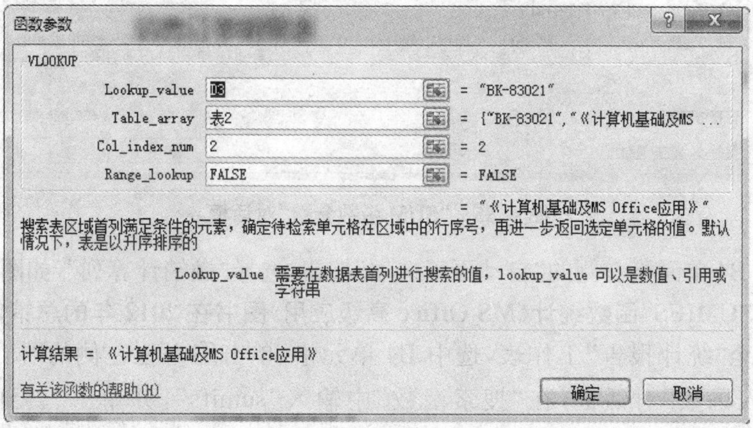

图4.83 “VLOOKUP函数参数”对话框

(3) 用同样的方法完成单价的自动填充，如图4.84所示。

2. 使用公式计算“小计”列。

在“订单明细”工作表的H3单元格中输入“=[@单价]*[@销量(本)]”，按“Enter”键完成小计的自动填充。

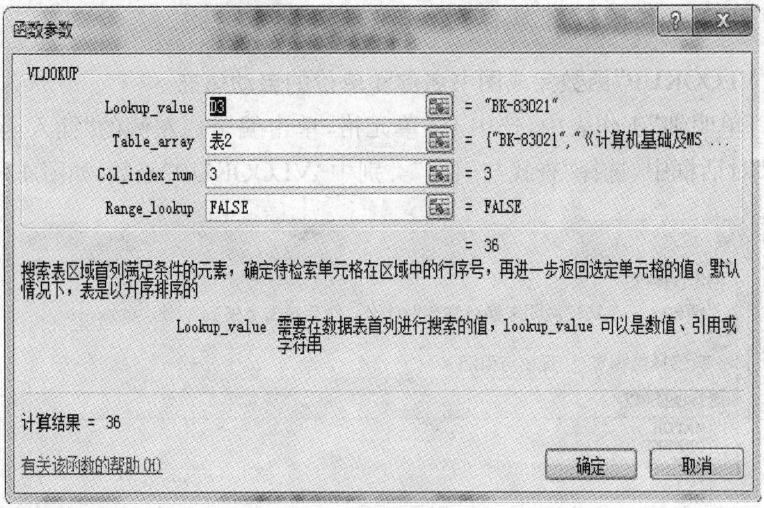

图 4.84 “VLOOKUP 函数参数”对话框

3. 使用“SUM”函数统计所有订单的总销售金额

（1）在“统计报告”工作表中的 B3 单元格输入“=SUM(订单明细表！H3:H636)”，按“Enter”键后完成销售额的自动填充，如图 4.85 所示。

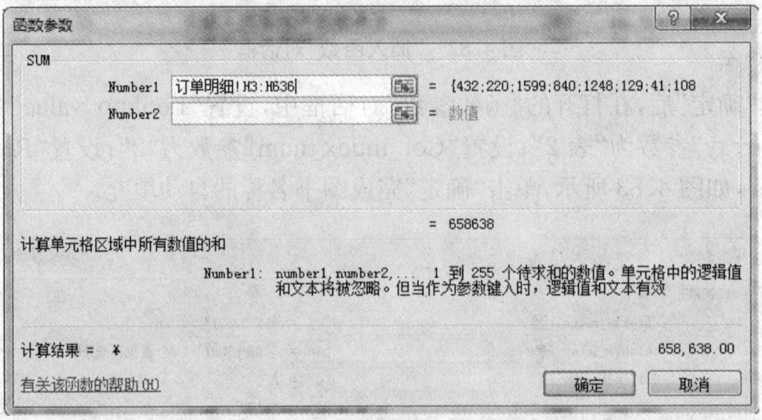

图 4.85 “SUM 函数参数”对话框

（2）单击 B4 单元格右侧的“自动更正选项”按钮，选择“撤销计算列”，如图 4.86 所示。

4. 使用“SUMIFS”函数统计《MS Office 高级应用》图书在 2012 年的总销售额

（1）切换至“统计报告”工作表，选中 B4 单元格，单击编辑栏左侧的“插入函数”按钮 f_x，打开“插入函数”对话框，在“搜索函数”中输入“sumifs”，并单击“转到”按钮，选中“SUMIFS”函数，如图 4.87 所示。

（2）单击“确定”后，在打开的“函数参数”对话框中，将光标定位在参数“Sum_range”上，选择“订单明细”中的数据区域 H3:H636；设置“Criteria_range1”参数为“订单明细！E3:E636”；设置“Criteria1”参数为“"《MS Office 高级应用》"”；设置“Criteria_range2”参数为“订单明细！B3:B636”；设置“Criteria2”参数为“">2011 年 12 月 31 日"”，如图 4.88 所示，单击“确定”。

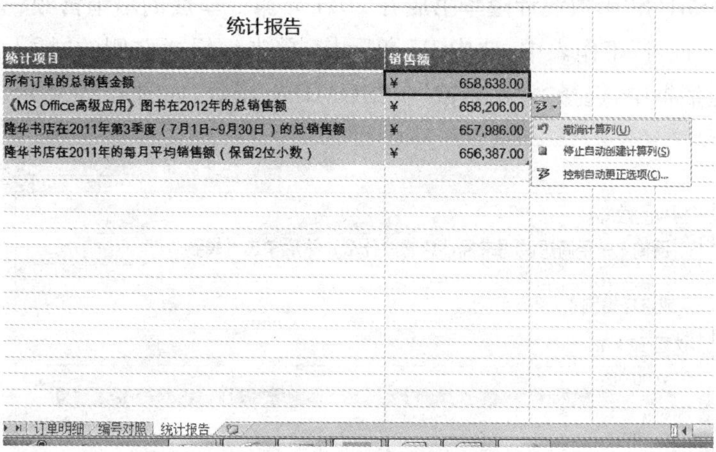

图 4.86 “自动更正选项”按钮

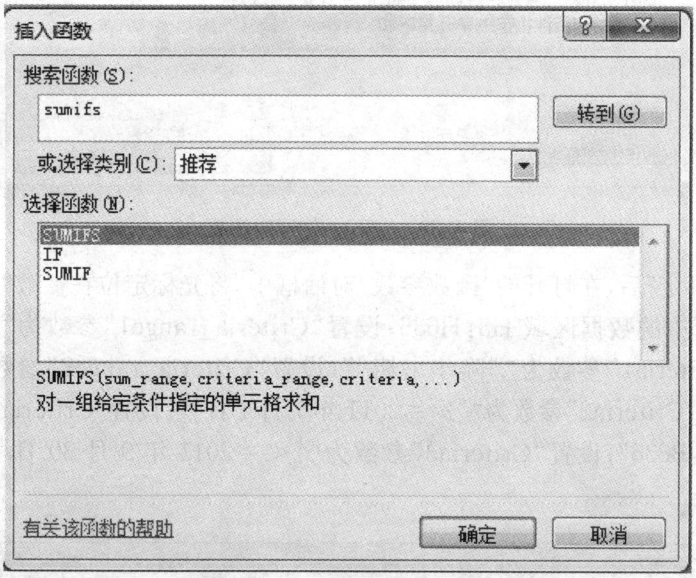

图 4.87 “插入函数”对话框

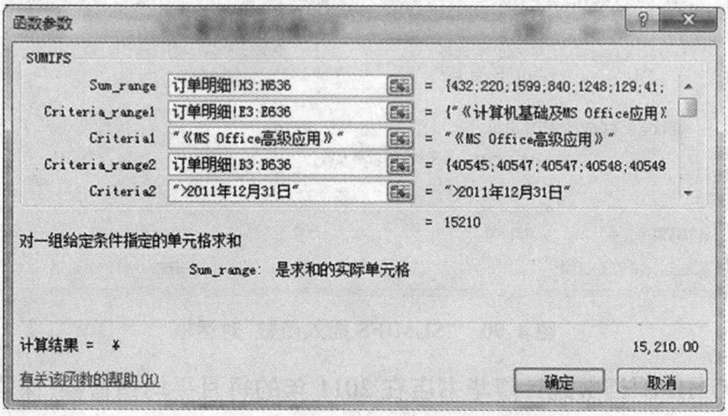

图 4.88 “SUMIFS 函数参数”对话框

5. 使用“SUMIFS”函数统计隆华书店在 2011 年第 3 季度的总销售额

(1) 在“统计报告”工作表中，选中 B5 单元格，单击编辑栏左侧的“插入函数”按钮 fx，在“插入函数”对话框中，选择“常用函数”中“SUMIFS”函数，如图 4.89 所示。

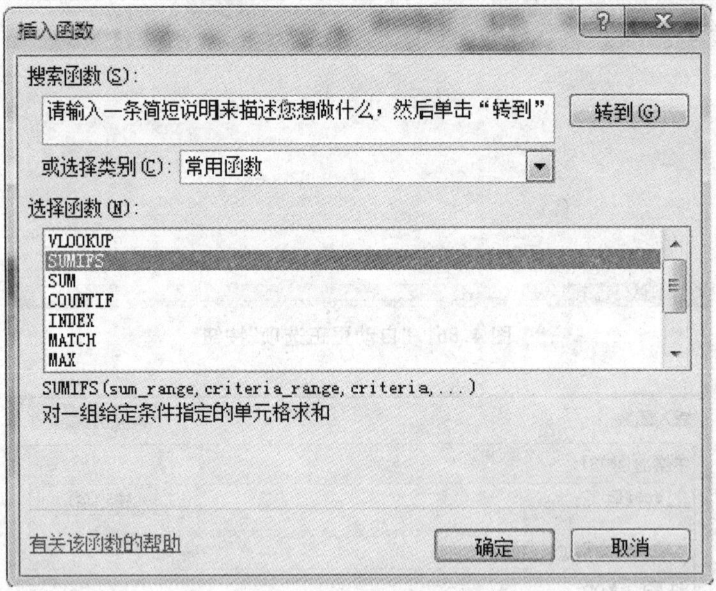

图 4.89 “插入函数”对话框

(2) 单击“确定”后，在打开的“函数参数”对话框中，将光标定位在参数“Sum_range”上，选择“订单明细”中的数据区域 H3:H636；设置“Criteria_range1”参数为“订单明细！C3:C636”；设置“Criteria1”参数为“"隆华书店"”；设置“Criteria_range2”参数为“订单明细！B3:B636”；设置“Criteria2”参数为“">=2011 年 7 月 1 日"”；设置“Criteria_range3”参数为“订单明细！B3:B636”；设置“Criteria3”参数为“"<=2011 年 9 月 30 日"”，如图 4.90 所示，单击“确定”。

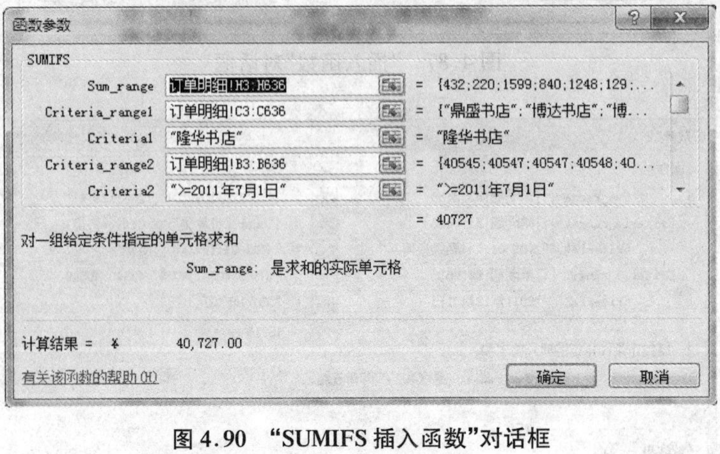

图 4.90 “SUMIFS 插入函数”对话框

6. 使用“SUMIFS”函数统计隆华书店在 2011 年的每月平均销售额(保留 2 位小数)

(1) 在“统计报告”工作表中，选中 B6 单元格，单击编辑栏左侧的“插入函数”按钮 fx，在

“插入函数”对话框中，选择“常用函数”中“SUMIFS”函数，如图 4.91 所示。

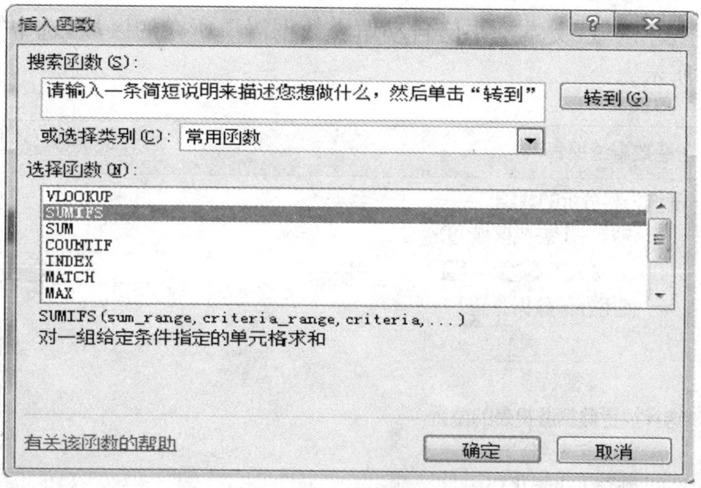

图 4.91 “插入函数”对话框

(2) 单击“确定”后，在打开的“函数参数”对话框中，将光标定位在参数“Sum_range”上，选择“订单明细”中的数据区域 H3:H636；设置“Criteria_range1”参数为“订单明细! C3:C636”；设置“Criteria1”参数为“"隆华书店"”；设置“Criteria_range2”参数为“订单明细! B3:B636”；设置“Criteria2”参数为“"<2012 年 1 月 1 日"”，如图 4.92 所示，单击“确定”，得出隆华书店 2011 年的总销售额。

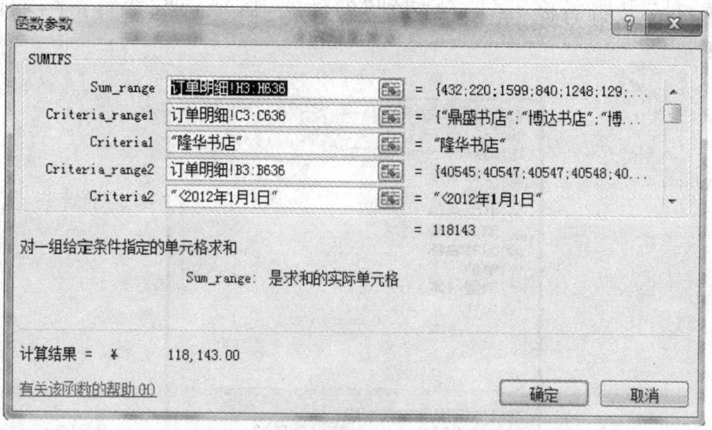

图 4.92 “SUMIFS 函数参数”对话框

(3) 在函数后面加上“/12”，求出每月平均销售额，最后设置该单元格格式为数值型并保留 2 位小数，如图 4.93 所示。

图 4.93 函数设置

(三) 创建数据透视表比较各书店各类书每天的销售额

(1) 在“订单明细”工作表中，选中数据区域，在“插入”选项卡中，单击“表格”组中的“数据透视表”下拉按钮  ,在打开的下拉列表中选择“数据透视表”选项,打开“创建数据透视表”对话框,在“表/区域”文本框中已自动填入数据清单所在的区域,选中“新工作表”单选按钮,如图 4.94 所示。

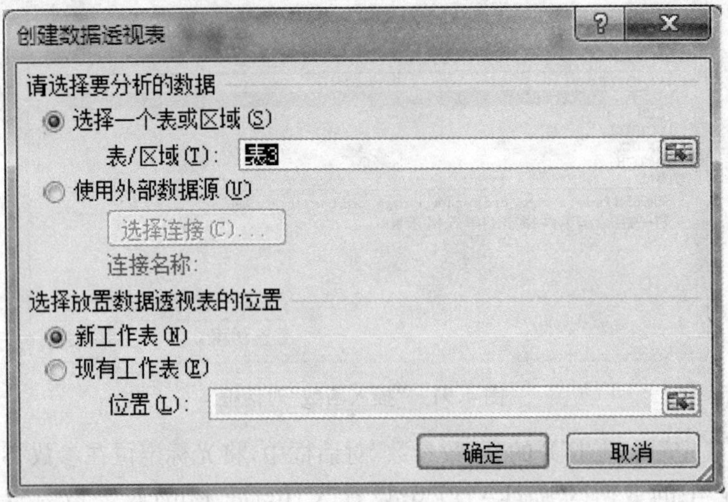

图 4.94 “创建数据透视表”对话框

(2) 单击“确定”按钮,新建了一工作表(sheet1),并在窗口右侧显示了“数据透视表字段列表”任务窗格,把“数据透视表字段列表”任务窗格中的“日期”字段和“图书名称”字段拖动到“行标签”区域,把“书店名称”字段拖动到“列标签”区域,把“小计”字段拖动到“数值”区域,如图 4.95 所示。

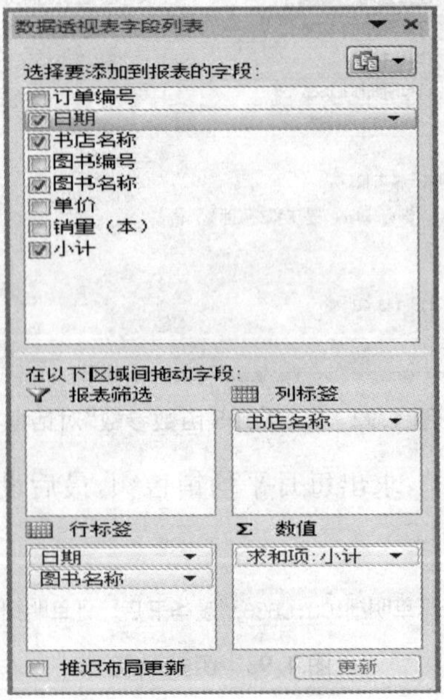

图 4.95 “数据透视表字段列表”任务窗格

(3) 双击“Sheet1”,重命名为“数据透视分析”。

（四）使用数据透视图分析博达书店一月份的销售额小计

除了用数据透视表来分析各个书店的图书销售情况之外，还可以用数据透视图来分析，数据透视图比数据透视表更直观明了。

（1）在“数据透视分析”工作表中，选中博达书店销售额小计，单击“插入”选项卡下“图表”组中的“柱形图”按钮，在弹出的下拉列表中选择“簇状柱形图”，如图 4.96 所示。

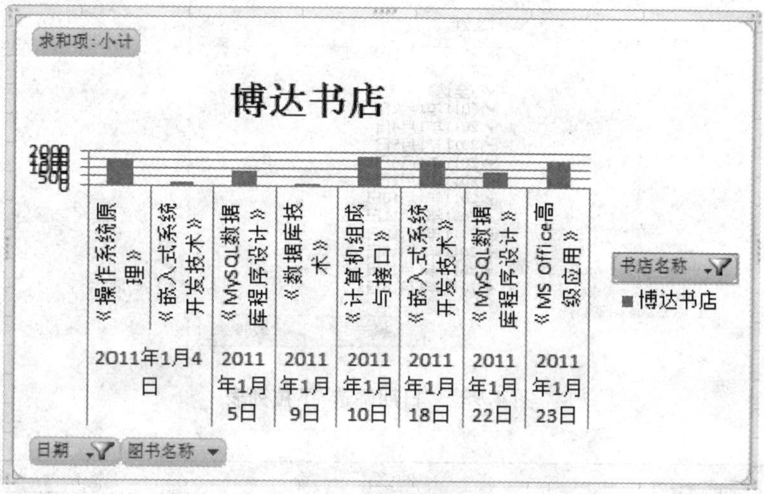

图 4.96　数据透视图

（2）在“数据透视图”中单击“书店名称”右侧下三角按钮，在下拉列表中只选择“博达书店”，如图 4.97 所示。

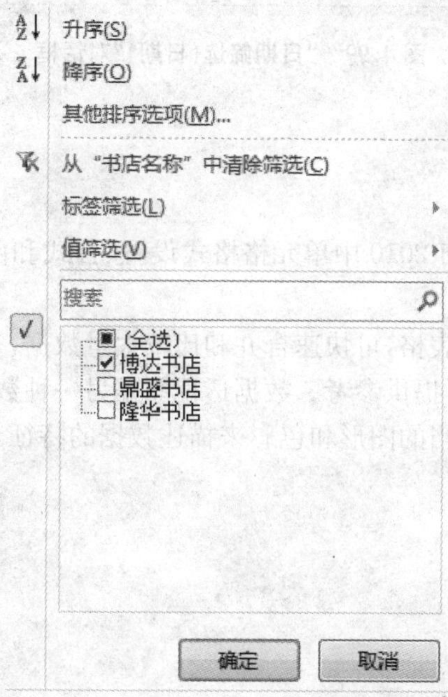

图 4.97　“书店名称”下拉列表

（3）在“数据透视图”中单击“日期筛选”右侧下三角按钮，在下拉列表中选择“在以下日期之前”，如图 4.98、图 4.99 所示。

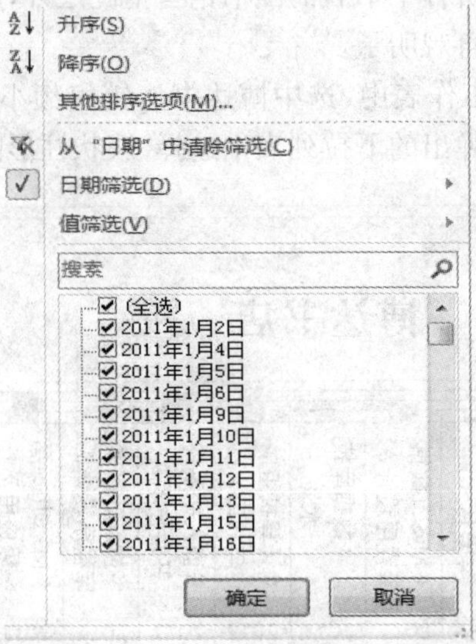

图 4.98 “日期筛选”下拉列表

图 4.99 “日期筛选(日期)”对话框

五、总结与提高

本任务主要介绍了 Excel 2010 中单元格格式设置、公式和函数、数据透视表、数据透视图等。

数据透视表是一种多维表格，可快速合并和比较大量数据，它可以从不同角度对数据进行分析，以浓缩信息为决策者提供参考。数据透视图是另一种数据表现形式，与数据透视表不同之处在于它可以选择适当的图形和色彩来描述数据的特征。更加直观明了地显示统计数据。

习　题　四

一、选择题

1. 电子表格是____维表格.

　A. 一　　B. 二　　C. 三　　D. 都不是

2. 给 Excel 当前工作表改名字的方法是____。

　A. 使用 DOS 的 Rename 命令

　B. 使用"文件"菜单的"另存为"命令

　C. 使用"格式"菜单

　D. 在当前工作表标签上单击右键,使用弹出菜单的"重新命名"命令

3. 在 Excel 中,复制选定的工作表,方法是在工作表名称上单击鼠标右键后弹出快捷菜单,选择"移动或复制工作表"命令,在弹出的"移动或复制工作表"对话框中选插入或移动工作表的位置,如果没有选定"建立副本"复选框,则表示工作表的____。

　A. 复制　　B. 移动　　C. 删除　　D. 操作无效

4. 当输入到 Excel 单元格中的公式中含未定义的名字,则在单元格中显示的出错信息是____。

　A. ＃N/A　　B. ＃NAME?　　C. ＃NUM!　　D. ＃REF!

5. 在 Excel 活动单元格中,要将数字作为文字输入,最简便的方法是先键入一个西文____后,再键入数字。

　A. ＃　　B. '　　C. "　　D. $

6. 在 Excel 中,数据类型可分为____。

　A. 数值型和非数值型　　B. 数值型、文本型、日期型、字符型

　C. 字符型、逻辑型、备注型　　D. 都不对

7. 在 Excel 表格的单元格中出现一连串的"＃＃＃＃＃＃＃＃"符号,则表示____。

　A. 需要重新输入数据　　B. 需调整单元格的宽度

　C. 需删去该单元格　　D. 需删去这些符号

8. 在 Excel 表格中,在对数据进行分类汇总前,必须做的操作是____。

　A. 排序　　B. 筛选

　C. 合并计算　　D. 指定单元格

9. 在 Excel 表格中,对一工作表行排序,当在"排序"对话框中选择"数据包含标题"选项按钮时,该标题行____。

　A. 将参加排序　　B. 将不参加排序

　C. 位置总在第一行　　D. 位置总在倒数第一行

10. 在 Excel 中,数据可以按图形方式显示在图表中,当修改工作表中数据时,图表____。

　A. 不会更新　　B. 使用命令都能更新

C. 自动更新　　　　　　　　　　　　D. 必须重新设置数据源区域才能更新

二、填空题

1. 若在 B2 单元格中输入"安徽合肥",则在编辑栏显示________,单元格名称框中显示________,该栏的"√"按钮表示________,该栏的"×"按钮表示________。

2. 如果要输入一个分数 7/12,应先输入________和________,再输入 7/12。否则系统会认为是________。

3. 在 Excel 中,向上移一个单元格,除可用光标键以外,还可以用快捷键________。

4. 在 Excel 的工作表中,可以输入的数据类型有两种,即________和________。

5. 在 Excel 工作表的单元格中输入数据,当输入的数据长度超过单元格宽度时,在单元格中显示________。当输入文字字符时,若字符的长度超过单元格宽度,则在单元格中显示________。要能正确显示字符内容,需要________。

6. Excel 提供了汇总数据的功能,汇总时按工作表中的列进行________小计,然后进行________。

7. Excel 工作表进行数据链接时,源数据的变化会引起________数据的变化。

8. Excel 工作表中每个单元格的网格线仅是辅助线,要 Excel 的工作表在打印中显示出表格线,需要对工作表________。

9. Excel 可以利用数据清单实现数据库管理功能。在数据清单(工作表)中,每一列称为一个________,它存放的是相同类型的数据;数据清单的第一行为________,以后表中每一行称为一条________,存放一组相关的数据。

三、Excel 操作题

1. 现有一电子表格,完成如下操作:

(1) 将标题行 A1:G1 合并居中,并设置标题行为黄色底纹,白色文字。

	A	B	C	D	E	F	G
1	职工工资表						
2	编号	姓名	基本工资	职称工资	房租	水电	实发工资
3	1001	李斌	1000	500	123	14	
4	1002	刘天明	880	440	23	56	
5	1003	郑文文	760	650	45	34	
6	1004	张海	960	230	67	34	

(2) 计算实发工资(实发工资 = 基本工资 + 职称工资 − 房租 − 水电),并将实发工资单元格设置为货币格式,要求有 2 位小数,并将所有数值区域按实发工资降序排列。

(3) 设置工作表的名称为"职工工资明细表"。

(4) 选择姓名,实发工资绘制簇状柱形图,要求图表的标题为"职工工资",嵌入在数据表格的下方。

(5) 将全部表格中的"工资"换成"GZ"。

2. 现有电子表格,"sheet1"和"sheet2"表中内容如下,完成如下操作:

(1) 合并标题行 A1:D1(不居中,使用文本原来的对齐方式)。

(2) 将所有人语文成绩加 30 分,最多不超过 85 分(要求用 IF 函数)。

	A	B	C	D	E
1	学号	姓名	语文	总分	平均分
2	1001	董磊	37		
3	1002	王军	53		
4	1003	叶秋霞	54		
5	1004	丁中华	54		
6	1005	金来鲁	54		
7	1006	徐颖	54		
8	1007	董忠军	55		
9	1008	张执兵	57		
10	1009	吴银霞	60		
11	1010	张军	60		

Sheet1 / Sheet2 / Sheet3

就绪

	A	B	C
1	学号	姓名	数学
2	1001	董磊	40
3	1002	王军	60
4	1003	叶秋霞	75
5	1004	丁中华	71
6	1005	金来鲁	60
7	1006	徐颖	74
8	1007	董忠军	81
9	1008	张执兵	66
10	1009	吴银霞	80
11	1010	张军	72

Sheet1 / Sheet2 / Sheet3

就绪

(3) 计算所有人的总分和平均分(各科成绩分别在语文成绩表和数学成绩表内),使用求和函数和求均值函数,[使用 SUM(语文成绩,数学成绩)和 AVERAGE(语文成绩,数学成绩)的格式],并将所有人信息按总分降序排列。

(4) 修改工作表“sheet1”的表名为“全年统计”。

(5) 将当前工作表中所有的“军”字替换为“骏”字;在每个学生的学号前添加 2007(例如:学号为 1001 的变为 20071001)。

项目五　制作演示文稿

学习内容

任务一　制作产品演示文稿
任务二　制作大学生职业生涯规划答辩稿
任务三　制作电子相册

学习目标

在项目的学习过程中，掌握幻灯片制作的基本方法。通过探究学习，掌握在幻灯片中添加艺术字、文本框、自选图形的填充效果，背景设置可美化幻灯片的操作，幻灯片动画的添加及幻灯片切换的设置，幻灯片的保存与播放设置；通过动手实践，培养学生的审美情趣；利用知识的迁移，培养学生的综合信息素养能力。

任务一　制作产品演示文稿

本任务是以“产品演示文稿”为例，介绍如何使用 PowerPoint 2010 来制作宣传演示文稿幻灯片，添加超链接的动作按钮、SmartArt 布局、设置动画效果（如幻灯片切换效果、自定义动画效果等）、设计主题、设置放映方式和插入声音等方面的相关知识。

一、任务的提出

在某展会的产品展示区，公司计划在大屏幕投影上向来宾自动播放并展示产品信息，因此需要市场部助理小王完善产品宣传文稿的演示内容。在公共场合，如何才能使宣传演示文稿内容端庄大方、引人入胜，给观众留下一个良好的印象呢？

PowerPoint 可以集文字、图形、声音、视频图像、动画于一体，同时可以借助超链接功能创建形象生动、高度交互的多媒体演示文稿。因此，小王决定使用 PowerPoint 2010 来制作该宣传演示文稿。

在制作文稿过程中，小王遇到了以下几个问题：

(1) 如何制作一张幻灯片来阐述文稿的特点？

(2) 如何实现不同幻灯片之间的跳转来提高演讲稿的交互性？

(3) 如何在每张幻灯片中添加日期、幻灯片编号等，并设置幻灯片的动画效果，还要使每张幻灯片具有统一的风格？

(4) 如何设置放映方式，并导入音频？

二、解决方案分析

根据文稿的内容提要，为每张幻灯片选定合适的版式，在每张幻灯片中添加文字、图形、图片、艺术字等对象，从而制作出各张幻灯片。其中，第 1 张幻灯片一般为标题幻灯片，主要包括产品演示文稿名称及相关信息；在第 2 张幻灯片中放置介绍该产品的“目录”，起到预览产品内容的大纲的作用；后面的幻灯片是各相关主题的幻灯片；最后一张幻灯片是“致谢”幻灯片。

各幻灯片制作好后，为了便于讲解和提高交互性，可能要随时改变播放顺序，可对目录中的各条目录建立超链接（链接到相关主题幻灯片），还可建立动作按钮，实现上下翻页的功能。

最后，应设置合适的幻灯片放映方式，有时还需要插入背景音乐。

由以上分析可知，“制作产品演示文稿”可以分解为以下四大任务：制作 7 张幻灯片；添加超链接的动作按钮；SmartArt 布局、动画效果和主题；设置放映方式和插入背景音乐等。

其操作流程如图 5.1 所示，完成效果如图 5.2 所示。

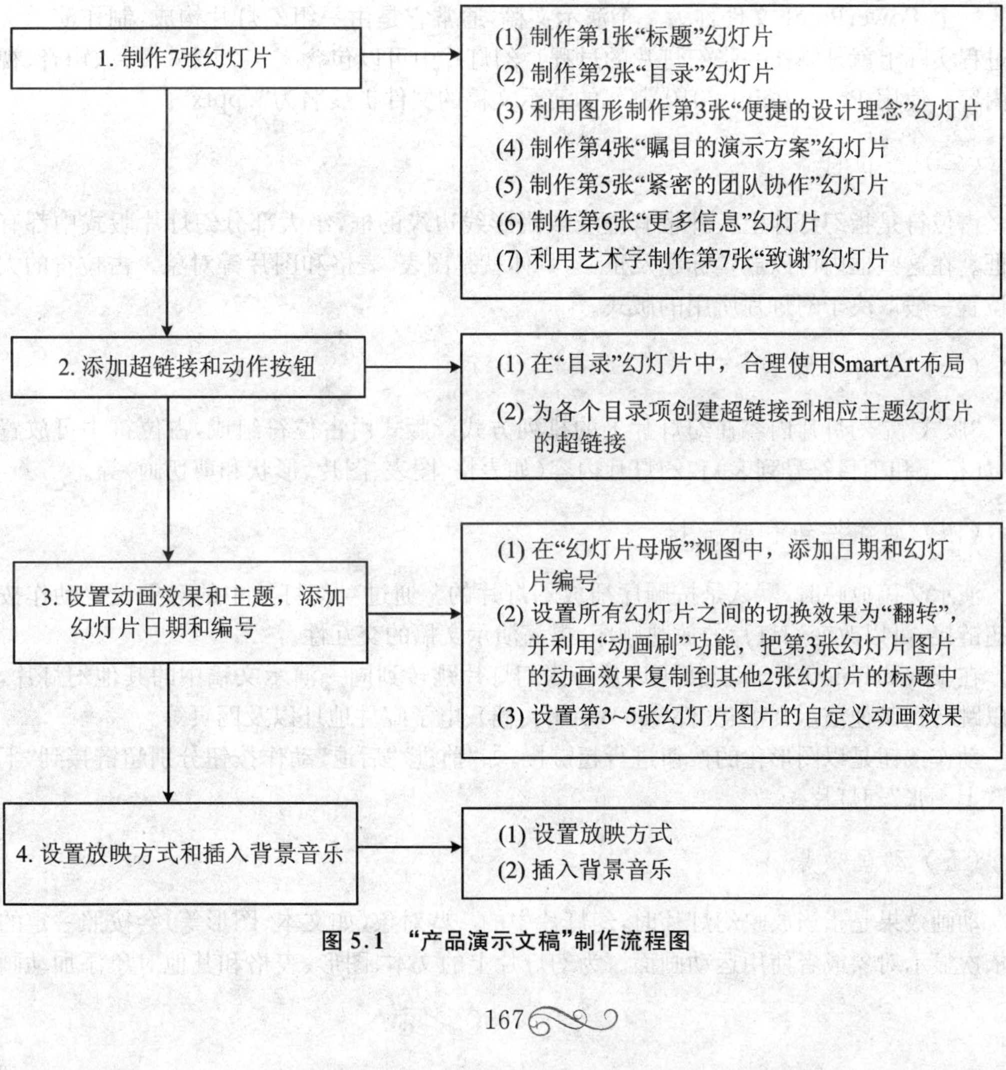

图 5.1 “产品演示文稿”制作流程图

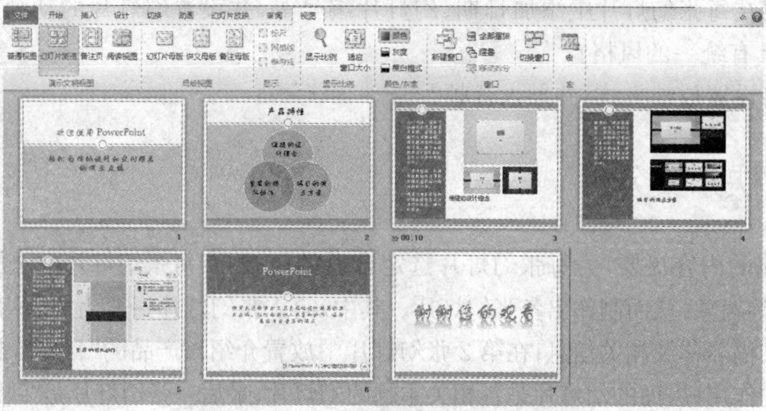

图 5.2 “产品演示文稿”制作效果图

三、相关知识点

（一）演示文稿和幻灯片

一个 PowerPoint 文件称为一个演示文稿，通常它是由一组幻灯片构成，制作演示文稿的过程实际上就是制作一张幻灯片的过程。幻灯片中可以包含文字、表格、图片、声音、视频等内容。使用 PowerPoint 2010 制作的演示文稿的文件扩展名为“.pptx”。

（二）占位符

占位符是指幻灯片上一种带有虚线或阴影线边缘的框，绝大部分幻灯片版式中都有这种框。在这些框内可以放置标题及正文，具体就是图表、表格和图片等对象。占位符的大小和位置一般取决于幻灯片所用的版式。

（三）幻灯片版式

“版式”是幻灯片内容在幻灯片上的排列方式。版式由占位符组成，占位符中可放置文字（如标题和项目符号列表）和幻灯片内容（如表格、图表、图片、形状和剪切画）等。

（四）动作按钮和超链接

演示文稿放映时，默认是按顺序播放幻灯片的。通过对幻灯片中的对象设置动作按钮和超链接，可以改变幻灯片的放映顺序，提高演示文稿的交互性。

在 PowerPoint 中，超链接可以从一张幻灯片跳转到同一演示文稿中的其他幻灯片，也可以跳转到其他演示文稿、文件（如 Word 文档）、电子邮件地址以及网页等。

动作按钮是以图形化的按钮进行超链接，如“前进”“后退”动作按钮分别超链接到“下一张”“上一张”幻灯片。

（五）动画效果

动画效果是指当放映幻灯片时，幻灯片中的一些对象（如文本、图形等）会按照一定的顺序依次显示对象或者使用运动画面。为幻灯片上的文本、图形、表格和其他对象添加动画效果，可以突出重点、控制信息流，并增加演示文稿的趣味性，从而给观众留下深刻的印象。动画有时可以起到画龙点睛的作用。

动画效果包括幻灯片之间的切换效果和幻灯片内部对象的自定义动画效果。为演示文稿中的幻灯片添加切换效果，可以使演示文稿放映过程中幻灯片之间的过渡衔接更为自然。“自定义动画”允许我们对每一张幻灯片中的各种对象分别设置不同的、功能更强的动画效果，以期达到更好的播放效果。

（六）动画刷

为演示文稿添加动画是比较烦琐的事情，尤其还要逐个调节时间和速度。PowerPoint 2010 新增了“动画刷”功能，可以像使用“格式刷”功能一样轻轻一“刷”就可以把原有对象上的动画复制到新的目标对象上。

（七）主题

主题是主题颜色、主题字体和主题效果三者的组合。主题可以作为一套独立的选择方案应用于文件中。主题颜色、字体和效果可同时在 PowerPoint、Excel、Word 和 Outlook 中应用，使演示文稿、工作表、文档和电子邮件具有统一的风格。

四、任务的实施

（一）制作 7 张幻灯片

根据产品演示的内容提要，为每张幻灯片选定合适的版式，在每张幻灯片中添加文字、图形、图片、艺术字等对象，从而制作出各张幻灯片。其中，第 1 张幻灯片一般为标题幻灯片，主要包括产品演示文稿名称及相关信息；在第 2 张幻灯片中放置介绍该产品的“目录”，起到预览产品内容的大纲的作用；后面的幻灯片是各相关主题幻灯片；最后一张幻灯片是“致谢”幻灯片。

(1) 启动 PowerPoint 2010 软件，设计“市镇”主题，在第 1 张标题幻灯片中输入相应的主、副标题内容，效果如图 5.3 所示。

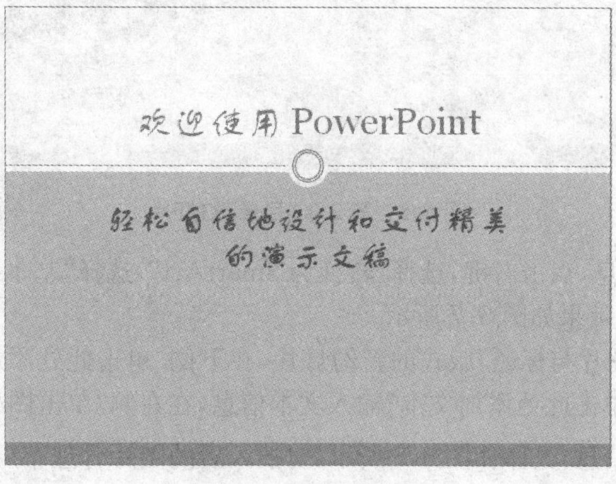

图 5.3　第 1 张幻灯片

(2) 在“开始”选项卡中,单击“幻灯片”组中的“新建幻灯片”下拉按钮,在打开的下拉列表中选择“标题和内容”版式,如图 5.4 所示,插入一张新幻灯片。在“标题”占位符中输入文字“产品特性”,在“内容”占位符中输入目录内容,如图 5.5 所示。

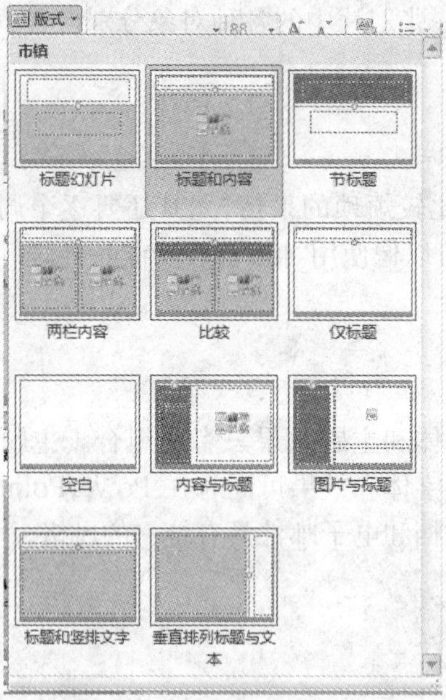

图 5.4　选择“标题和内容”版式

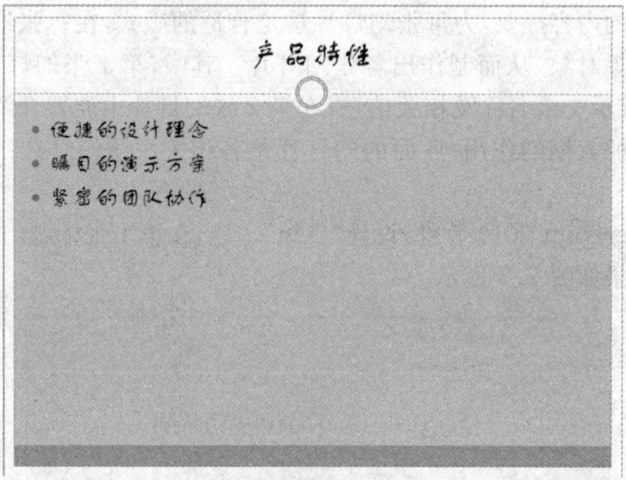

图 5.5　第 2 张“目录”幻灯片

(3) 选中目录信息,点击右键,选择“转换为 SmartArt”,选择“基本维恩图”,如图 5.6 所示,选择适当的颜色,效果如图 5.7 所示。

(4) 插入一张“图片与标题”版式的新幻灯片,在下侧“单击此处添加标题”输入“便捷的设计理念”,在左侧“单击此处添加文本”输入文本信息,在右侧“单击图标添加图片”处,点击 ,插入所需图片信息,具体如图 5.8 所示,对插入后的图片合理布局,对文本信息选择合适的字体大小,效果如图 5.9 所示。

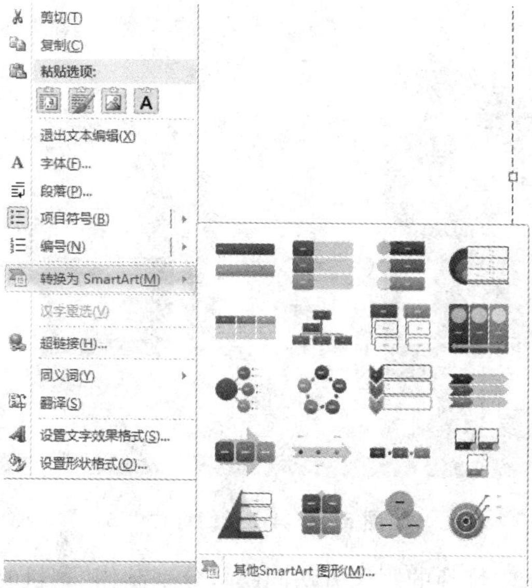

图 5.6　选择“基本维恩图”

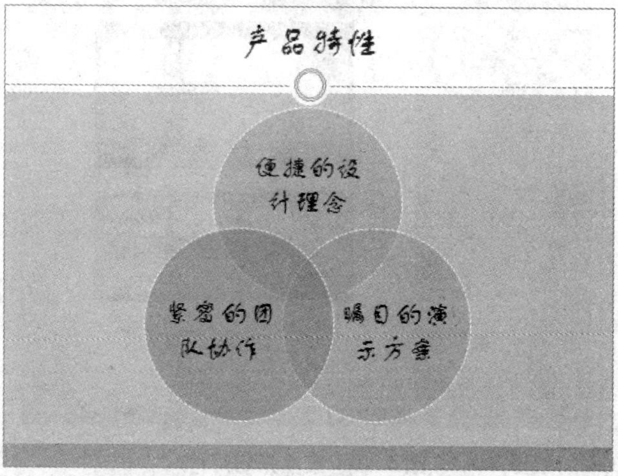

图 5.7　SmartArt 布局后的目录幻灯片

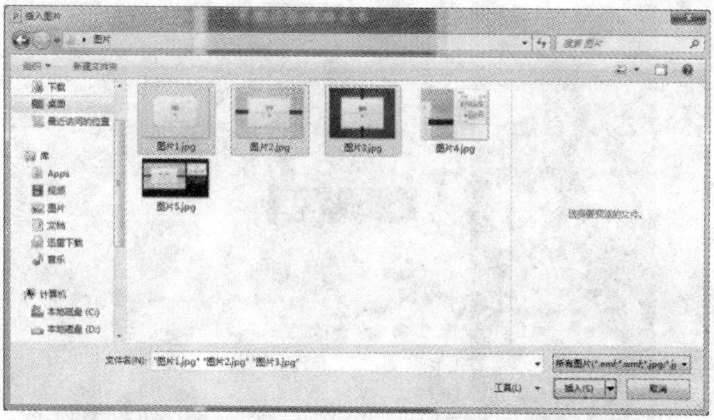

图 5.8　插入图片对话框

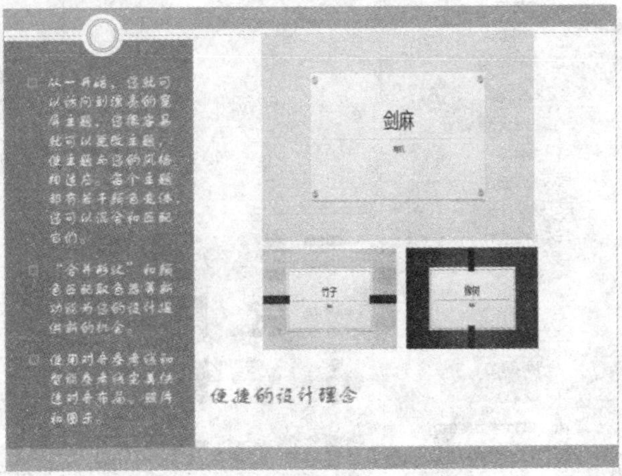

图 5.9　第 3 张幻灯片

(5) 第 5 张和第 6 张幻灯片的制作方法同(4),分别制作“瞩目的演示方案”和“紧密的团队协作”这两张幻灯片,效果如图 5.10、图 5.11 所示。

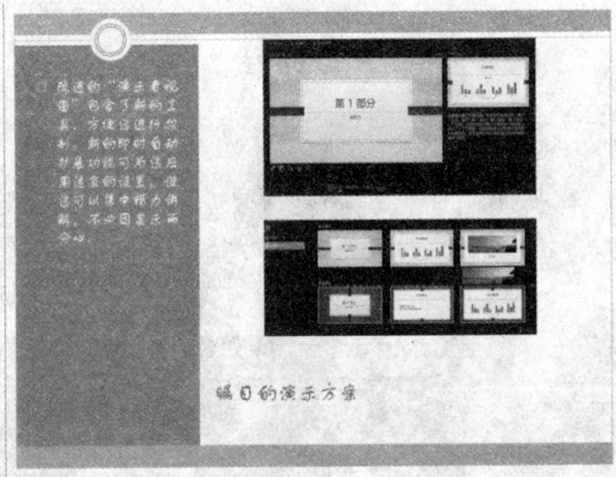

图 5.10　第 4 张幻灯片

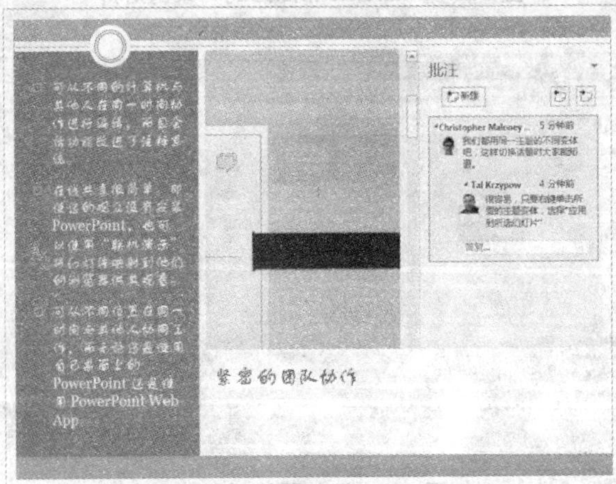

图 5.11　第 5 张幻灯片

(6) 插入一张“节标题”版式的新幻灯片，在标题处输入“PowerPoint”，在“插入”选项卡中，单击“文本框”按钮，选中“横排文本框”，输入相关文字信息，点击“插入”选项卡的“图像”组中按钮，插入图片信息，具体效果如图 5.12 所示。

图 5.12　第 6 张幻灯片

(7) 插入一张“仅标题”版式的新幻灯片，在“插入”选项卡中，单击艺术字按钮，选择“填充－红色，强调颜色为 1，塑料棱台，映像”样式，如图 5.13 所示，选中输入“谢谢您的观看”，调整字体大小为 88 号。

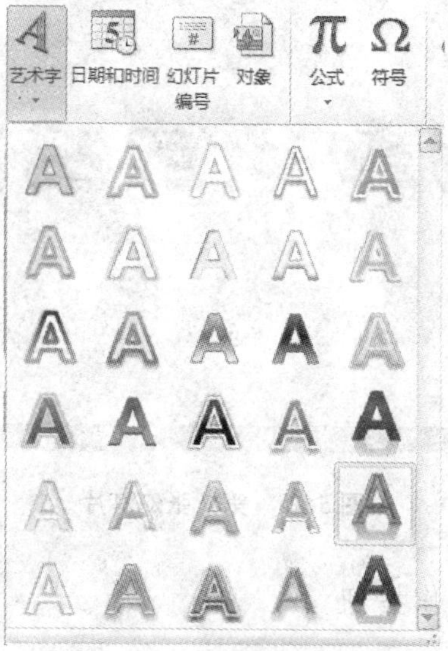

图 5.13　插入艺术字

(8) 在绘图工具的“格式”选项卡中，单击“艺术字样式”组中的“文本效果”下拉按钮，在打开的下拉列表中选择“转换”下的“倒 V 形”选项，如图 5.14 所示，效果如图 5.15 所示。

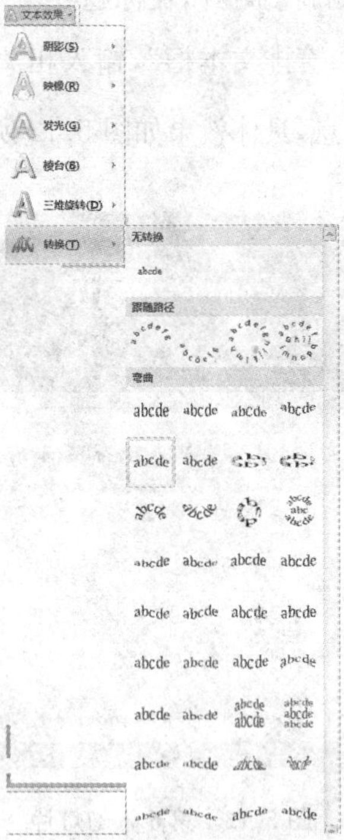

图 5.14　艺术字“转换”列表

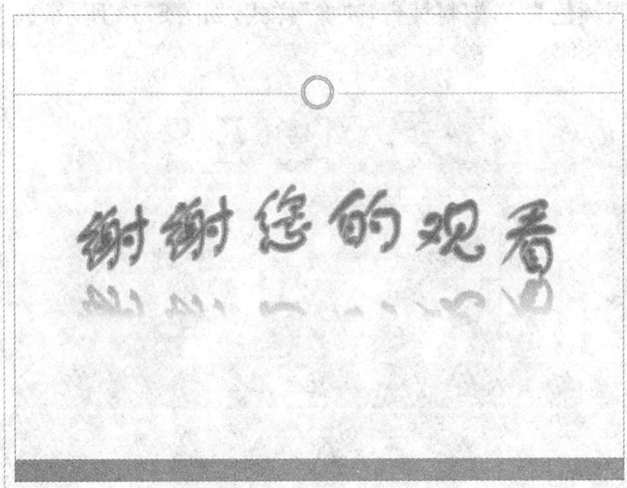

图 5.15　第 7 张幻灯片

（二）添加超链接和动作按钮

产品演示文稿只是简单的对产品内容的描述，如果想要知道更多产品信息，需要通过添加超链接、动作按钮等操作来实现。

1. 添加超链接

(1) 在第 2 张“目录”幻灯片中，选中图标箭头，然后右击鼠标，在弹出的快捷菜单中选择“超链接”命令，打开“编辑超链接”对话框，如图 5.16 所示。在地址栏中输入网址

"http://www.microsoft.com/",单击"确定"按钮,完成超链接的设置。

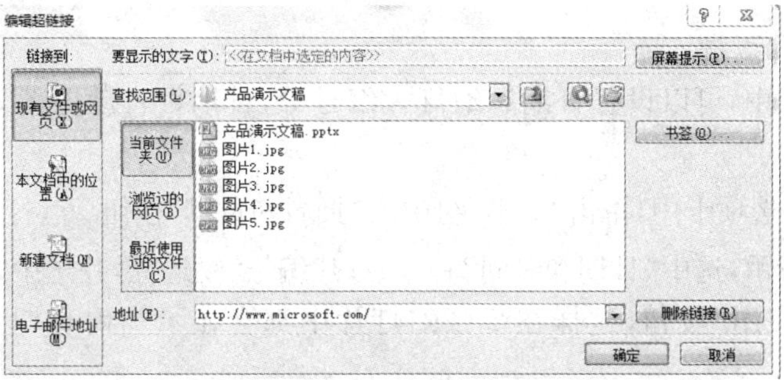

图 5.16 "编辑超链接"对话框

(2) 使用与(1)相同的方法,为第 2 张"目录"幻灯片中的文字"使捷的设计理念""瞩目的演示文稿"和"紧密的团队协作",分别链接到第 3、4、5 张幻灯片。

2. 添加动作按钮

为了便于幻灯片的上下翻页,可以制作"上一页"和"下一页"动作按钮,因为这两个动作按钮需要在每张幻灯片中出现,可以在幻灯片母版中制作这两个动作按钮。

(1) 在"视图"选项卡中,单击"母版视图"组中的"幻灯片母版"按钮 ,打开母版视图,在左侧窗格中选择第 1 张幻灯片母版(Office 主题幻灯片母版:由幻灯片 1~7 使用)。

(2) 在"插入"选项卡中,单击"插图"组中的"形状"下拉按钮,在打开的下拉列表中选择"动作按钮"区域中的最后一个动作按钮(动作按钮:自定义),然后在幻灯片母版底部画出一个按钮,在打开的"动作设置"对话框的"单击鼠标"选项卡中,选中"超链接到"单选按钮,并在其下拉列表中选择"上一张幻灯片"选项,如图 5.17 所示,单击"确定"按钮。

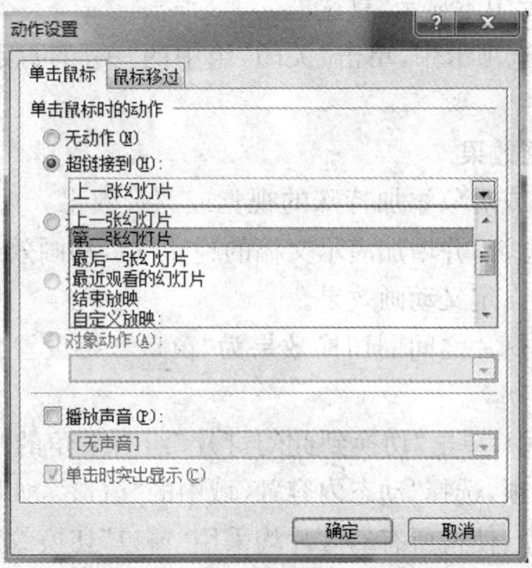

图 5.17 "动作设置"对话框

(3) 右击刚绘制的按钮,在弹出的快捷菜单中选择"编辑文字"命令,然后在"动作按钮"内输入文字"上一页",使用相同的方法,再制作一个"下一页"动作按钮(超链接到"下一张幻灯片")。

（三）设置页眉页脚、动画效果和主题

1. 设置页眉和页脚

在页眉和页脚中，可以设置日期和幻灯片编号等，日期可自动更新为当前计算机系统日期。

(1) 在“插入”选项卡中，单击“文本”组中的“页眉和页脚”按钮，打开“页眉和页脚”对话框，如图 5.18 所示，选中“日期和时间”和“幻灯片编号”复选框，并选中“自动更新”单选按钮，再单击“全部应用”按钮，这样在每张幻灯片中都会显示当前日期和幻灯片编号（页码）了。

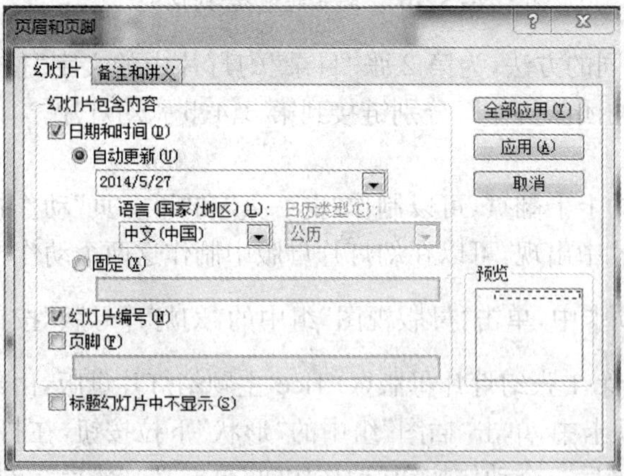

图 5.18 “页眉和页脚”对话框

如果不想在标题幻灯片中显示当前日期（其他幻灯片中要显示），则需要在图 5.18 所示的界面中选中“标题幻灯片中不显示”复选框。

(2) 在“幻灯片母版”选项卡中，单击“关闭”组中的“关闭母版视图”按钮，返回到“幻灯片”视图。

2. 设置幻灯片的动画效果

动画效果是指给文本或对象添加特殊的视觉或声音效果。为演示文稿添加动画效果，目的是突出重点，控制信息流，并增加演示文稿的趣味性。动画效果包括幻灯片之间的切换效果和幻灯片内部对象的自定义动画效果。

操作前先设置所有幻灯片之间的切换效果为“窗口”，再设置各张幻灯片内部对象的自定义动画效果。

(1) 在“切换”选项卡中，单击“切换到此幻灯片”组右下角的“其他”按钮，如图 5.19 所示。展示切换效果所有选项，选择“动态内容”区域中的“窗口”，如图 5.20 所示。再单击“计时”组中的“全部应用”按钮，使得所有幻灯片均采用“窗口”切换效果。

图 5.19 “切换到此幻灯片”组中的“其他”按钮

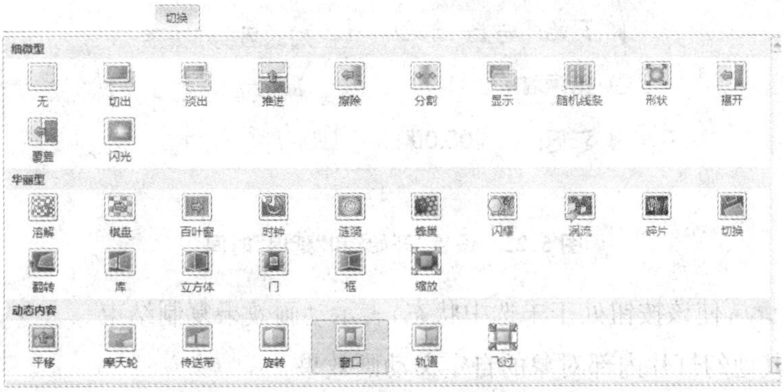

图 5.20　选择“窗口”切换效果

下面设置第一张幻灯片(标题幻灯片)的自定义动画效果:标题内容“欢迎使用 PowerPoint”的动画进入效果为“棋盘”;副标题内容(共 3 行文字)的动画进入效果为“上浮”。并且在标题内容出现 1 秒后走动开始,不需要单击。

(2) 选择第 1 张幻灯片中的标题内容“欢迎使用 PowerPoint”,在“动画”选项卡中,单击“高级动画”组中的“添加动画”下拉按钮,在打开的下拉列表中选择“更多进入效果”选项,打开“添加进入效果”对话框,单击“进入”区域中的“擦除”选项,如图 5.21 所示。单击“确定”按钮,然后在“计时”组中,设置“开始”为“上一动画之后”。

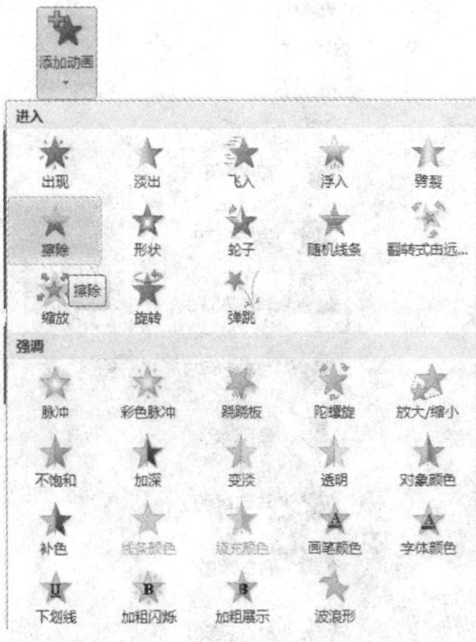

图 5.21　“添加进入效果”对话框

(3) 使用相同的方法,选择副标题内容(共 3 行文字),并添加其动画进入效果为“上浮”,然后在“计时”组中,设置“开始”为“上一动画之后”,“延迟”时间为 1 秒,如图 5.22 所示。

下面利用“动画刷”功能,把第 1 张幻灯片标题的动画效果复制到其他 6 张幻灯片的标题中。

(4) 单击第 1 张幻灯片的标题,在“动画”选项卡中,双击“高级动画”组中的“动画刷”按钮,此时鼠标箭头旁出现一把刷子,用鼠标分别单击其他 6 张幻灯片的标题,最后单击

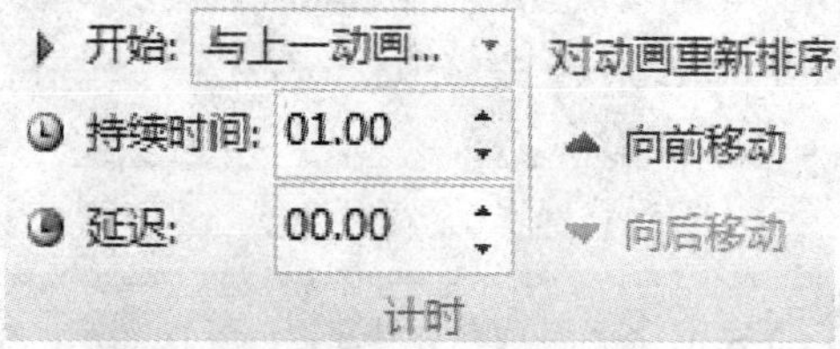

图 5.22　设置“开始”和“延迟”时间

“动画刷”按钮，使该按钮处于未选中状态，表示动画效果复制结束。

以下设置其他幻灯片内部对象的自定义动画效果。

(5) 在第 2 张幻灯片中，单击“内容”占位符，在“动画”选项卡中，单击“动画”组中的“飞入”按钮，如图 5.23 所示，再单击“动画”组右侧的“效果选项”按钮，在打开的下拉列表中选择“自左侧”方向，如图 5.24 所示。

图 5.23　选择“飞入”动画

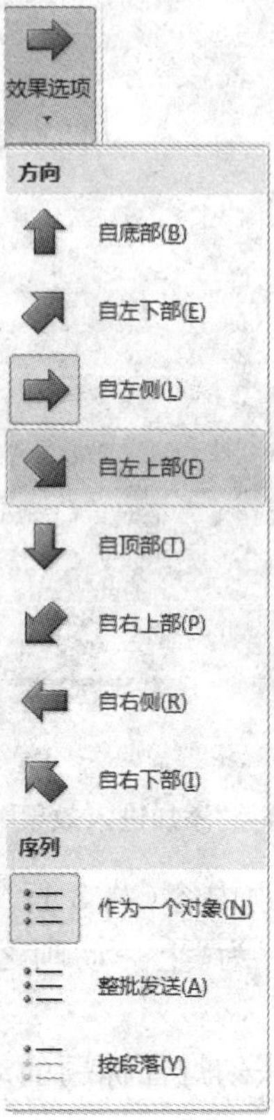

图 5.24　选择“自左侧”方向

(6) 使用与步骤(4)相同的方法，利用“动画刷”功能，把第 2 张幻灯片“内容”占位符中的动画效果复制到其他幻灯片(第 3～7 张幻灯片)的"内容"占位符或图形中。

(7) 在"动画"选项卡中,单击"高级动画"组中的"动画窗格"按钮 ,可以打开"动画窗格",可调整动画播放的顺序。

3. 设置幻灯片的主题

在本例中也可以利用"主题"功能,快速美化和统一每一张幻灯片的风格,PowerPoint 2010 内置的主题库中提供了大量的主题,根据需要可选择其中的某个主题来快速美化幻灯片。

(1) 在"设计"选项卡中,单击"主题"组中的"暗香扑面"选项,如图 5.25 所示,则所有幻灯片都应用了"暗香扑面"主题,效果如图 5.26 所示。

图 5.25　选择"主题"

图 5.26　设置"暗香扑面"主题后的幻灯片

(2) 如果对所应用的效果的某一部分元素不够满意,可以通过单击"主题"组右侧的"颜色""字体"或者"效果"按钮,进行进一步的修改。

(四) 设置放映方式和打印演示文稿

演示文稿制作完毕后,还应设置合适的放映方式,有时还需要打印演示文稿。

(1) 在"幻灯片放映"选项卡中,单击"设置"组中的"设置幻灯片放映"按钮 ,打开"设置放映方式"对话框,如图 5.27 所示,可设置放映类型、放映选项、绘图笔颜色、放映幻灯片、换片方式等。

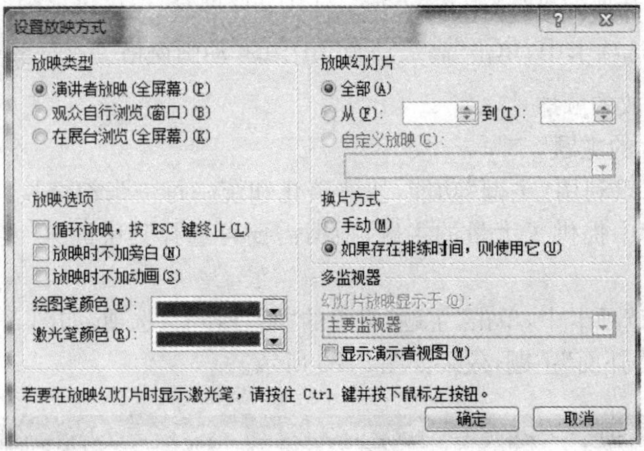

图 5.27 “设置幻灯片放映”对话框

(2) 在“设计”选项卡中，单击“页面设置”组中的“页面设置”按钮 ，打开“页面设置”对话框，如图 5.28 所示，可设置幻灯片大小(宽度和高度)、幻灯片编号起始值、幻灯片方向等。

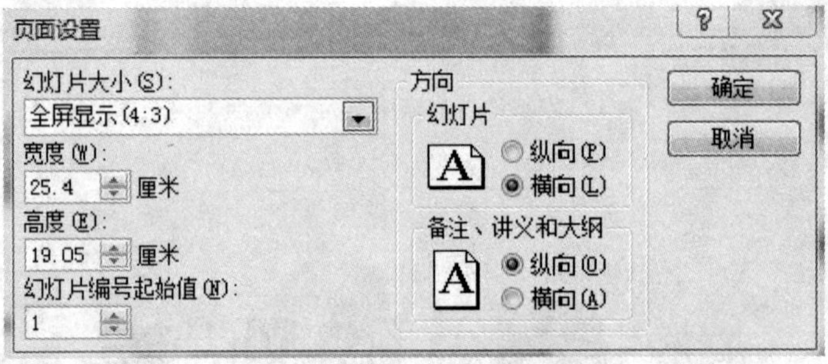

图 5.28 “页面设置”对话框

(3) 选择“文件”下的“打印”命令，在窗口右侧可设置“打印”选项，如打印份数、打印范围、打印内容、打印颜色等。设置打印份数为 1，打印全部幻灯片，打印内容为讲义，并每页打印 9 张垂直放置的幻灯片，打印颜色为黑白，如图 5.29 所示。

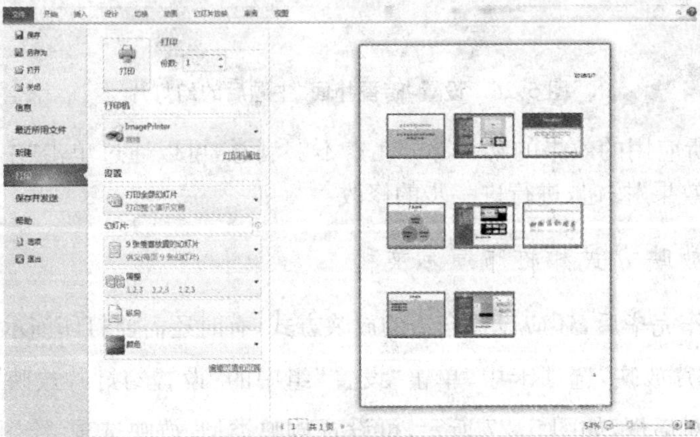

图 5.29 设置“打印”选项

说明:(1) 在图 5.29 所示的界面中,一般选择放映全部幻灯片,也可以选择放映部分幻灯片,如果设置了自定义放映("幻灯片放映"下的"自定义幻灯片放映"),也可以选择只放映自定义部分。

(2) 如果某张(或某些)幻灯片不想放映,又不想删除,可设置其为隐藏("幻灯片放映"下的"隐藏幻灯片")。

(3) 幻灯片放映时,右击并选择"指针选项",在选择某种绘画笔后,可以在幻灯片上写字、画线或绘图。

(4) 在图 5.29 所示的界面中,打印内容可选择整页幻灯片、备注页、大纲、讲义等,为了节约纸张,可以选择打印内容为讲义,并设置每页打印的幻灯片数(如 6 张)和顺序(水平或垂直)。

五、总结与提高

本任务主要介绍了如何使用 PowerPoint 2010 来制作幻灯片、添加超链接和动作按钮、设置页眉页脚、设置动画效果(如幻灯片切换效果、自定义动画效果等)、设置主题、设置放映方式和打印演示文稿等。

如果幻灯片数量和内容较多,一般应该设置"目录","目录"起到预览核心内容和导读的作用。可以通过设置超链接和动作按钮,实现幻灯片之间的跳转。

为幻灯片上的文本、图形、表格和其他对象添加动画效果,可以突出重点、控制信息流,并增加演示文稿的趣味性,从而给观众留下深刻的印象。动画有时可以起到画龙点睛的作用。动画效果包括幻灯片之间的切换效果和幻灯片内部对象的自定义动画效果。

可以利用"主题"功能,快速美化和统一每一张幻灯片的风格,PowerPoint 2010 中内置的主题库中提供了大量的主题,根据需要可选择其中的某个主题来快速美化幻灯片。

为了节约纸张,可以选择打印内容为讲义,并设置每页的打印幻灯片数(如 6 张)和顺序(水平或垂直)。

总之,演示文稿的设计是一门学问和技术,好的演示文稿可以使内容介绍更加有重点,让人更容易接受。

利用 PowerPoint 制作演示文稿的基本过程如下。

(1) 搜集相关素材并对素材筛选和提炼。

(2) 制作静态幻灯片,除了文本外,还可添加各种图形、图片等多媒体元素,起到图文并茂、形象生动的效果。

(3) 添加超链接或动作按钮,便于在各幻灯片之间跳转。

(4) 添加动画效果,包括幻灯片切换效果、自定义动画效果。

(5) 设置合适的放映方式,如果需要还可以打印幻灯片。

任务二　制作大学生职业生涯规划答辩稿

本任务是以"大学生职业生涯规划答辩稿"制作为例,介绍如何使用 PowerPoint 2010

来制作幻灯片，添加超链接和动作按钮、设置动画效果（如幻灯片切换效果、自定义动画效果等）、设计主题、设置放映方式的打印演示文稿等方面的相关知识。

一、任务的提出

在指导老师的指导和帮助下，经过几个月的辛勤努力，小李同学终于完成了自己的大学生职业生涯规划（论文）——氧生纳米汗蒸理疗馆。马上就要进行答辩了，如何才能使答辩生动活泼、引人入胜，给评委们留下一个良好的印象呢？

小李觉得 Word 适用于文字处理，Excel 适用于数据处理，只有 PowerPoint 才适用于材料展示，如课堂教学、论文答辩、产品发布、项目论证、会议报告、个人或公司介绍等。这是因为 PowerPoint 可以集文字、图形、声音、视频图像、动画于一体，同时可以借助超链接功能创建形象生动、高度交互的多媒体演示文稿。因此，小李决定使用 PowerPoint 2010 来制作论文答辩演讲稿。

在制作论文答辩演讲稿的过程中，小李遇到了以下几个问题：

(1) 如何制作一张幻灯片来阐述论文的观点？

(2) 如何实现不同幻灯片之间的跳转来提高演讲稿的交互性？

(3) 如何在每张幻灯片中添加日期、幻灯片编号等，并设置幻灯片的动画效果，还要使每张幻灯片具有统一的风格？

(4) 如何设置放映方式，并打印演示文稿？

二、解决方案分析

根据论文的内容提要，为每张幻灯片选定合适的版式，在每张幻灯片中添加文字、图形、图片、艺术字等对象，从而制作出各张幻灯片。其中，第 1 张幻灯片一般为标题幻灯片，主要包括论文题目，以及答辩团队信息；由于论文内容较多，可在第 2 张幻灯片中放置论文的“目录页”，起到预览论文核心内容的导读的作用；后面的幻灯片是各相关主题的幻灯片；最后一张幻灯片是“致谢”幻灯片。

各幻灯片制作好后，为了便于讲解和提高交互性，可能要随时改变播放顺序，可对目录中的各条目录建立超链接（链接到相关主题的幻灯片），还可建立动作按钮，实现上下翻页的功能。

在页眉和页脚中，可以添加日期、幻灯片编号等，为了使演示文稿更加生动活泼、形象逼真，获得最佳演示效果，还应设置幻灯片的动画效果。动画效果包括幻灯片之间的切换效果和幻灯片内部对象的自定义动画效果。可以利用“主题”功能，快速美化和统一每一张幻灯片的风格，PowerPoint 2010 中内置的主题库中提供了大量的主题，根据需要可选择其中的某个主题来快速美化幻灯片。

最后，应设置合适的幻灯片放映方式，有时还需要打印演示文稿。

由以上分析可知，“论文答辩稿”制作可以分解为以下五大任务：设置母版；制作 9 张幻灯片；插入超链接和动作按钮；插入日期和幻灯片编号；设置动画。

其操作流程图如图 5.30 所示，完成效果图如图 5.31 所示。

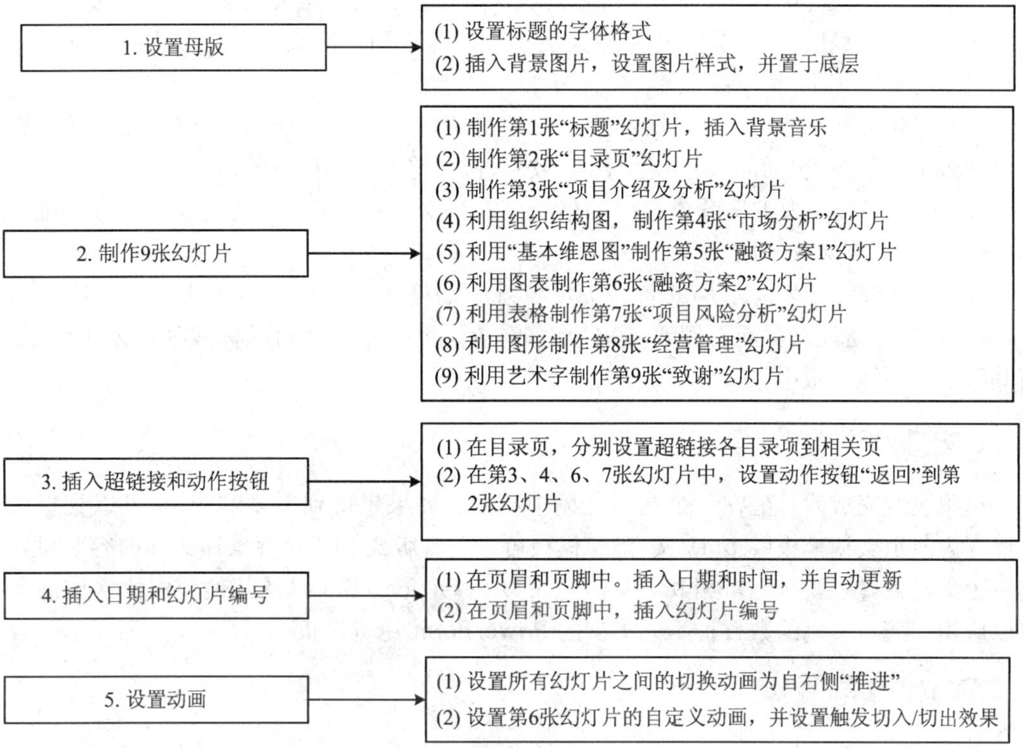

图 5.30　“论文答辩稿”制作操作流程图

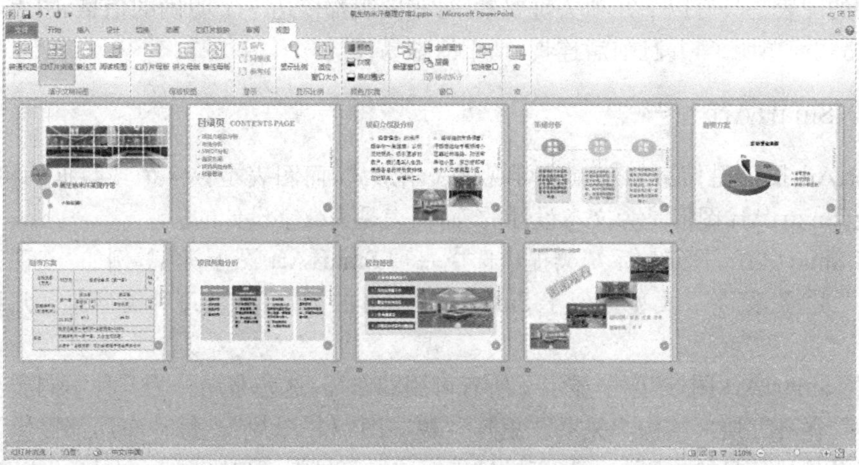

图 5.31　“论文答辩稿”制作效果图

三、相关知识点

（一）母版

一个完整专业的演示文稿，需要统一幻灯片的背景、配字和文字格式等，可通过设置演示文稿的母版和模板或主题进行设置。

在演示文稿设计中，除了每张幻灯片的制作外，最关键、最重要的就是母版设计，因为母版决定了演示文稿的风格，甚至还是创建演示文稿模板和自定义主题的前提。PowerPoint 2010 提供了幻灯片母版、讲义母版、备注母版三种母版。

(1) 幻灯片母版是幻灯片层次结构中的顶层幻灯片，用于存储有关演示文稿的主题和幻灯片版本的信息，包括前景、颜色、字体、效果、占位符的大小位置等。

(2) 讲义母版可为讲义设置统一的格式。在讲义母版中进行设置后，可在一张纸上打印多张幻灯片，供会议使用。

(3) 备注母版可为演示稿的备注页设置统一的格式。若打印演示文稿时一同打印备注，可使用打印备注页功能。例如，要在所有的备注页中放置公司徽标或其他艺术图案，请将其添加到备注母版中。

(二) 模板

母版设置完成后只能在一个演示文稿中应用。如果想得到更多的应用，可以把母版设置保存为演示文稿模板(. pptx 文件)。模板可以包含版式、主题、背景样式和内容。可以创建自定义模板，然后存储、重用和共享。还可以在 Office. com 以及其他合作伙伴网站上找可以应用于演示文稿的数百种不同类型的 PowerPoint 免费模板。

(三) 图表和表格

在 PowerPoint 演示文稿中插入图表，不仅可以快速直观地表达数字值或数据，而且还可以用图表转换为表格数据，来展示比较、模式和趋势，给观众留下深刻的印象。

成功的图表都具有以下几项关键要素：每张图表都传达一个明确的信息，图表与标题相辅相成，格式简单明了，并且前后连贯，精干清晰易读。

(四) SmartArt 图形

SmartArt 图形是信息和观点的可视化表示形式，而图表是数字值或数据的可视图示。一般来说，SmartArt 图形是为文本设计的，而图表是为数字设计的。

创建 SmartArt 图形时，系统会提示选择一种 SmartArt 图形类型，例如"流程""层次结构""循环"或"关系"等。类型类似于 SmartArt 图形的类别，并且每种类型包含几种不同的布局。

"选择 SmartArt 图形"库中显示了所有可用的布局，这些布局分为 8 种不同类型，即"列表""流程""循环""层次结构""关系""矩阵""棱锥图"和"图片"。每种布局都提供了一种表达内容以及传达信息的方法。一些布局只是使项目符号列表更加精美，而另一些布局(如组织结构图和维恩图)适合用来展现特定种类信息。

四、任务的实施

(一) 设置母版

使用母版可以统一幻灯片的风格，可在母版中设置标题格式、背景图片等。

(1) 启动 PowerPoint 2010 软件，"设计"选项卡选择"凸显"主题，在"视图"选项卡中，单击“母版视图”组中的“幻灯片母版”按钮，进入“幻灯片母版”视图。

(2) 在左侧窗格中选择第1个母版(Office 主题 幻灯片母版)，然后选择右侧窗格中的标题文字“单击此处编辑母版标题样式”，在“插入”选项卡中，单击“图像”组中的“图片”按钮，打开“插入图片”窗口，找到并选择素材库中的“logo.png，图片1.jpg，图片2.jpg”文件，如图5.32所示，单击“插入”按钮。

图5.32 “插入图片”窗口

(3) 移动图片至主题母版空白处底部，并适当调整其大小至母版宽度，如图5.33所示，右击该背景图片，在弹出的快捷菜单中选择“置于底层”命令。

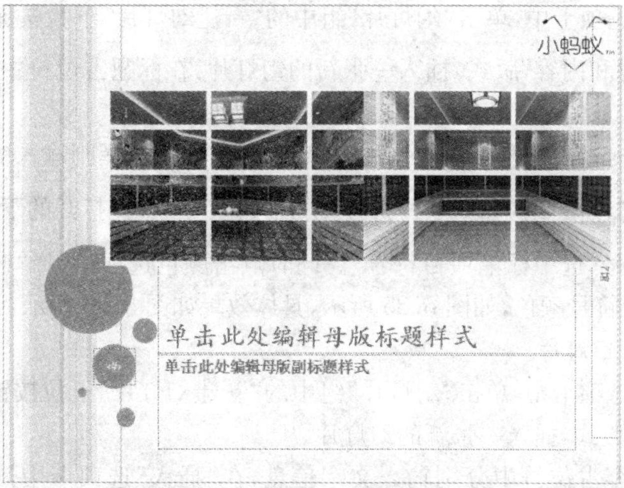

图5.33 设置母版背景图片

(4) 在“在幻灯片母版”选项卡中，单击“关闭”组中的“关闭母版视图”按钮，返回“幻灯片”视图。

(二) 制作9张幻灯片

通过选择合适的版本，再使用文字、图形、图片、组织结构图、图表、表格等制作出图文并茂的9张幻灯片，它们分别是“标题”幻灯片、“目录页”幻灯片、“项目介绍及分析”幻灯片、

“市场分析”幻灯片、“融资方案 1”幻灯片、“融资方案 2”幻灯片、“项目风险分析”幻灯片、“经营管理”幻灯片和“致谢”幻灯片。

1. 制作第 1 张幻灯片

在第 1 张标题幻灯片中，删除“副标题”占位符，在标题占位符中输入文字“氧生纳米汗蒸理疗馆”。选择该标题文字，设置其字体大小为 48 磅，并单击“字体”组中的“文字阴影”按钮，效果如图 5.34 所示。

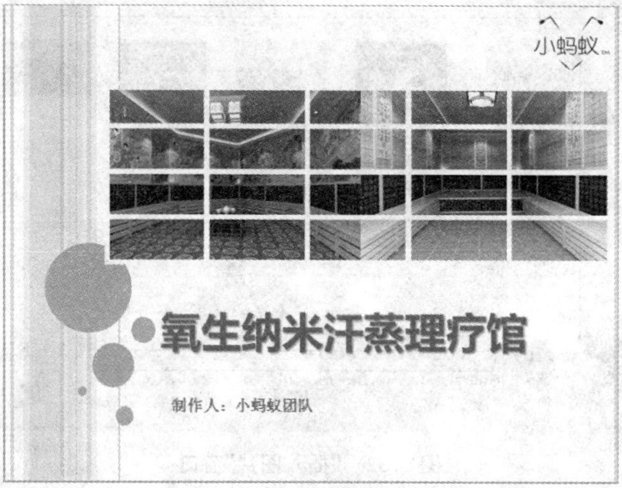

图 5.34 标题幻灯片

2. 制作第 2 张幻灯片

(1) 在“开始”选项卡中，单击“幻灯片”组中的“新建幻灯片”下拉按钮，在打开的下拉列表中选择“标题和内容”版式，插入一张新的幻灯片，在标题占位符中，输入标题文字“目录页”。

(2) 在左侧的内容占位符中输入有关答辩的文字内容，选择刚输入的所有文字，设置字号为 20 磅，再单击“段落”组中的“项目符号”下拉按钮，在打开的下拉列表中选择第二行第二列的项目符号(选中标记项目符号)。同时点击颜色选项，选择“蓝色，强调文字颜色 2，深色 25%”，改变符号颜色，如图 5.35 所示，具体效果如图 5.36 所示。

3. 制作第 3 张幻灯片

(1) 在“开始”选项卡中，单击“幻灯片”组中的“新建幻灯片”下拉按钮，在打开下拉列表中选择“两栏内容”版式，插入一张新的幻灯片。

(2) 在两栏内容占位符中分别输入文字信息，在“插入”选项卡中，单击“图像”组中的“图片”按钮，打开“插入图片”窗口，找到并选择素材库中的“图片 3.jpg，图片 4.jpg”文件，单击“插入”按钮，适当调整图片大小和位置，具体效果如图 5.37 所示。

4. 制作第 4 张幻灯片

(1) 在“开始”选项卡中，单击“幻灯片”组中的“新建幻灯片”下拉按钮，在打开的下拉列表中选择“仅标题”板式，插入一张新幻灯片，在标题占位符中，输入标题文字“市场分析”。

(2) 在“插入”选项卡中，单击“形状”按钮，选择椭圆，如图 5.38 所示。选中图形，点击

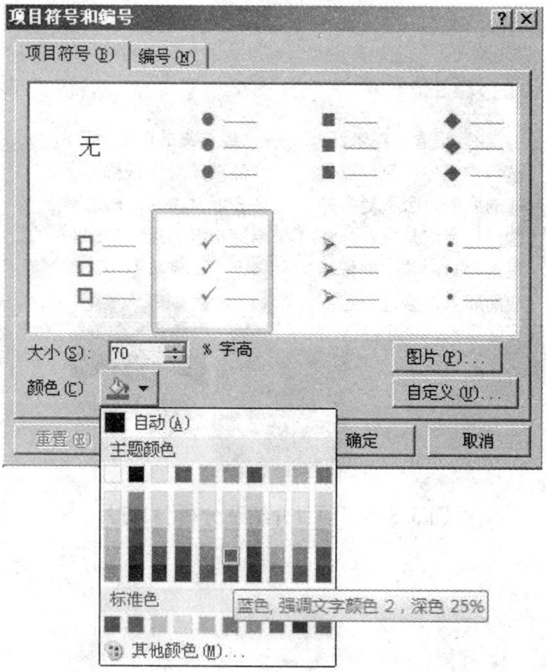

图 5.35　选择项目符号

图 5.36　目录页幻灯片

鼠标右键，选择设置形状格式，如图 5.39 所示，在填充栏中，选择填充颜色，适当调整图形的位置和大小。选中绘制好的第一个椭圆图形，按住键盘“Ctrl”键，同时拖动，复制第二个，第三个椭圆，使用同样的方法，设置填充颜色。分别在绘制的椭圆点击鼠标右键，选择“编辑文字”，输入“顾客群体”“市场定位”“目标市场”，如图 5.40 所示。

(3) 在“插入”选项卡中，单击“形状”按钮，选择圆角矩形，设置圆角矩形样式，方法同(2)，分别在绘制的圆角矩形上点击鼠标右键选择“编辑文字”，输入“顾客群体”“市场定位”“目标市场”的相关文字信息，效果如图 5.41 所示。

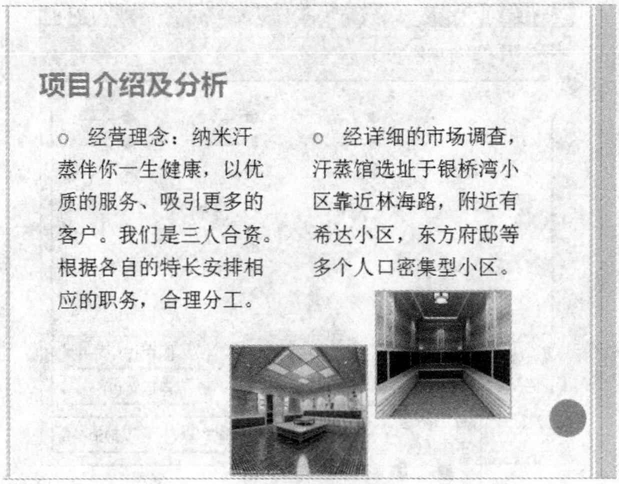

图 5.37 “项目介绍及分析”幻灯片

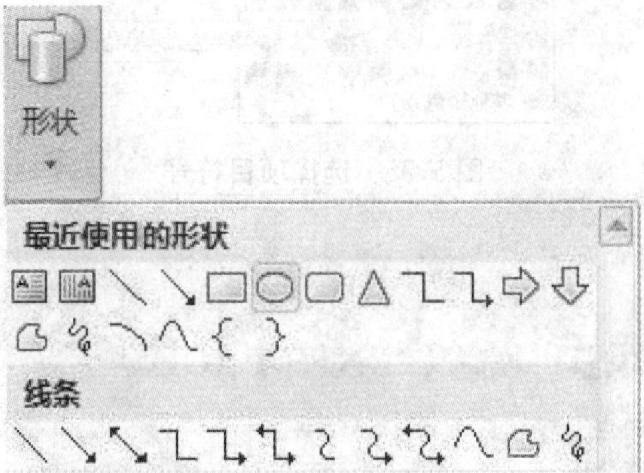

图 5.38 插入形状对话框

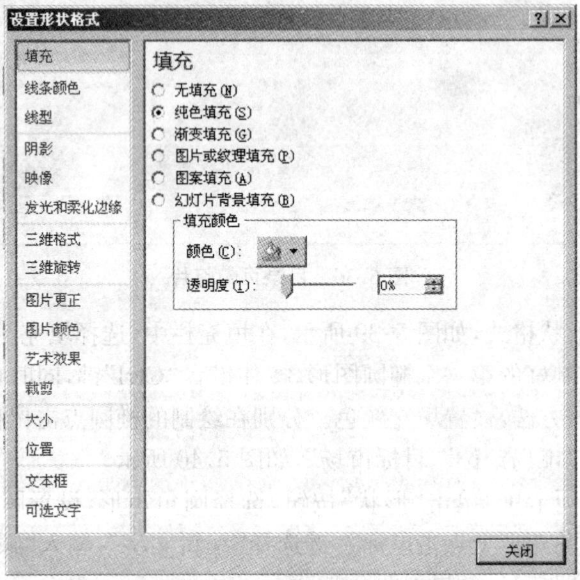

图 5.39 设置形状格式对话框

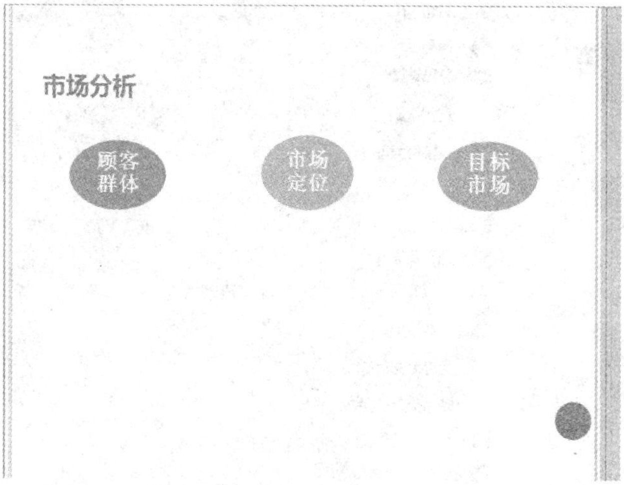

图 5.40　绘制椭圆样式并编辑文字

(4) 在“插入”选项卡中，单击“形状”按钮，选择直线，设置直线样式，制作线条背景，方法同(2)，选择直线图形，点击鼠标右键选择“置于底层”，如图 5.42 所示，编辑文字区域信息，适当调整位置和字体，最后效果如图 5.43 所示。

5. 制作第 5 张幻灯片

(1) 在“开始”选项卡中，单击“幻灯片”组中的“新建幻灯片”下拉按钮，在打开的下拉列表中选择“标题和内容”版式，插入一张新幻灯片，在标题占符中，输入标题文字“融资方案”。

图 5.41　绘制圆角矩形样式并编辑文字

(2) 在内容占符中，单击“插入图表”按钮 ，打开“插入图表”对话框，选择“柱形图”中的“分离型三维饼图”选项，如图 5.44 所示，单击“确定”按钮，此时打开 Excel 窗口，输入如图 5.45 所示的数据。

(3) 单击 Excel 窗口的“关闭”按钮，返回 PowerPoint 窗口，效果如图 5.46 所示。

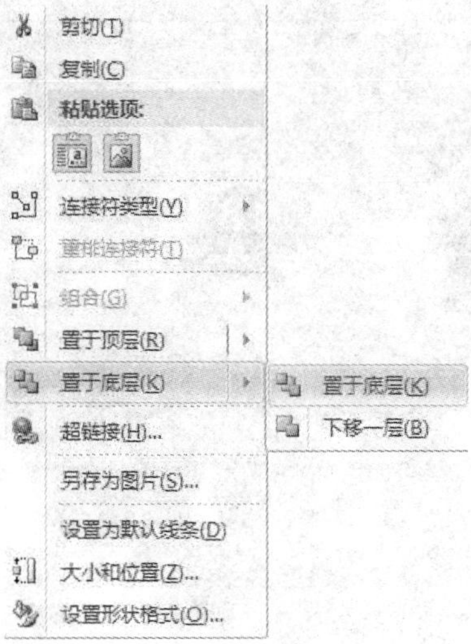

图 5.42 将线条置于底层

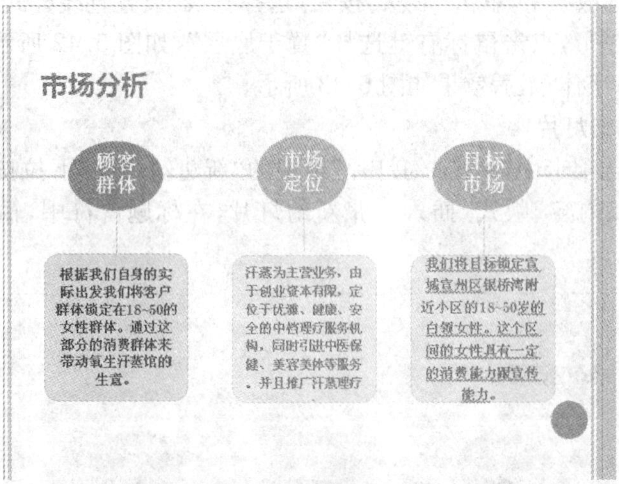

图 5.43 第 4 张幻灯片

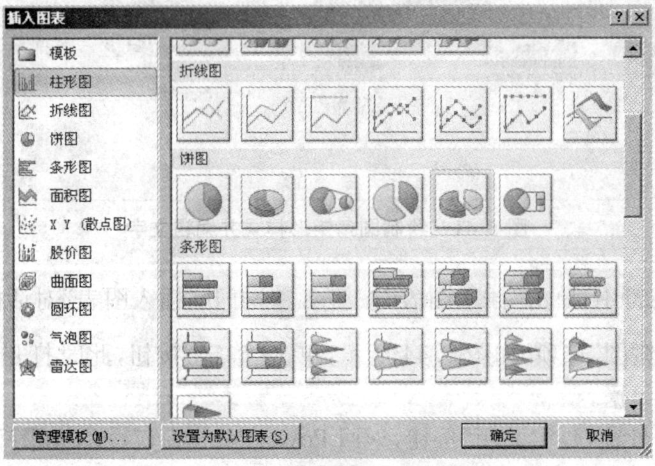

图 5.44 “插入图表”对话框

	A	B
1		启动资金来源
2	自有资金	10
3	银行贷款	20
4	政府小额贷款	2

图 5.45 PowerPoint 中的图表

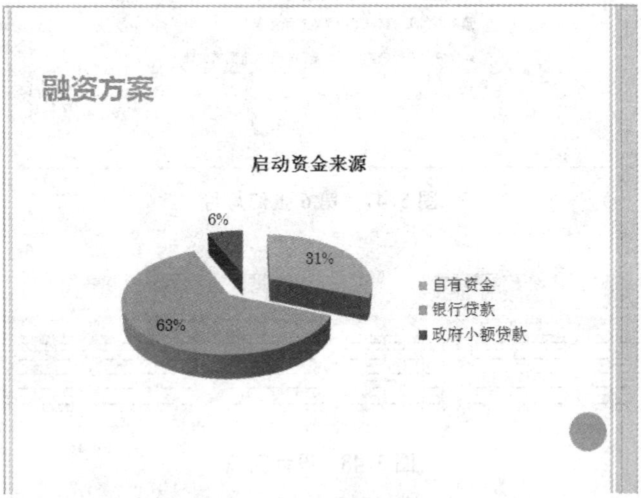

图 5.46 第 5 张幻灯片

6. 制作第 6 张幻灯片

(1) 在“开始”选项卡中,单击“幻灯片”组中的“新建幻灯片”下拉按钮,在打开的下拉列表中选择“标题和内容”版式,插入一张新幻灯片,在标题占位符中,输入标题文字“融资方案”。

(2) 在内容占位符中,单击“插入表格”按钮 ,打开“插入表格”对话框,设置表格的列数为 6,行数为 7,单击“确定”按钮,从而插入一个 7 行 6 列的表格,输入如图 5.47 所示的数据,并设置表格中的数据“居中”显示。

(3) 双击表格,在设计窗口下,可根据需求选择合适的表格样式,效果如图 5.48 所示。

7. 制作第 7 张幻灯片

(1) 在“开始”选项卡中,单击“幻灯片”组中的“新建幻灯片”下拉按钮,在打开的下拉列表中选择“标题和内容”版式,插入一张新幻灯片,在标题占位符中,输入标题文字“项目风险分析”。

(2) 在内容占位符中,单击“插入 SmartArt 图形”按钮,打开“选择 SmartArt 图形”对话框,在左侧框格中选择“流程”,在中间窗格中选择第二行第三列的图形(水平项目符号列表),单击“确定”按钮,在幻灯片中插入一张“水平项目符号”,如图 5.49 所示。

(3) 在“水平项目符号列表”,输入相应的文字信息,适当调整“水平项目符号列表”的大小和位置,效果如图 5.50 所示。

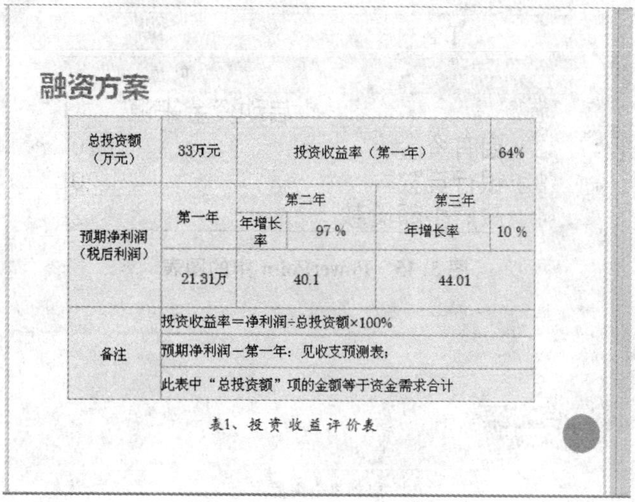

图 5.47　第 6 张幻灯片

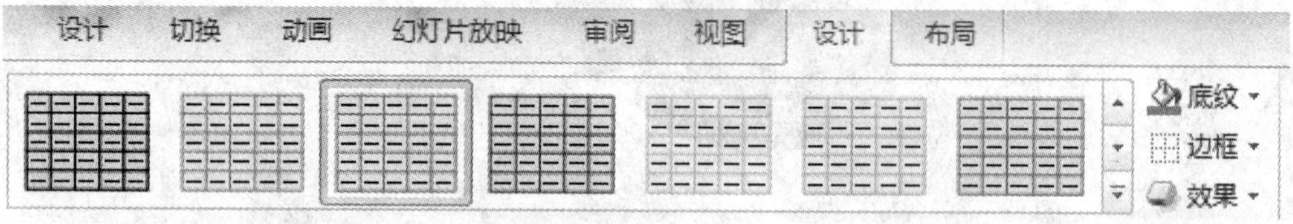

图 5.48　设计窗口

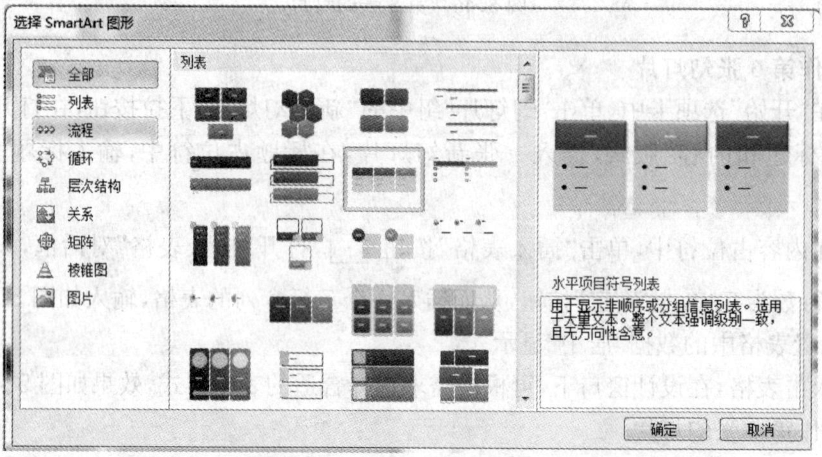

图 5.49　插入 SmartArt 图形

8. 制作第 8 张幻灯片

(1) 在“开始”选项卡中，单击“幻灯片”组中的“新建幻灯片”下拉按钮，在打开的下拉列表中选择“仅标题”版式，插入一张新幻灯片，在标题占位符中，输入标题文字“经营管理”。

(2) 单击“绘图”组中的“矩形”按钮，在幻灯片中的合适位置拖出一个矩形，然后右击该矩形，在弹出的快捷菜单中选择“大小和位置”命令，打开“设置形状格式”对话框，在左侧窗格中选择“大小”选项，在右侧窗格中设置其高度为 1.5 厘米，宽度为 22 厘米，如图 5.51 所

图 5.50 第 7 张幻灯片

示。再用鼠标右击该矩形，选择“编辑文字”快捷菜单，输入“具体内容操作如下”。

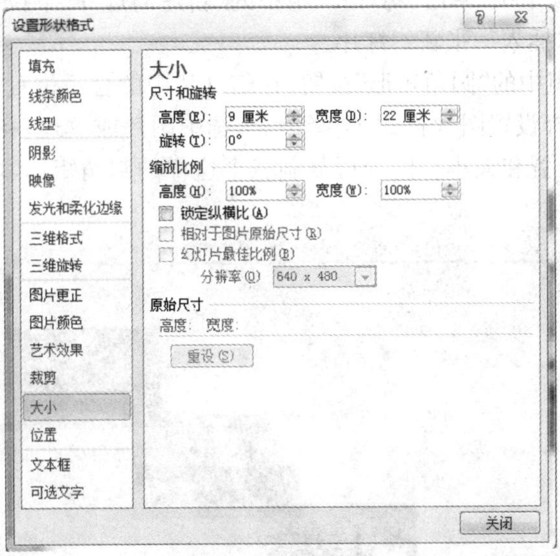

图 5.51 设置矩形的大小

(3) 在左侧窗格中选择“填充”选项，在右侧窗格中选择“纯色填充”单选按钮，选择“蓝-灰，文字 2，淡色 80%”，单击“关闭”按钮。效果如图 5.52 上部所示。

(4) 同(2)，绘制四个同样大小的矩形，设置其高度为 1.3 厘米，宽度为 7.9 厘米，颜色选择“纯色填充”，“灰色 50%，强调文字颜色 6，深色 25%”，调整好位置。

(5) 单击小矩形，右击鼠标，选择“编辑文字”，分别输入“1)开馆前准备工作”“2)营业中接待流程”“3)营业结束后”“4)汗蒸房突发事件应急措施”。

(6) 在“插入”选项卡中，单击“形状”按钮，选择圆角矩形，在该幻灯片中的合适位置拖出一个圆角矩形。在该圆角矩形上右击鼠标选择设置图片格式，选择填充，选中图片或纹理，在文件中选择合适的图片，适当调整图片的位置和大小。效果如图 5.52 所示。

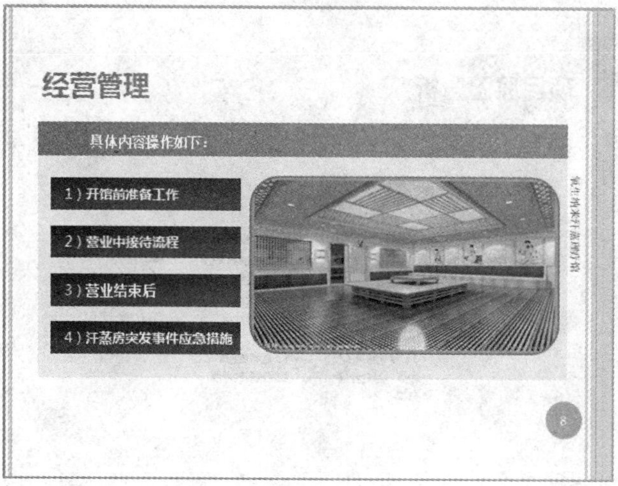

图 5.52　第 8 张幻灯片

9. 制作第 9 张幻灯片

（1）在“开始”选项卡中，单击“幻灯片”组中的“新建幻灯片”下拉按钮，在打开的下拉列表中选择“空白”版式，插入一张新幻灯片。

（2）单击“绘图”组中的“圆角矩形”按钮，在幻灯片中的合适位置拖出一个圆角矩形，然后右击该圆角矩形选择设置图片格式，选择填充，选中图片或纹理，在文件中选择合适的图片，适当调整图片的位置和大小。同理再复制三个这样的圆角矩形，填充相应的图片信息，如图 5.53 所示。

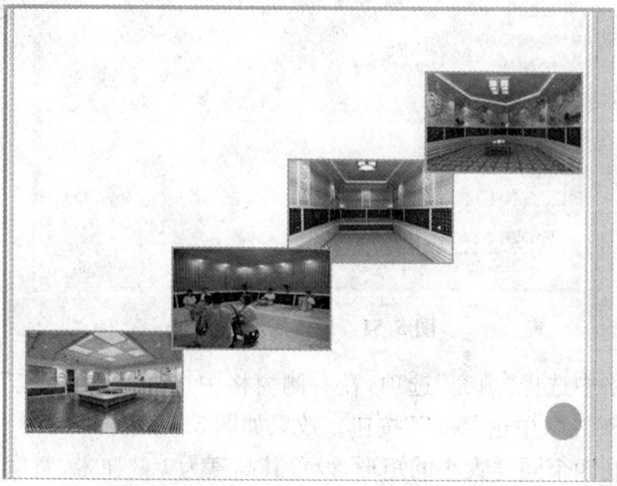

图 5.53　填充图片后的显示效果

（3）在“插入”选项卡中，单击“文本”组中的“艺术字”下拉按钮 A ，在打开的下拉列表中选择第 1 行第 1 列的艺术字样式，如图 5.54 所示。此时，在幻灯片中插入了艺术字“请在此放置您的文字”，把这些文字修改为“谢谢观看”。在绘图工具“格式”选项卡中，单击“艺术样式”组中“文本效果”下拉按钮，在打开的下拉列表中选择“转换”下的“左领章”选项。如图 5.55 所示。

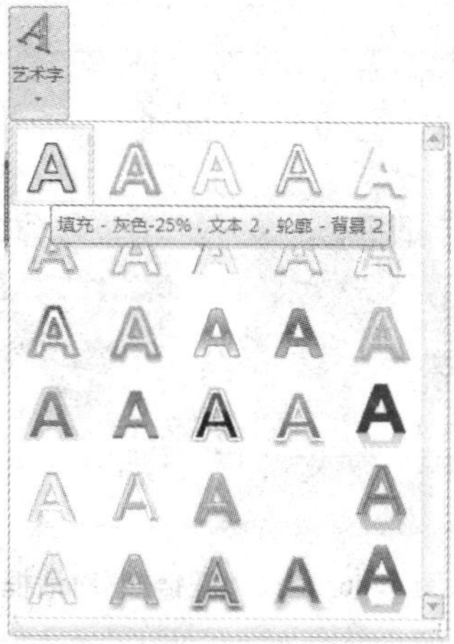

图 5.54　艺术字样式列表

(4) 在“插入”选项卡中，单击“文本”组中的“文本框”下拉按钮，在打开的下拉列表中选择“横向文本框”选项，在图片的下方拖动鼠标，画出一个文本框，并在其中输入名字，设置其字体为“18 磅，加粗”，效果如图 5.55 所示。

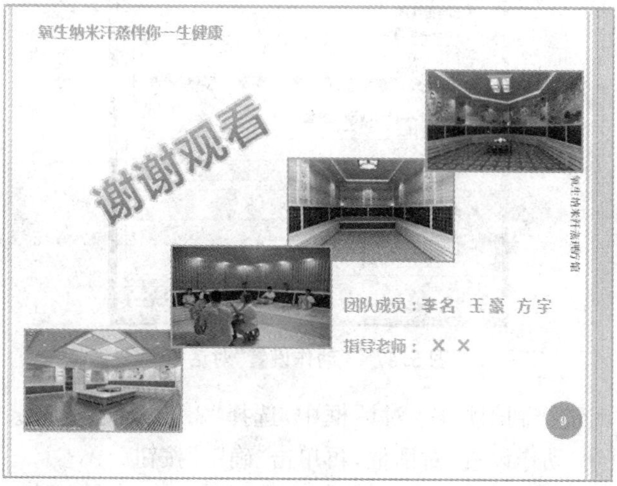

图 5.55　第 9 张幻灯片

（三）插入超链接和运作按钮

演示文稿放映时，默认按顺序播放幻灯片的，但可通过对幻灯片中的对象设置动作按钮的超链接，改变幻灯片的放映顺序，提高演示文稿的交互性。

(1) 在第 2 张幻灯片中，选择目录信息中的文字，在“插入”选项卡中，单击“链接”组中的“超链接”按钮，打开“插入超链接”对话框，在左侧窗格中选择“本文当中的位置”选项，在中央窗格中选择对应的幻灯片，如图 5.56 所示，单击“确定”按钮。

(2) 选择第 8 张幻灯片，在“插入”选项卡中，单击“插图”组中的“形状”下拉按钮，在打开的下拉列表中选择“动作按钮”区域中的最后一个按钮(动作按钮：自定义)，在图片的右下角拖动鼠标，画出一个适当大小的按钮。

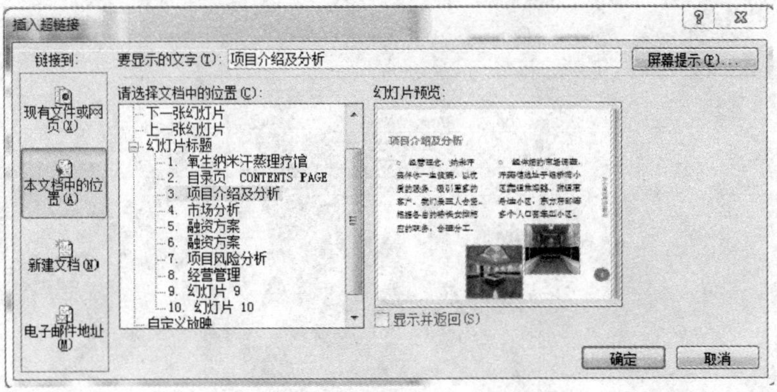

图 5.56 “插入超链接”对话框

(3) 在打开的“动作设置”对话框中，选中“超链接到”单选按钮，并在其下拉列表框中选择“幻灯片…”选项，如图 5.57 所示。

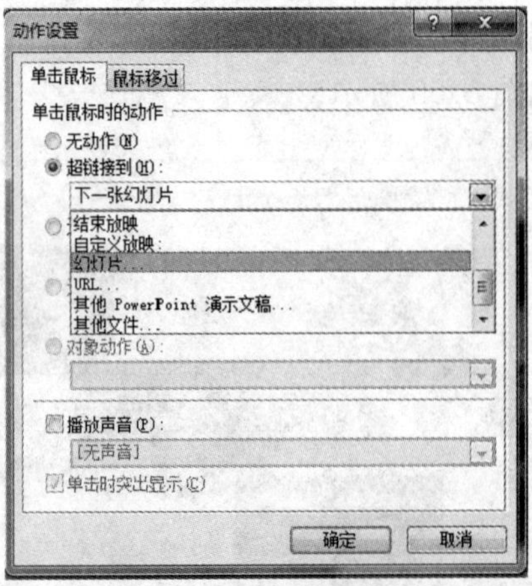

图 5.57 “动作设置”对话框

(4) 在打开的“超链接到幻灯片”对话框中，选择“2. 目录页”选项。如图 5.58 所示，单击“确定”按钮，返回到“动作设置”对话框，再单击“确定”按钮。

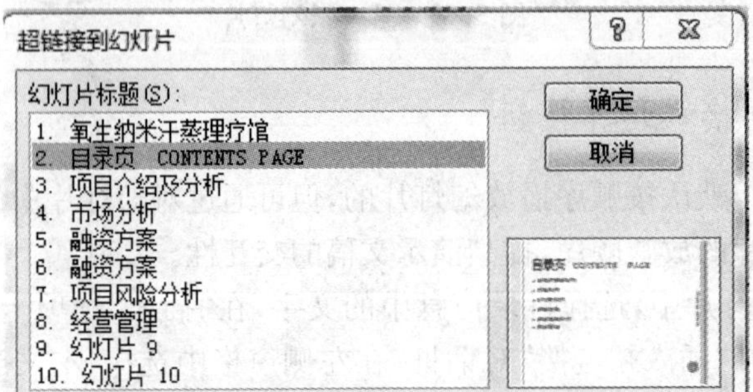

图 5.58 “超链接到幻灯片”对话框

(5) 右击刚插入的按钮，在弹出的快捷菜单中选择“编辑文字”命令，在按钮中输入提示符“返回”。

(6) 把“返回”动作按钮，通过复制粘贴的方法复制到第3～7张幻灯片右下角。

（四）插入日期和幻灯片编号

在页眉和页脚中，可以设置日期和幻灯片编号等，日期可自动更新为当前日期。

(1) 在“插入”选项卡中，单击“文本”组中的“页眉和页脚”按钮，打开“页眉和页脚”对话框，如图5.59所示。

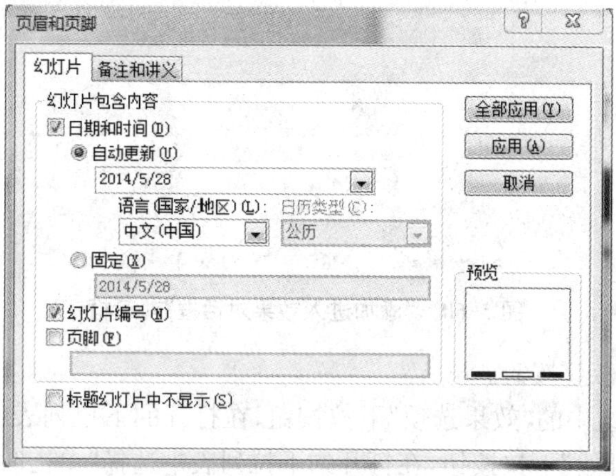

图5.59 “页眉和页脚”对话框

(2) 选中“日期和时间”和“幻灯片编号”复选框，再选中“自动更新”单选按钮，然后单击“全部应用”按钮。

（五）设置动画

在PowerPoint 2010中，动画分为幻灯片之间的切换动画和幻灯片内部对象的自定义动画。下面先设置幻灯片之间的切换动画，再设置幻灯片内部对象的自定义动画。

1. 切换动画设置

在“切换”选项卡中，单击“切换到此幻灯片”组中的“推进”按钮，在“效果选项”下拉列表中选择“自右侧”选项，在“计时”组中的“声音”下拉列表中选择“照相机”选项，再单击“全部应用”按钮，表示所有幻灯片均采用“推进”切换效果。

2. 自定义动画设置

(1) 在第7张幻灯片中，选择第一个组合图形，在“动画”选项卡中，单击“高级动画”组中的“添加动画”下拉按钮，在打开的下拉列表中选择“更多进入效果”选项，打开“添加进入效果”对话框，选择“切入”动画效果，如图5.60所示，单击“确定”按钮。

(2) 单击“动画”组中的“效果选项”下拉按钮，在打开的下拉列表中选择“自左侧”方向；单击“计时”组中的“开始”下拉按钮，在打开的下拉列表中选择“上一动画之后”选项。

(3) 重复上面的(1)、(2)，依次对其后组合图形作同样的动画效果设置。

下面设置左侧第一个矩形的触发切入效果。

(4) 选择左侧第一个矩形，在“动画”选项卡中，单击“高级动画”组中的“添加动画”下拉按钮，在打开的下拉列表中选择“更多进入效果”选项，打开“添加进入效果”对话框，选择“飞

图 5.60 “添加进入效果对话框”对话框

入”动画效果，单击“确定”按钮。

(5) 单击“动画”组中的“效果选项”下拉按钮，在打开的下拉列表中选择“自顶部”方向；单击“计时”组中的“开始”下拉按钮，在打开的下拉列表中选择“单击时”选项。

(6) 单击“高级动画”组中的“触发”下拉按钮，在打开的下拉列表中选择“单击”下的“组合 6”选项(对应于左侧第一个组合图形)，如图 5.61 所示。

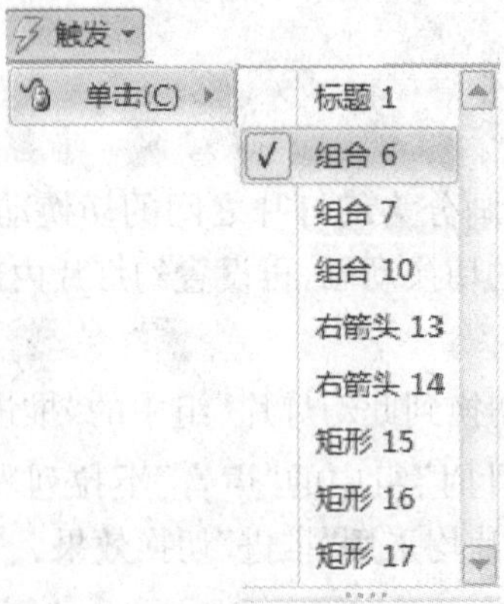

图 5.61 选择“组合 6”选项

说明：在实验操作时，由于操作顺序的不同，左侧第一个组合图形的名称可能不是“组合 6”但名称一定是“组合 X”的形式

下面设置左侧第一个矩形的触发切出效果。

(7) 选择左侧第一个矩形，在“动画”选项卡中，单击“高级动画”组中的“添加动画”下拉按钮，在打开的下拉列表中选择“更多退出效果”选项，打开“添加退出效果”对话框，选择“切出”动画效果，单击“确定”按钮。

(8) 单击“动画”组中的“效果选项”下拉按钮，在打开的下拉列表中选择“到顶部”方向；单击“计时”组中的“开始”下拉按钮，在打开的下拉列表中选择“单击时”选项。

(9) 单击“高级动画”组中的“触发”下拉按钮 ，在打开的下拉列表中选择“单击”下的“组合 6”选项(对应于左侧第一个组合图形)。

下面设置其他 2 个矩形的触发切入/切出效果。

(10) 选择第二个矩形，重复以上(4)～(9)，触发条件为单击“组合 7”(对应于第二个组合图形)。

(11) 选择第三个矩形，重复以上(4)～(9)，触发条件为单击“组合 9”(对应于第三个组合图形)。

(12) 此时，单击“高级动画”组中的“动画窗格”按钮 。

(13) 在“幻灯片放映”选项卡中，单击“开始放映幻灯片”组中的“从头开始”按钮 ，从头开始播放所有幻灯片，观看幻灯片的播放效果。

五、总结与提高

本任务主要介绍了在 PowerPoint 2010 中如何使用文字、图形、图片、图表、表格、SmartArt 图形等来制作图文并茂的幻灯片、插入超链接和动作按钮、设置日期和幻灯片编号、设置动画效果(如幻灯片切换效果、自定义动画效果等)等。

制作幻灯片时，根据幻灯片中要放置的内容，选择合适的版式可以起到事半功倍的效果。

在演示文稿设计中，除了每张幻灯片的制作外，最关键、最重要的就是母版设计，因为母版决定了演示文稿的风格，甚至还是创建演示文稿模板和自定义主题的前提。PowerPoint 2010 提供了幻灯片母版、讲义母版、备注母版三种母版。

SmartArt 图形是信息和观点的可视化表示形式，而图表是数字值或数据的可视图示。一般来说，SmartArt 图形是为文本设计的，而图表是为数字设计的。使用 SmartArt 图形对于制作“列表图”“组织结构图”“流程图”“关系图”等图形特别方便。

为幻灯片上的文本、图形、表格和其他对象添加动画效果，可以突出重点、控制信息流，并增加演示文稿的趣味性，从而给观众留下深刻的印象。动画有时可以起到画龙点睛的作用。动画效果包括幻灯片之间的切换效果和幻灯片内部对象的自定义动画效果。使用触发器可以提高与用户之间的双向互动。一旦某个对象设置为触发器，单击后就会引发一个或一系列动作，该触发器下的所有对象就能根据预先设定的动画效果开始运动，并且设定好的触发器可以多次重复使用。

任务三　制作电子相册

本任务以“制作电子相册”为例，介绍创建电子相册文件、导入图片、添加背景音乐、插入 Flash 动画和视频动画，以及幻灯片换片方式和打包输出等方面的相关知识。

一、任务的提出

随着数码相机的普及,传统的相片形式已经不能满足人们的需求,而易于管理和编辑的数码相片日益受到人们的喜爱。因此能够制作出精美的电子相册已成为很多人的追求。虽然这方面的专业软件很多,但要做到尽善尽美还需要用户很专业地掌握一种计算机软件的使用技术。最常见的 PowerPoint 软件就可以帮助我们轻松制作出漂亮的电子相册来。

若你平时喜欢摄影,就会经常用数码相机拍照,计算机中存储了很多相片。可是,浏览相片的方式比较单一,制作出精美的电子相册,可以更好的展示摄影成果。可是一个精美的电子相册是怎么做出来的、如何去设置背景颜色和背景音乐、如何插入拍摄的视频动画等?我们需掌握电子相册制作的基本流程和要点,还必须解决了以下几个问题:

(1) 如何利用 PowerPoint 2010 软件创建电子相册。

(2) 如何插入并设置背景音乐、Flash 动画、视屏动画等。

(3) 如何控制电子相册的放映。

(4) 如何打包并输出电子相册。

二、解决方案分析

电子相册的特点是新颖、生动、色彩鲜明。为了使电子相册更具风格,首先要分析并规划相片的主题和播放顺序等,然后选择适当的制作软件,这里选择 PowerPoint 2010 软件进行设计制作。

PowerPoint 2010 提供了制作电子相册的功能。创建电子相册时,首先导入相册图片,根据需求,进一步设置相册版式(包括图片版式、相框形状、主题等)和调整图片的前后位置,在第 1 张幻灯片(“标题”幻灯片)中,可设置相册主题及相册的主要内容等。

相册创建后,根据需求,还可进入一步插入并设置相册的背景音乐、Flash 动画和视频动画等,制作出更具感染力的多媒体演示文稿。相册放映时,有多种换片方式,默认为单击手动换片。根据需求,可设置每隔一定时间自动换片、排练计时自动换片等,还可以设置循环放映。

最后,除了把相册保存为“.pptx”格式的文件外,为了能在尚未安装 PowerPoint 软件的计算机中放映,还可把相册另存为“.ppsx”文件、打包成 CD、复制到文件夹,还可把相册创建 PDF/XPS 文档、创建视频、创建讲义等。

以上分析可知,“制作电子相册”可分解为以下六大任务:创建相册;添加背景音乐;插入 Flash 动画;插入视频动画;控制放映;打包输出。

其操作流程如图 5.62 所示,完成效果如图 5.63 所示。

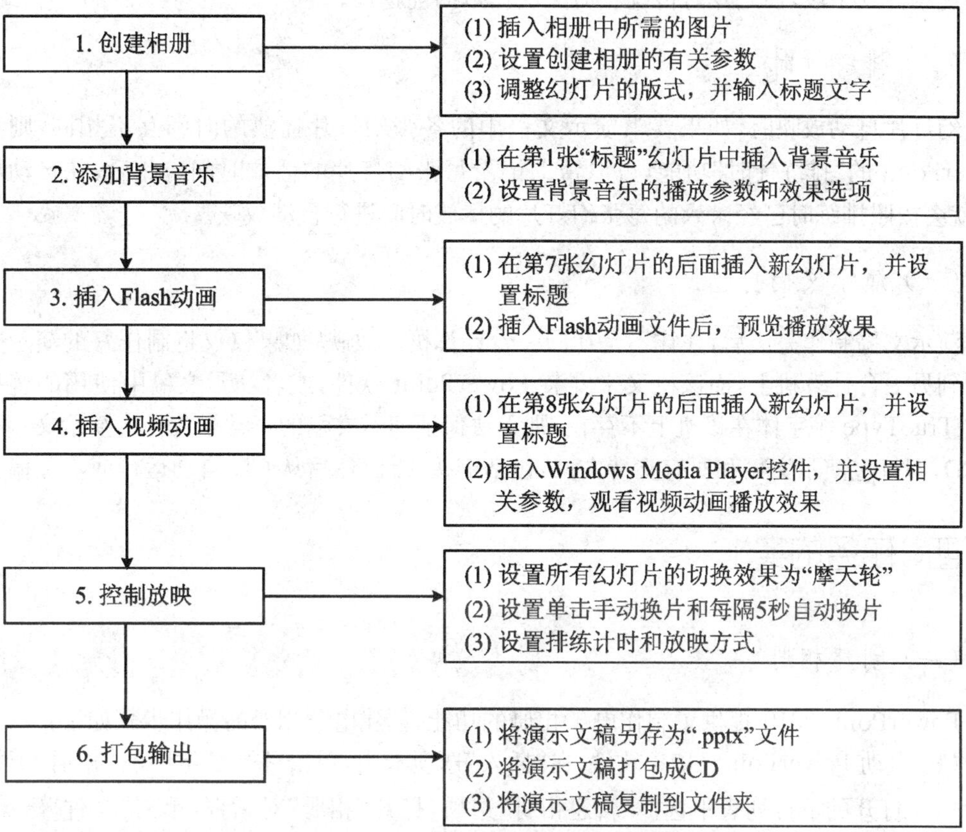

图 5.62 “制作电子相册”操作流程

图 5.63 “制作电子相册”完成效果图

三、相关知识点

（一）电子相册

电子相册是指可以在计算机上观赏的，区别于 CD/VCD 的静止图片的特殊文档，其内容不局限于摄影照片，也可以包括各种艺术创作图片。电子相册因其图、文、声、像并茂的变现手法，可随意修改编辑的功能，快速的检索方式，永不褪色的恒久保存特性，以及可廉价复制的优越分发手段,使之具有传统相册无法比拟的优越性。

(二) 排练计时

幻灯片自动放映时,如果要求演示文稿中的各张幻灯片播放的时间互不相同,则利用PowerPoint 的“排练计时”功能,可以帮助记录每张幻灯片的播放时间。此后,在自动放映时,就会按照排练时已经录入的每张幻灯片的播放时间进行自动放映。

(三) 演示文稿打包

演示文稿制作完成后,往往不是在同一台计算机上放映,如果仅仅将制作好的演示文稿复制到另一台计算机上,而该机又未安装 PowerPoint 软件,或者演示文稿中使用的链接文件或 TrueType 等字体在该机上不存在,则无法保证演示文稿的正常播放。将演示文稿打包成 CD,即打包演示文稿和所有支持文件,包括链接文件,然后从 CD 自动运行演示文稿。

四、任务的实施

(一) 创建相册

PowerPoint 2010 提供了制作电子相册的功能,创建电子相册的操作步骤如下:

(1) 启动 PowerPoint 2010 软件,在“插入”选项卡中,单击“图像”组中的“相册”下拉按钮,在打开的下拉列表中选择“新建相册”选项,打开“相册”对话框,单击“文件/磁盘”按钮,如图 5.64 所示。

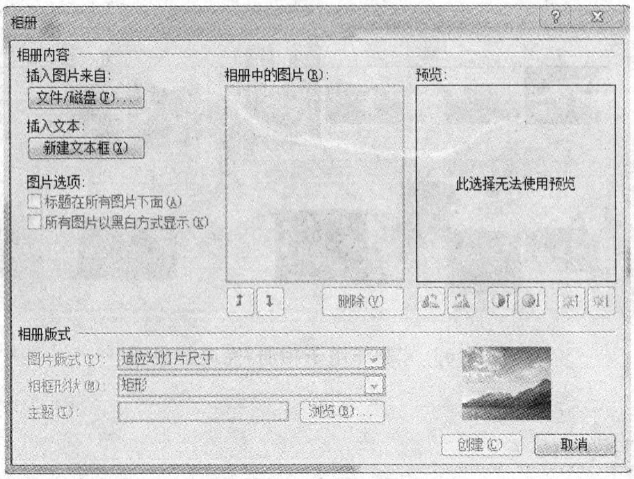

图 5.64 “相册”对话框

(2) 在打开的“插入新图片”对话框中,在素材库中选择需要导入的图片。如果要导入全部图片,则可按“Ctrl + A”组合键,选择全部图片文件,然后单击“插入”按钮。如图 5.65 所示。

(3) 返回到“相册”对话框,可以发现刚才选择的全部图片已经加入到“相册中的图片”列表框中,选择“图片版式”为“2 张图片”,“相框形状”为“圆角矩形”,“主题”为“药剂师”,并

图 5.65　导入全部图片

选中“标题在所有图片下面”复选框，通过单击“↑”或“↓”按钮，调整“相册中的图片”列表框中图片的顺序，把同类的 2 张图片放置在同一张幻灯片中，如图 5.66 所示。

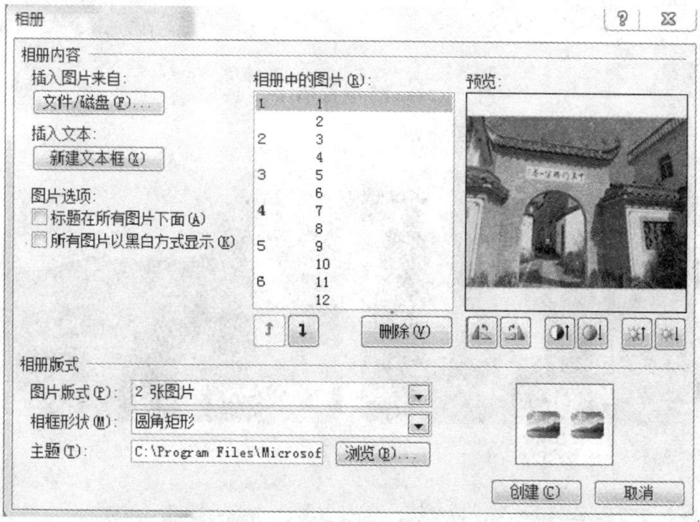

图 5.66　导入图片后的“相册”对话框

通过单击“预览”图片下方的相应按钮，还可以调整图片的对比度、亮度、旋转方向等。

(4) 单击“创建”按钮，PowerPoint 2010 会自动生成一个由 7 张幻灯片组成的演示文稿，将第 1 张幻灯片的“标题”和“副标题”占位符中的内容修改为自己所需要的内容，并适当调整“副标题”占位符的位置和大小，如图 5.67 所示。

(5) 修改第 2 张幻灯片的版式为“仅标题”，并设置第 2 张幻灯片的标题为“电子相册”，如 图 5.68 所示。用同样的方法，设置后面的幻灯片的版式为“仅标题”，并分别设置好每张幻灯片的标题。

(二) 添加背景音乐

为了提高演示效果，可以在相册中添加背景音乐、旁白、原声摘要等。

图 5.67　第 1 张幻灯片

图 5.68　第 2 张幻灯片

(1) 单击窗口左上角“快速访问工具栏”中的“保存演示文稿”，取名为“李想相册.pptx”，操作时要注意及时保存文件。

(2) 选择第 1 张幻灯片(“标题”幻灯片)，在“插入”选项卡中，单击“媒体”组中的“音频”下拉按钮，在打开的下拉列表中选择“文件中的音频”选项，打开“插入音频”窗口，找到并选择素材库中的“听海.mp3”背景音乐文件，单击“插入”按钮。

(3) 在“音频工具”的“播放”选项卡中，单击“音频选项”组中的“开始”下拉按钮，在打开的下拉列表中选择“自动”选项，并选中“放映时隐藏”“循环播放，直到停止”和“播完返回开头”复选框，如图 5.69 所示。

(4) 在“动画”选项卡中，单击“高级动画”组中的“动画窗格”按钮，打开“动画窗格”，右

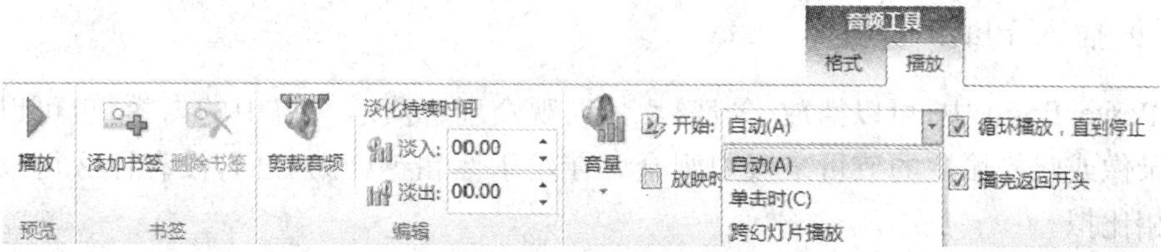

图 5.69 “播放”选项卡

击“动画窗格”中的“声音”对象(“原来你在这里. mp3”)，在弹出的快捷菜单中选择“效果选项”的命令，如图 5.70 所示。

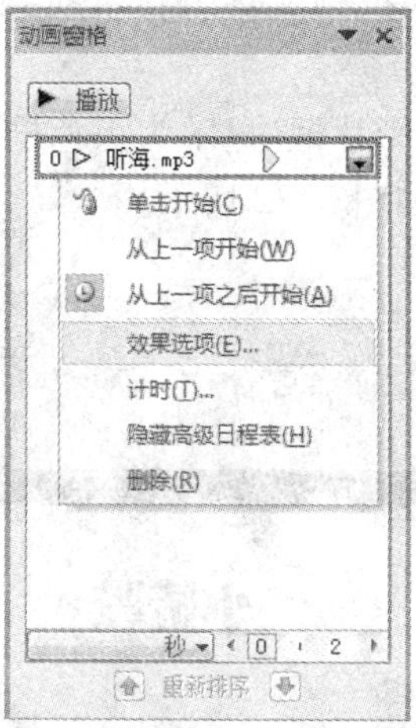

图 5.70 “动画窗格”

(5) 在打开的“播放音频”对话框的“效果”选项中，选择“在 7 张幻灯片后”停止播放，如图 5.71 所示，单击“确定”按钮，再关闭“动画窗格”。

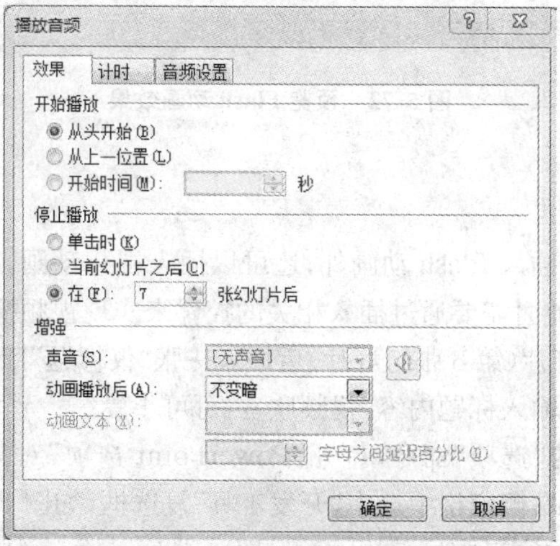

图 5.71 “播放音频”对话框

(6) 拖动“喇叭”图标至第 1 张幻灯片的右上角位置，单击“播放”按钮，可试听声音播放效果，根据需要可调节播放音量。

（三）插入 Flash 动画

在 PowerPoint 中，可以播放一段影片帮助观众理解演示文稿中的内容，也可以播放一段演讲录像或轻松愉快的节目来吸引观众。在娱乐性和感染力方面，没有什么可以与多媒体节目相比拟。

(1) 在最后一张幻灯片(第 7 张幻灯片)后插入一张“仅标题”版式的幻灯片(第 8 张幻灯片)，在“标题”占位符中，输入标题内容“Flash 动画欣赏：醉人的风景”

(2) 在“插入”选项卡中，单击“媒体”组中的视频下拉按钮，在打开的下拉列表中选择“文件中的视频”选项，打开“插入视频文件”窗口，找到并选择素材库中的“小情歌. swf”Flash 动画文件，单击“插入”按钮。

(3) 此时在幻灯片中插入一个影片框(显示为黑色框)，适当调整影片框的大小和位置，双击影片可预览 Flash 动画效果，如图 5.72 所示。

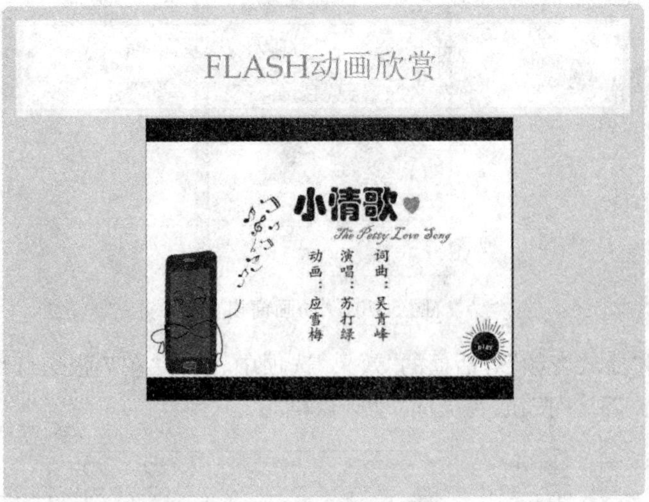

图 5.72　预览 Flash 动画效果

（四）插入视频动画

在电子相册中，除了插入 Flash 动画外，还可以插入视频动画，有些视频格式在 PowerPoint 中并不直接支持，此时需要通过插入相关的控件来实现视频播放。

(1) 在最后一张幻灯片(第 8 张幻灯片)后插入一张“仅标题”版式的幻灯片(第 9 张幻灯片)，在“标题”占位符中，输入标题内容“视频欣赏：可可小爱”

(2) 选择“文件”下的“选项”命令，打开“PowerPoint 选项”对话框，在左侧窗格中选择“自定义功能区”选项，在右侧窗格中选中“开发工具”复选框，如图 5.73 所示，单击“确定”按钮，使得在 PowerPoint 主窗口中显示“开发工具”选项卡。

(3) 在“开发工具”选项卡中，单击“控件”组中的“其他控件”按钮，如图 5.74 所示，打开“其他控件”的对话框，拖动垂直滚动条至底部，然后选择其中的控件“Windows Media Player”，如图 5.75 所示，单击“确定”按钮。“Windows Media Player”控件用于播放视频动画。

(4) 此时鼠标指针变为十字形状，拖动鼠标在幻灯片中画出一个矩形框，该矩形框是

图 5.73　“PowerPoint 选项”对话框

图 5.74　“开发工具”选项卡

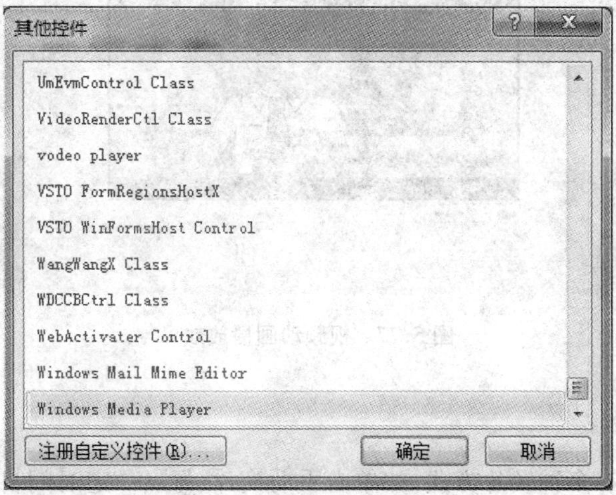

图 5.75　“其他控件”对话框

“Windows Media Player”控件的播放窗口。

(5) 右击该播放窗口，在弹出的快捷菜单中选择“属性”命令，打开“属性”窗口，在“URL”参数的右侧文本框中输入视频文件所在的实际路径，如“D:\相册\kekexiaoai.mp4”，如图 5.76 所示，设置完成后关闭“属性”窗口。

如果设置“fullScreen”参数“True”，则该视频播放时将全屏播放。

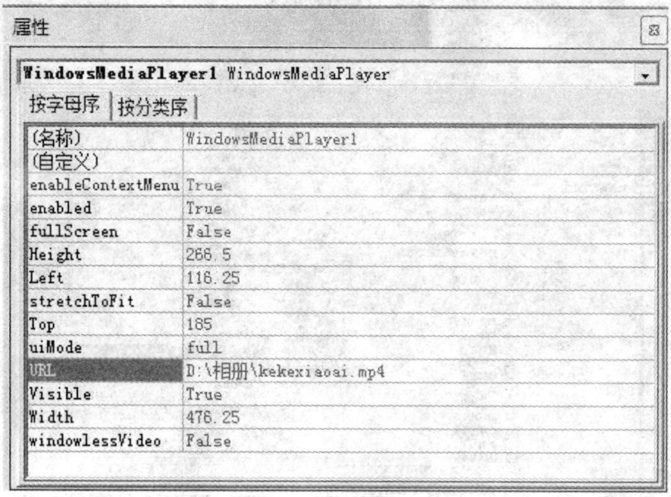

图 5.76 “属性”窗口

(6) 在“幻灯片放映”选项卡中，单击“开始放映幻灯片”组中的“从当前幻灯片开始”按钮，可观看视频动画播放效果，如图 5.77 所示，双击视频动画对象可实现全屏播放。

图 5.77 视频动画播放效果

(五) 控制放映

幻灯片放映时，有多种换片方式，如单击手动换片、每隔一定时间自动换片、排练计时自动换片等，还可以设置循环放映。

(1) 在“切换”选项卡中，单击“切换到此幻灯片”组右侧的“其他”按钮，在打开的列表中选择“动态内容”区域中的“摩天轮”切换效果按钮。

(2) 单击“计时”组中的“全部应用”按钮，即把所有幻灯片的切换效果都设置为“摩天轮”效果，再选中“单击鼠标时”和“设置自动换片时间”复选框，并设置“设置自动换片时间”为 5 秒，如图 5.78 所示。

说明：默认换片方式是单击手动换片，如果同时还设置了每隔 5 秒自动换片，则开始放

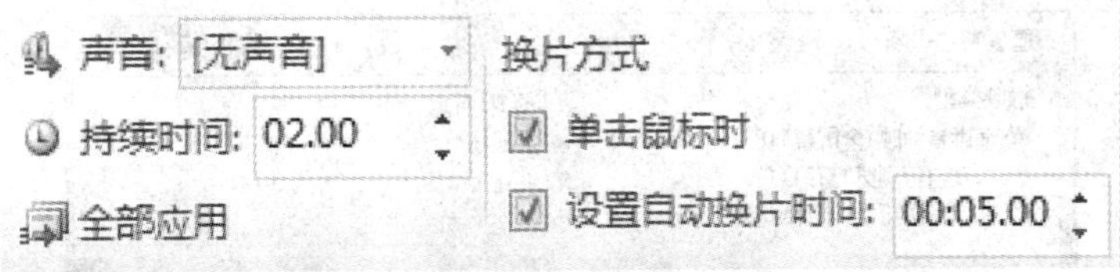

图 5.78 “计时”组

映后，如果在 5 秒内单击，可实现换片，否则到 5 秒时间时，会自动实现换片。

排练计时是另一种换片方式，它与每隔一定时间自动换片的方式略有不同，不同之处在于排练计时可以设置每张幻灯片具有不同的播放时间。

(3) 在“幻灯片放映”选项卡中，单击“设置”组中的“排练计时”按钮，如图 5.79 所示，开始手动放映幻灯片，并出现如图 5.80 所示的“录制”窗口，该对话框中部的时间是指当前幻灯片的已播放时间，右侧的时间是指所有幻灯片已播放的总时间。手动放映完毕后，会提示是否保留新的幻灯片排练时间，如图 5.81 所示。单击“是”按钮，则在下一次放映幻灯片时，可以按照每张幻灯片已排练的时间自动换片（每张幻灯片播放的时间可能不同）。

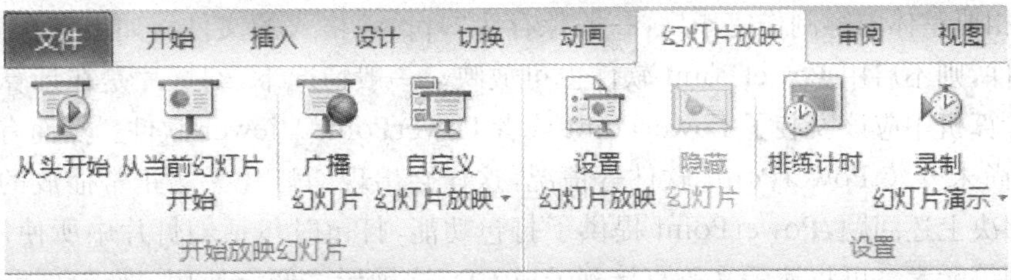

图 5.79 “幻灯片放映”选项卡

图 5.80 “录制”窗口

图 5.81 是否保留新的新的幻灯片排练时间

(4) 还可以设置幻灯片是否循环放映。在“幻灯片放映”选项卡中，单击“设置”组中的“设置幻灯片放映”按钮，打开“设置放映方式”对话框，如图 5.82 所示。选中“循环放映，按 ESC 键终止”复选框和“如果存在排练时间，则使用它”单选按钮，单击“确定”按钮。

(5) 单击“开始放映幻灯片”组中的“从头开始”按钮 ，观看幻灯片播放效果。

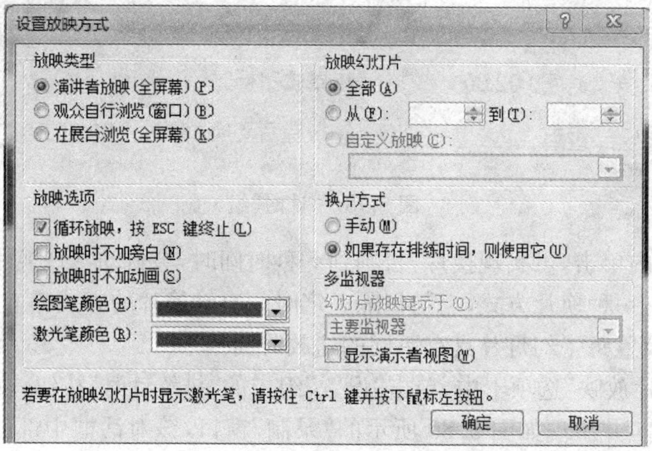

图 5.82 “设置放映方式”对话框

（六）打包输出

电子相册整体内容制作完毕后，一般保存为“.pptx”格式的文件。如果保存为“.ppsx”格式的文件，则不启用 PowerPoint 软件也可放映。一般情况下，幻灯片是在计算机中播放的，而且计算机中应该安装了 PowerPoint 或者 PowerPoint Viewer 软件。然而有时会遇到计算机中尚未安装 PowerPoint 软件等情况，这样会出现幻灯片无法正常播放的问题。因此，为了解决上述问题，PowerPoint 提供了打包功能，打包时包括幻灯片中所使用的文字、音乐、视频等元素。可将演示文稿直接刻录成 CD，这种形式便于使用、携带和播放，无需有 PowerPoint 软件的支持，通常一张光盘中可以存放一个或多个演示文稿。

(1) 单击窗口左上角“快速访问工具栏”中的“保存”按钮，保存演示文稿(文件名为“宣城景点相册.pptx”)。

(2) 选择“文件”下的“另存为”命令，打开“另存为”窗口，选择“保存类型”为“PowerPoint 放映(＊.ppsx)”，单击“保存”按钮，然后关闭 PowerPoint 软件。

(3) 双击刚保存的“宣城景点相册.ppsx”文件，不必启用 PowerPoint 软件即可观看播放效果。

(4) 重新打开“李想相册.pptx”文件(不是“宣城景点相册.ppsx”文件)，然后选择“文件”下的“保存并发送”命令，在中间窗格的“文件类型”区域中选择“将演示文稿打包成 CD”选项，再单击右侧窗格中的“打包成 CD”按钮，如图 5.83 所示。

(5) 在打开的“打包成 CD”对话框中，可命名 CD，如“我的演示文稿 CD”，如图 5.84 所示。如果有多个演示文稿需要放在同一张 CD 中，则单击“添加”按钮，添加相关演示文稿文件。

(6) 如果有更多设置要求，如设置密码，则单击如图 5.84 所示界面中的“选项”按钮，在打开的如图 5.85 所示的“选项”对话框中设置打开或修改每个演示文稿时所用的密码，再单击“确定”按钮。

(7) 将空白的 CD 刻录盘放入刻录机，单击“打包成 CD”界面中的“复制到 CD”按钮，这样就可刻录成演示文稿光盘。如果出现演示文稿光盘无法播放时，则单击“Download Viewer”按钮下载 PowerPoint Viewer 播放软件即可。

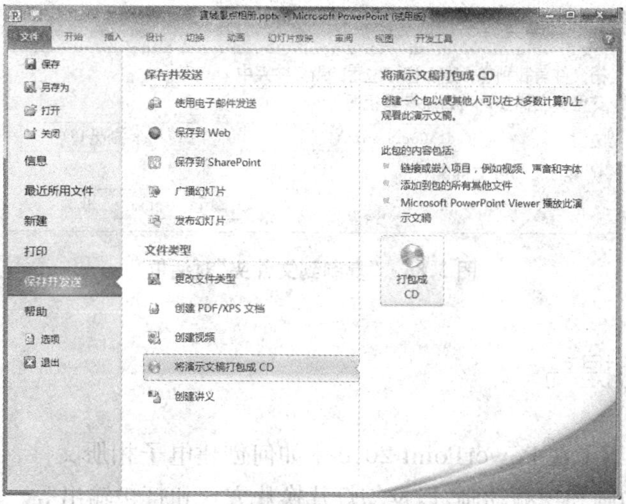

图 5.83　将演示文稿打包成 CD

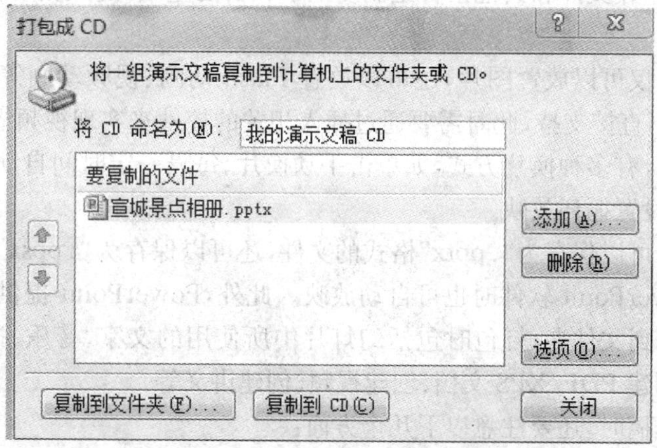

图 5.84　“打包成 CD”对话框

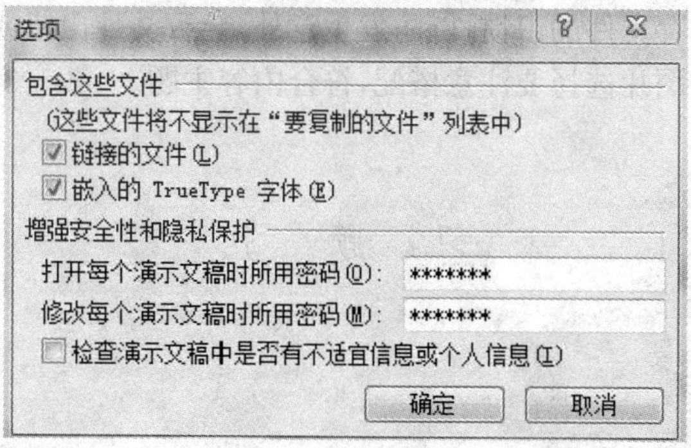

图 5.85　“选项”对话框

(8) 在如图 5.84 所示的对话框中，单击“复制到文件夹”按钮，打开如图 5.86 所示的“复制到文件夹”对话框，指定文件夹名称和保存位置，将演示文稿保存到指定文件夹中作其他用途。

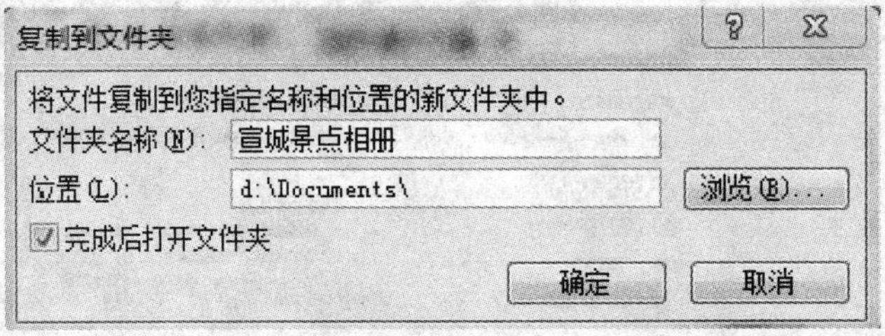

图 5.86 “复制到文件夹”对话框

五、总结与提高

本任务主要介绍了在 PowerPoint 2010 中如何创建电子相册文件、导入图片、添加背景音乐、插入 Flash 动画和视频动画，以及幻灯片换片方式和打包输出等。

在掌握一般演示文稿制作方法的基础上，再制作电子相册时就游刃有余了。总结一下制作过程，准备好相片文件和其他素材是制作电子相册的基础，建立相册及完善美化相册是制作的核心。

电子相册中不仅可以放置图片，还可以放置 Flash 动画、视频动画等，有些视频格式在 PowerPoint 中并不直接支持，此时需要通过插入相关的控件来实现视频播放。

幻灯片放映时，有多种换片方式，如单击手动换片、每隔一定时间自动换片、排练计时自动换片等，还可以设置循环放映。

电子相册除了可以保存为“.pptx”格式的文件，还可以保存为“.ppsx”格式的文件，这样可以在不启用 PowerPoint 软件时也可自动放映。此外，PowerPoint 提供了打包功能，可以打包成 CD 或复制到文件夹，打包时包括幻灯片中所使用的文字、音乐、视频等元素。还可以根据演示文稿创建 PDF/XPS 文档、创建视频、创建讲义等。

在制作演示文稿时，还要注意以下几个方面：

(1) 制作幻灯片时，要充分利用 PowerPoint 2010 的视图方式。

(2) 幻灯片制作完毕后，要预览放映，观看放映效果，在放映时注意放映方式。

(3) 要养成经常保存文件的习惯，以防发生意外，导致文件出错或丢失。

(4) 电子相册中的图片选择要注意搭配，符合内容主题。

习　题　五

一、选择题

1. 编辑演示文稿时，要在幻灯片中插入表格、剪贴画或照片等图形，应在____中进行。

A. 备注页视图　　　　B. 幻灯片浏览视图

C. 幻灯片窗格　　　　D. 大纲窗格

2. 在 PowerPoint 中可以对幻灯片进行移除、删除、添加、复制、设置切换效果，但不能编辑幻灯片具体内容的是____。

A. 普通视图　　B. 幻灯片浏览视图

C. 幻灯片窗格　　D. 大纲窗格

3. PowerPoint 文档不可以保存为____文件。

A. 演示文稿　B. 文稿模板　C. PDE　D. 纯文本

4. 下列有关 PowerPoint 演示文稿的说法，正确的是____。

A. 演示文稿中可以嵌入 Excel 工作表

B. 可以将 PowerPoint 演示文档保存为 PDF 文件

C. 可以把演示文稿“A.pptx”插入到演示文稿“B.pptx”中

D. 以上说法均正确

5. 在 PowerPoint 中，____说法是不正确的。

A. 可以在演示文稿中插入图表

B. 可以将 Excel 工作表直接插入到幻灯片中

C. 可以在幻灯片浏览视图中对演示文稿进行移动或者复制

D. 演示文稿不能保存为在 Windows 资源管理器下直接放映的文件

6. PowerPoint 中提供安全性方面的功能，可以____。

A. 清除引导扇区/分区表病毒　　B. 清除感染可执行文件的病毒

C. 清除任何类型的病毒　　D. 防止宏病毒

7. 在 PowerPoint 中建立的文档文件，不能用 Windows 中的“记事本”打开，这是因为____。

A. 文件名以“.pptx”为扩展名

B. 文件中含有汉字

C. 文件中含有特殊控制符

D. 文件中的西文有“全角”和“半角”之分

8. 如果要将 PowerPoint 演示文稿用 Adobe Reader 阅读器打开，则文件的保存类型应为____。

A. 演示文稿　　B. PDF

C. 演示文稿设计模板　　D. XPS 文档

9. 幻灯片中占位符的作用是____。

A. 演示文本长度　　B. 限制插入对象的数量

C. 表示图形大小　　D. 为文本图形预留位置

10. PowerPoint 是一种____软件。

A. 文字处理　B. 电子表格　C. 演示文稿　D. 系统

11. PowerPoint 属于____。

A. 高级语言　B. 操作系统　C. 语言处理软件　D. 应用软件

12. PowerPoint 运行平台____。

A. Windows　B. Unix　C. Linux　D. DOS

13. 下面对 PowerPoint 的主要功能叙述不正确的是____。

A. 课堂教学　B. 学术报告　C. 产品介绍　D. 休闲娱乐

14. PowerPoint 2010 演示文稿默认的文件扩展名是____。

A. .pptx　B. .potx　C. .dotx　D. .ppzx

15. ____是一种带有虚线或阴影线边缘的框,绝大部分幻灯片版式中都有这种框。在这些框内可以放置标题及正文,或者是图表、表格和图片等对象,并往往包含了某种格式。

A. 由"绘图"工具栏中"矩形"工具绘制的矩形

B. 由"绘图"工具栏中"文本框"工具绘制的文本框

C. 任务窗格

D. 占位符

16. ____是定义演示文稿中所有幻灯片或页面格式的幻灯片视图或页面。每个演示文稿的每个关键组件(幻灯片、标题幻灯片、演讲者备注和听众讲义)都有。

A. 模板　B. 母版　C. 版式　D. 窗格

17. 在 PowerPoint 中,"视图"这个名词表示____。

A. 一种图形　B. 显示幻灯片的方式

C. 编辑演示文稿的方式　D. 一张正在修改的幻灯片

18. PowerPoint 中默认的视图是____。

A. 大纲视图　B. 幻灯片浏览视图

C. 普通视图　D. 幻灯片视图

19. 在 PowerPoint 的大纲窗格中,不可以____。

A. 插入幻灯片　B. 删除幻灯片　C. 移动幻灯片　D. 添加文本框

20. 以下____文件类型属于视频文件格式且被 PowerPoint 所支持。

A. avi　B. wpg　C. jpg　D. winf

21. 以下____不是 PowerPoint 所支持。

A. 图形、图表　B. 表格、声音

C. 视频剪辑、数学公式　D. 数据库

22. 扩展名为____的演示文稿文件,不必启动 PowerPoint 即可浏览。

A. ".pptx"　B. ".potx"　C. ".ppsx"　D. ".popx"

23. 由 PowerPoint 产生的____类型的文件,可以在 Windows 环境下双击而直接放映。

A. ".pptx"　B. ".ppsk"　C. ".potx"　D. ".ppax"

24. 在 PowerPoint 中,"打包"的含义是____。

A. 压缩演示文稿便于存放

B. 将嵌入的对象与演示文稿压缩在同一个优盘上

C. 压缩演示文稿便于携带

D. 将演示文稿、播放器和一些相关的链接文件复制到文件夹

25. 如果希望在幻灯片演示过程中终止幻灯片的演示,则随时可按的终止键是____。

A. Delete　B. Ctrl + E　C. Shift + C　D. Esc

26. PowerPoint 中,下面说法错误的是____。

A. 可以动态显示文本和对象　B. 可以更改动画对象的出现顺序

C. 图表中的元素不可以设置动画效果　D. 可以设置幻灯片切换效果

27. 幻灯片放映过程中,右击鼠标,在弹出的快捷菜单中选择"指针选项"中的荧光笔,在讲解过程中可以进行写和画,其结果是____

A. 对幻灯片进行了修改

B. 对幻灯片没有进行修改

C. 写和画的内容留在幻灯片上，下次放映还会显示出来

D. 写和画的内容可以保存起来，以便下次放映时显示出来

28. 改变演示文稿外观可以通过____。

A. 修改主题　　B. 修改母版

C. 修改背景样式　　D. 以上三个都对

29. PowerPoint 文档保护方法包括____。

A. 用密码进行加密　　B. 转换文件类型

C. IRM 权限设置　　D. 以上都对

二、实践操作题

1. 打开素材库中的“超重与失重.pptx”文件，按下面的操作要求进行操作，并把操作结果存盘。

(1) 将第1张幻灯片的版式设置为“标题”幻灯片。

(2) 为第1张幻灯片添加标题，内容为“超重与失重”，字体为“宋体”。

(3) 将整个幻灯片的宽度设置为“28.8厘米(12英寸)”。

(4) 在最后添加1张“空白”版式的幻灯片。

(5) 在新添加的幻灯片上插入一个文本框，文本框的内容为“The End”，字体为“Times New Roman”。

2. 打开素材库中的“国际单位制.pptx”文件，按下面的操作要求进行操作，并把操作结果存盘。

(1) 在第1张幻灯片前插入1张标题幻灯片，在主标题处输入文字“国际单位制”(不包括引号)。

(2) 设置所有幻灯片背景，使其填充效果的纹理为“花朵”。

(3) 对“物理公式在确定物理量”文字所在幻灯片，设置每一条文本的动画方式为进入“螺旋飞舞”(共6题)。

(4) 为“在采用先进的…”所在段落删除项目符号。

3. 打开素材库中的“网络技术试验.pptx”文件，按下面的操作要求进行操作，并把操作结果存盘。

(1) 将第2张幻灯片的版式设置为“垂直排列标题与文本”，将它的切换效果设置为“水平百叶窗”，速度为默认。

(2) 删除第3张幻灯片中的所有项目符号。

(3) 将第3张幻灯片的背景渐变预设颜色设置为“雨后天晴”。

(4) 将第1张幻灯片的主题的字体设置为“华文彩云”，字号为默认。

(5) 为第1张幻灯片的剪贴画建立超链接，链接到“http://www.library.com”。

4. 打开素材库中的“大熊猫.pptx”文件，按下面的操作要求进行操作，并把操作结果存盘。

(1) 在最后添加一张幻灯片，设置其版式为“标题”幻灯片，在主标题区输入文字“The End”(不包括引号)。

(2) 设置页脚，使除标题版式幻灯片外，所有幻灯片（即第2～6张）的页脚文字为“国宝大熊猫”（不包括引号）。

(3) 将“作息制度”所在幻灯片中的表格对象，设置动画效果为进入“自右侧 擦除”。

(4) 将“活动范围”所在幻灯片中的“因此活动量也相应减少”降低到下一个较低的标题级别。

(5) 将“大熊猫现代分布区”所在幻灯片的文本区，设置行距为1.2行。

5. 打开素材库中的“自我介绍 .pptx”文件，按下面的操作要求进行操作，并把操作结果存盘。

(1) 隐藏最后一张幻灯片（“Bye - bye”）。

(2) 将第1张幻灯片的背景纹理设置为“绿色大理石”。

(3) 删除第3张幻灯片中所有一级文本的项目符号。

(4) 删除第2张幻灯片中的文本（非标题）原来设置的动画效果，重新设置动画效果为进入“缩放”，并且次序上比图片早出现。

(5) 对第3张幻灯片中的图片建立超级链接，链接到第一张幻灯片。

6. 打开素材库中的“数据通信技术和网络 .pptx”文件，按下面的操作要求进行操作，并把操作结果存盘。

(1) 将第1张幻灯片的主标题设置为“数据通信技术和网络”，字体为“隶书”，字号默认。

(2) 在每张幻灯片的日期区插入演示文稿的日期时间，并设置为自动更新（采取默认日期格式）。

(3) 将第2张幻灯片的版式设置为“垂直排列标题与文本”，背景设置为“鱼类化石”纹理效果。

(4) 给第3张幻灯片的剪切画建立超链接，链接到“上一张幻灯片”。

(5) 将演示文稿的主题设置为“跋涉”，应用于所有幻灯片。

7. 打开素材库中的演示文稿文件“数据仓库的设计.pptx”，按下面的操作要求进行操作，并把操作结果存盘。

(1) 幻灯片的设计模板设置为“暗香扑面”。

(2) 给幻灯片插入日期（自动更新，格式为××××年××月××日）。

(3) 针对第2张幻灯片，按顺序设置以下的自定义动画效果，要求如下：

① 将文本内容“面向主题原则”的进入效果设置成“自顶部 飞入”。

② 将文本内容“数据驱动原则”的强调效果设置成“彩色脉冲”。

③ 将文本内容“原型法设计原则”的退出效果设置成“淡出”。

④ 在页面中添加“前进”（前进或下一项）与“后退”（后退或前一项）的动作按钮。

(4) 按下面要求设置幻灯片的切换效果。

① 设置所有幻灯片的切换效果为“自左侧 推进”。

② 实现每隔3秒自动切换，也可以单击进行手动切换。

8. 打开素材库中的演示文稿文件“CORBA技术介绍.pptx”，按下面的操作要求进行操作，并把操作结果存盘。

(1) 幻灯片的设计模板设置为“暗香扑面”。

(2) 给幻灯片插入日期（自动更新，格式为××××年××月××日）。

(3) 针对第 2 张幻动片，按顺序设置以下的自定义动画效果，要求如下：

① 将文本内容“CORBA 概述”的进入效果设置成“自顶部 飞人”。

② 将文本内容“对象管理小组”的强调效果设置成“彩色脉冲”。

③ 将文本内容“OMA 对象模型”的退出效果设置成“淡出”。

④ 在页面中添加“前进”(前进或下一页)与“后退”(后退或前一页)的动作按钮。

(4) 按下面要求设置幻动片的切换效果。

① 设置所有幻动片的切换效果为“自左侧 推进”。

② 实现每隔 3 秒自动切换，也可以单击进行手动切换。

(5) 在幻动片最后一页后新增加一页，设计出如下效果：单击，依次显示文字 A、B、C、D。

三、拓展训练

为了加强学生职业技术训练，促进同学之间相互学习、相互交流，提高学生搜索整理材料和制作演示文稿的能力，激发学生对计算机的学习兴趣，培养学生创新意识与实践能力，在圣诞节和元旦期间，学校将主办新年贺卡制作比赛，比赛办法如下：

1. 活动的主题：发展、和谐与创新。

2. 贺卡内容要求。

主题鲜明、内容健康：

(1) 多角度展示学校、班级的精神风貌等。

(2) 个人新年憧憬、祝愿、畅想。

3. 参赛对象：全校学生。

4. 参加要求：

(1) 电子贺卡可使用各种工具制作，如 PowerPoint、Flash、Photoshop 等，推荐使用 PowerPoint 工具。上交作品必须是原创作品。

(2) 注明学校、班级、姓名、作品名称等。

(3) 一件作品只能署名人。

(4) 一种工具软件制作的作品只能上报一件。

(5) 作品大小不要超过 5 MB。

5. 评比办法：

(1) 比赛分为二个组别：计算机应用专业组和非计算机应用专业组。每个组分别设立一、二、三等奖各若干名。

(2) 按照“公平、公正、公开”的原则，邀请有关计算机专业的教师对参赛作品进行集中评审。

项目六　网络与 Internet 应用

学习内容

任务一　网络的接入

任务二　现代信息高速公路

学习目标

在本项目的学习过程中，要求学生了解计算机网络方面的基础知识，掌握网络的接入；能够设置家用无线路由器；掌握浏览器使用，利用浏览器搜索信息，并按需保存。

任务一　网络的接入

一、任务的提出

一台计算机只有在成功接入 Internet 后，才能和网络上的其他计算机进行通信，从而达到信息交互，实现资源共享。还可以利用 Internet 提供的服务，从网上获取更多的信息资源，如信息浏览、信息检索、文件下载、收发电子邮件等。要想把一台计算机成功地接入 Internet，涉及计算机网络知识与技术。

小王家最近刚买了台计算机，心情急切的他想利用这台计算机上网以实现自己网上冲浪的梦想，可对计算机网络一无所知的他不知如何将计算机接入 Internet。于是打电话向电信部门申请，电信部门的李师傅来到小王家，很快就将这台计算机接入到 Internet 上，小王终于如愿以偿地实现了上网的梦想。但家里准备还买台笔记本，自己还有部智能手机，怎样把它们都连上网呢？

二、解决方案分析

李师傅告诉小王，把一台计算机接入 Internet 有多种方式。目前常用的有电话拨号接入、ADSL 接入、光纤接入、局域网接入、无线接入等方式，每种方式都有自己的特点，具体选择时还要考虑上网速度、费用等因素。经过一番谈话和协商后，小王决定利用光纤方式接入

Internet，再增加一个无线路由器，这样就可以实现多台电脑和智能手机上网了。

三、相关知识点

（一）计算机网络的定义

计算机网络就是将分布在不同的地理位置上、具有功能独立的多个计算机系统及其外部设备，利用通信手段和线路连接起来，按照特定的通信协议进行信息交互，实现资源共享和信息交换的系统。

（二）计算机网络的主要功能

1．资源共享

资源共享是指网络上的用户通过网络在一定的授权范围内共享网络中其他计算机系统提供的资源。这种资源包括软件和硬件两部分。软件部分如常见的程序、数据和文档，硬件部分如打印机、存储器等。

2．数据通信

数据通信是计算机网络的基本功能，它使得网络中各计算机之间能相互传输各类信息，有利于对分布在不同地理位置的部门和机构进行集中管理与控制。

3．分布式处理

分布式处理是指将一个复杂的、综合性的任务分解成多个小的任务，然后把这些小任务通过一定的调度策略分散到网络中相应的计算机系统中，由它们来协调运行并共同完成。这样可以充分发挥网络中各个资源的优势，提高运行效率，降低解决复杂问题的费用。

（三）计算机网络的分类

1．按网络覆盖的地理范围分类

（1）局域网

局域网（Local Area Network，简称 LAN），是处于同一建筑、同一大学或者方圆几公里远地域内专用网络。局域网常被用于连接公司办公室或工厂里的个人计算机和工作站，以便共享资源（如打印机）和交换信息。

（2）城域网

城域网（Metropolitan Area Network，简称 MAN），基本上是一种大型的 LAN，通常使用与 LAN 相似的技术。它可以覆盖一组邻近的公司办公室和一个城市，既可能是私有的也可能是公用的。MAN 可以支持数据和声音，并且可能涉及当地的有线电视网。MAN 仅使用一条或两条电缆，并且不包含交换单元，即把分组分流到几条可能的引出电缆的设备。这样做可以简化设计。

（3）广域网

广域网（Wide Area Network，简称 WAN），是在一个广泛地理范围内所建立的计算机通信网，其范围可以超越城市和国家以至全球，因而对通信的要求及复杂性都比较高。WAN 由通信子网与资源子网两个部分组成：通信子网实际上是一个数据网，可以是一个专用网（交换网或非交换网）或一个公用网（交换网）；资源子网是联在网上的各种计算机、终端、数据库等。这不仅指硬件,也包括软件和数据资源。

2. 按传输介质分类

(1) 同轴电缆网。

(2) 双绞线网。

(3) 光纤网。

(4) 无线网。

3. 按网络的拓扑结构分类

网络的拓扑结构是指网络中通信线路和网络结点之间的几何排列形式,它反映网络中各实体间的结构关系。在计算机网络中,常用的网络拓扑结构有总线型、星型、环型、树型、网状型结构。它们的形状如图 6.1 所示。

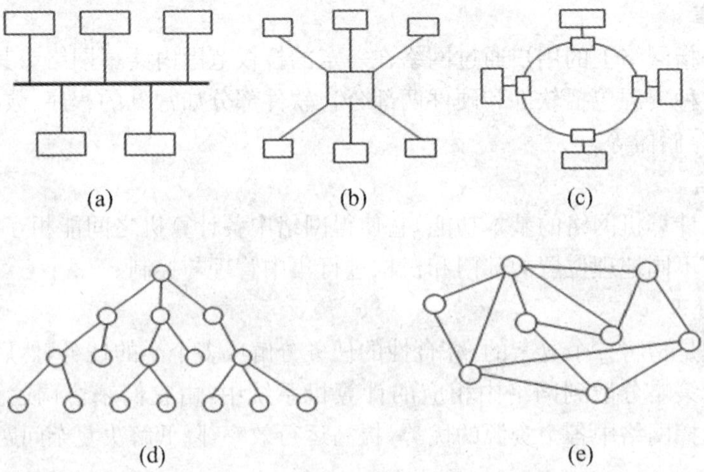

图 6.1 网络的拓扑结构

(a) 总线型 (b) 星型 (c) 环型 (d) 树型 (e) 网状型

总线型结构中,所有站点通过合适的硬件直接接到一条线状传输介质(即总线)上,任何一个站点的发送都在介质上传播并能被所有其他站点所接收。

星型拓扑结构中,每个站点由点到点链路连接到公共中心,任意两个站点之间的通信均要通过公共中心,星型拓扑结构不允许两个站点直接通信。因为所有通信都要通过中央节点,所以中心结点一般都比较复杂,各个站点的通信处理负担比较小。中心节点可以是一个中继器,也可以是一个局域网交换器,发送数据的站点以帧的形式进入中心节点,以帧中所包含的目的地址到达目的站点,实现了站点间链路的简单通信。目前局域网系统中大部分采用星形拓扑结构,几乎取代了环形和总线结构

环型结构中,各结点通过通信线路组成闭合环型。环中数据沿一个方向传输。若有一个结点产生问题,将影响整个网络。环型结构是由一组转发器(Repeater,又称中继器)通过点到点链路连接成封闭的环所构成的。因此,每个转发器连通两条链路。转发器是较简单的设备。它能接一条链路上的数据,并以相同的速度(转发器中无需缓冲)将数据逐比特地发送到另一条链路上去,各条链路都是单向的,即数据仅沿一个方向传送,并且所有链路都顺次向一个方向传送。因此,数据是沿一个方向(顺时针或逆时针)绕环运行的。每个站点在转发器处与网络连接。数据以帧来传送。每一帧包含被发送的数据和一些控制信息,包

括所希望到达的目的站点地址。对大的数据块,发送站点将其分成若干较小的块,并将每一小块用一帧来发送。一个站点每当要发送下一帧时,它都要等待到下一个轮次,然后才可发送。由于发送的帧要通过所有其他的站点,当此帧经过目的站点时,该站点就可识别其地址,并在本地缓冲器中复制该帧。此帧将继续环行,直至回到源发站,并在那里被除去。因为多个站点共享一个环,为了确定每个站点在什么时候可以插入数据包,就要进行控制。通常采用的是某种分布式控制方式,每个站点都包含一定的控制发送和接收用的访问逻辑。

树型结构可以看成是星型结构的扩展。在树型结构中,结点按层次进行连接,信息交换主要在上、下结点之间进行,相邻及同层结点之间一般不进行数据交换或数据交换量小。

网状型结构中,各结点间的连接是任意的,没有规律。这种结构的优点是系统可靠性高,但结构复杂,实现成本高。实际存在与使用的远程计算机网络基本上都采用这种结构。

(四) 网络的组成

计算机网络的硬件系统通常由服务器、工作站、传输介质、网卡、集线器、交换机、中继器、路由器、调制解调器等组成。

1. 服务器

服务器(Server)是网络运行、管理和提供服务的中枢,它影响网络的整体性能,一般 在大型网络中采用大型机、中型机或小型机作为网络服务器;对于网点不多、网络通信量 不大、数据安全要求不高的网络,可以选用高档微机作为网络服务器。

服务器按提供的服务被冠以不同的名称,如数据库服务器、邮件服务器、打印服务器、WWW 服务器、文件服务器等。

2. 工作站

工作站(Workstation)也称客户机(Client),由服务器进行管理和提供服务的、连入网络的任何计算机都属于工作站,其性能一般低于服务器。个人计算机接入 Internet 后,在获取 Internet 的服务的同时,其本身就成为一台 Internet 网上的工作站。

服务器或工作站中一般都安装了网络操作系统,网络操作系统除具有通用操作系统 的功能外,还应具有网络支持功能,能管理整个网络的资源。常见的网络操作系统主要有 Windows NT, UNIX,Linux 等。

3. 传输介质

传输介质是网络中计算机和结点之间的物理通路,对网络数据通信质量有很大影响。目前常用的网络传输介质可分为有线(电缆)及无线两种,有线介质包括双绞线、同轴电缆、光纤等,无线介质包括微波、红外线、通信卫星等,如图 6.2 所示。

4. 网卡

网卡的正式名称是网络适配器,它是计算机局域网中最重要的连接设备,计算机主要通过网卡连接网络,它负责在计算机和网络之间实现双向数据传输。每块网卡均有不同的 48 位二进制网卡地址(MAC 地址),如 00-23-5A-69-7A-3D (十六进制)。

5. 集线器

集线器(Hub)是单一总线共享式设备,提供很多网络接口,负责将网络中多个计算机连在一起。所谓共享,是指集线器所有端口共用一条数据总线,因此平均每用户(端口)传递的数据量、速率等受活动用户(端口)总数量的限制。它的主要性能参数有总带宽、端口数、智能程度(是否支持网络管理、扩展性、可否级联和堆叠)等。

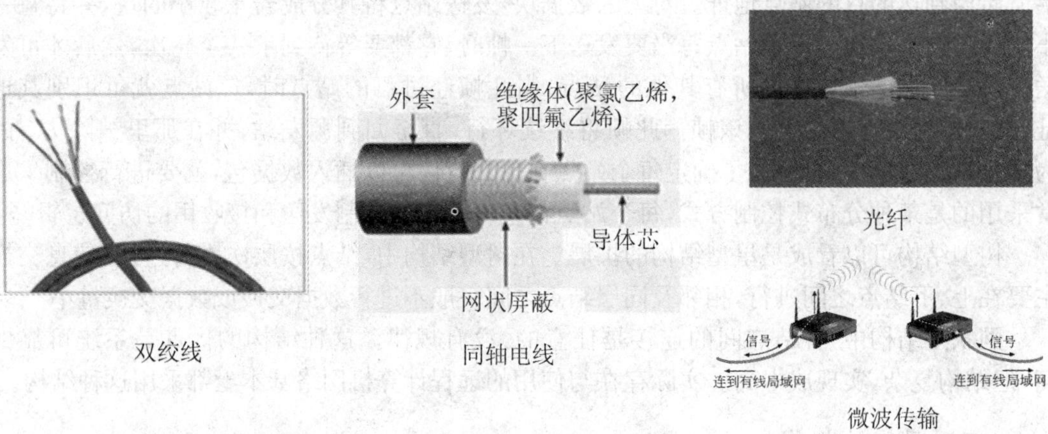

图 6.2　传输介质

6．交换机

交换机(Switch)又称以太网交换机，外观和 Hub 很相像，功能比 Hub 强。它同样具备许多接口，提供多个网络节点互连。但它的性能却较共享集线器大为提高：相当于拥有多条总线，使各端口设备能独立地进行数据传递而不受其他端口设备的影响，表现在用户面前即是各端口有独立、固定的带宽。此外，交换机还具备集线器所没有的功能，如数据过滤、网络分段、广播控制等。

7．中继器

在计算机网络中，信号在传输介质中传递时，由于传输介质的阻抗会使信号越来越弱，导致信号衰减失真，当网线的长度超过一定限度后，若想再继续传递下去，必须将信号整理放大，恢复成原来的强度和形状。中继器的主要功能就是将收到的信号重新整理，使其恢复到原来的波形和强度，然后继续传递下去，以实现更远距离的信号传输。

8．路由器

广域网通信过程是根据 IP 地址来选择到达目的地的路径，这个过程在广域网中称为路由(Routing)。路由器(Router)负责在各段广域网和局域网间根据 IP 地址建立路由，将数据送到最终目的地。

(五) 计算机网络的体系结构和协议

1．计算机网络的体系结构

计算机网络是一个非常复杂的系统，为保证网络中相互通信的两个计算机系统能高度协调工作，在最初的 ARPA 网络设计时就采用了分层的方法。通过"分层"把庞大而复杂的问题，转化成若干较小的局部问题，而这些较小的问题比较易于研究和处理。1974 年，美国的 IBM 公司宣布了它研制的系统网络体系结构 SNA(System Network Architecture)。这是一个按分层的方法制定的网络标准。

为了使不同体系结构的计算机网络都能互连，国际标准化组织 ISO 于 1977 年成立了专门机构研究该问题，并提出了著名的开放系统互连参考模型 OSI/RM(Open System Interconnection Reference Model)，简称为 OSI。"开放"的意思是：只要遵循 OSI 标准，一个系统就可以和位于世界任何地方、也遵循这同一标准的其他任何系统进行通信。

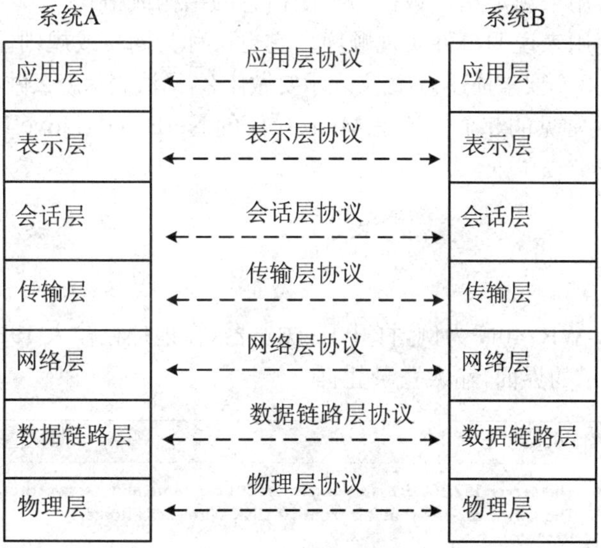

图 6.3 OSI 参考模型

虽然 OSI 形成了整套的标准，但现今规模最大、覆盖全世界、起源于美国的计算机网络 Internet 并未采用 OSI 标准。Internet 也使用分层次的体系结构（通常称为 TCP/IP 协议族，简称为 TCP/IP），凡遵循 TCP/IP 的各种计算机网络都能相互通信。TCP/IP 已成为一个事实上的国际标准。TCP/IP 标准共分 4 层，即应用层、传输层（TCP、UDP）、网际层 IP 和网络接口层。

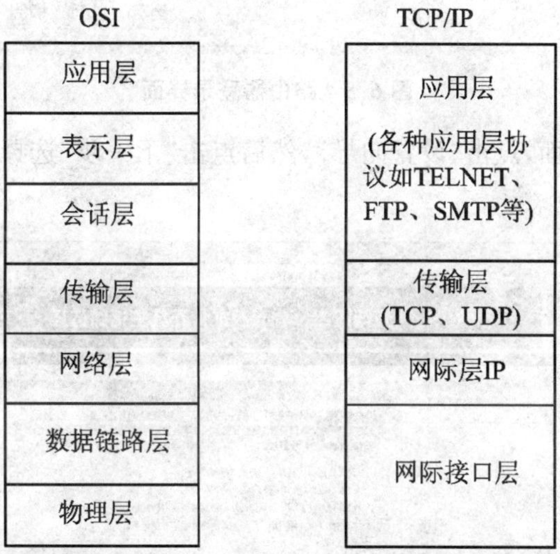

图 6.4 OSI 参考模型与 TCP/IP 模型的比较

2. 计算机网络协议

在计算机网络中为实现计算机之间的正确数据交换，必须制定一系列有关数据传输顺序、信息格式和信息内容等的规则、标准或约定，这些规则、标准或约定称为计算机网络协议（Protocol）。计算机网络协议一般至少包括 3 个要素。

（1）语义。语义用来解释控制信息每个部分的意义。它规定了需要发出何种控制信息，以及完成的动作与做出什么样的响应。

(2) 语法。语法用来规定用户数据与控制信息的结构或格式。

(3) 时序。时序用来说明事件实现顺序。它也可称为同步或规则。

人们形象地把这 3 个要素描述为:语义表示要做什么,语法表示怎么做,时序表示做的顺序。

目前局域网中最常见的 3 个协议是 Microsoft 的 NetBEUI、Novell 的 IPX/SPX 和交叉平台 TCP/IP。

四、任务的实施

(1) 以 TP-Link-WR740N 为例,打开 IE 浏览器,在地址栏输入 192.168.1.1,按“回车”键,弹出如图 6.5 所示的界面,输入登录凭据。

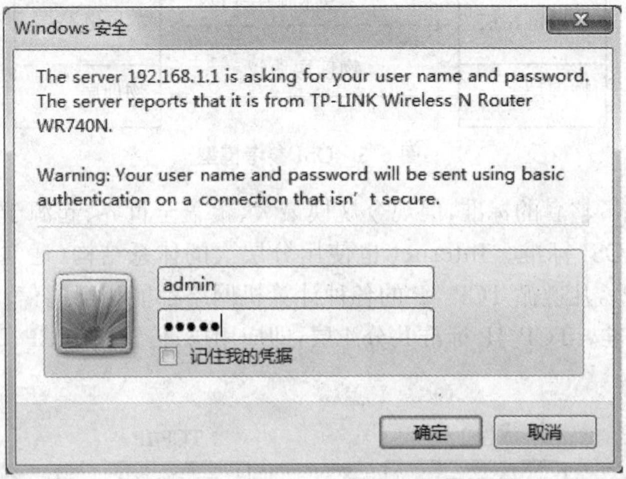

图 6.5　路由器登录界面

(2) 进入路由器界面,点击“设置向导”,然后点击“下一步”选择“PPPoE”,再点击“下一步”,如图 6.6 所示。

图 6.6　设置向导

(3) 进入如图 6.7 所示的界面，输入 ADSL 账号和口令，点击“下一步”。

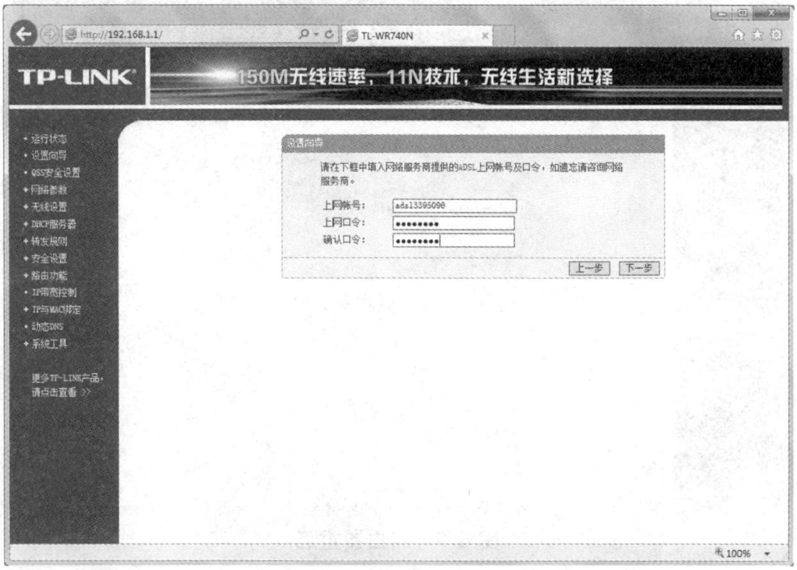

图 6.7　设置向导

(4) 弹出“无线设置”的界面，输入 SSID 信息，选择 WPA-PSK/WPA2-PSK 无线安全选项，输入 PSK 密码，点击“下一步”，如图 6.8 所示。

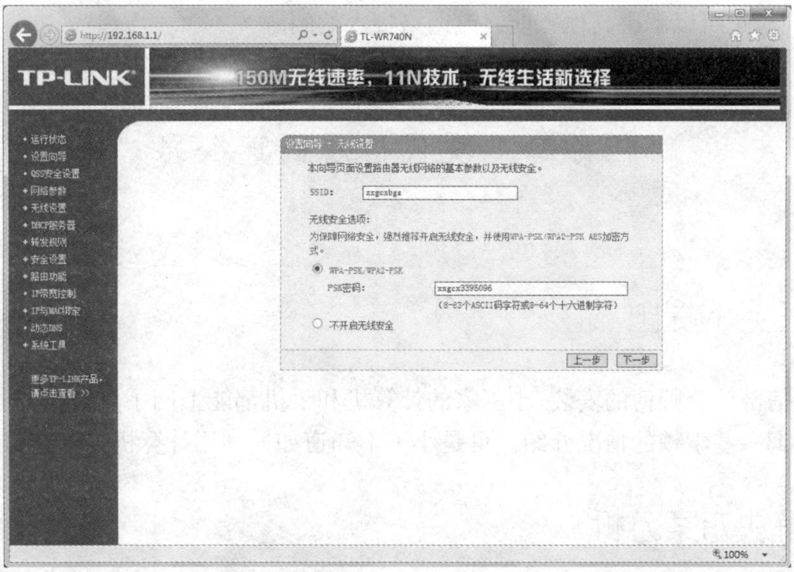

图 6.8　无线设置

(5) 设置完成，单击“重启”，路由器将重启以使设置生效，如图 6.9 所示。

五、总结与提高

本任务主要介绍了 Internet 的接入方法和路由器的设置，目前连入 Internet 常用的方

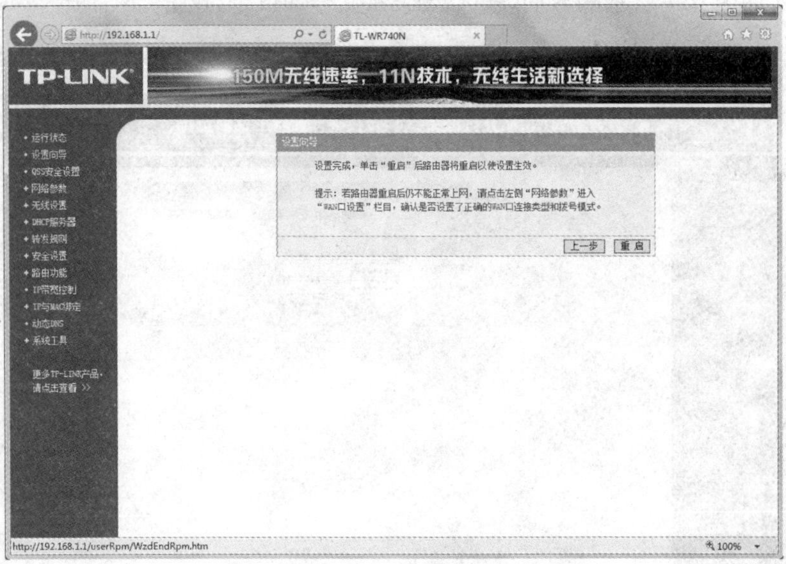

图 6.9 路由器重启

式有电话拨号接入、ADSL 接入、光纤接入、局域网接入、无线接入等。在建立拨号接入 Internet 时，首先要把调制解调器安装好，然后才能进行网络设置，建立连接；利用局域网连入 Internet 时，应把 TCP/IP 的相关协议添加好之后才能配置相应的 IP 地址。

在家庭或小型办公场所往往有多台电脑需要接入 Internet，可以利用无线路由器作为中间设备，同时也可以解决其他智能终端网络接入的问题。

任务二　现代信息高速公路

一、任务的提出

经过电信部门李师傅的安装，小王家的计算机和手机都能上网了，他很想利用自家的计算机上网查询一些学校的情况介绍。可是小王不知道如何利用计算机上网查询信息。

二、解决方案分析

苏老师告诉小王，要想在 Internet 上浏览查询信息，需要在计算机上安装一个浏览器才能利用 Internet 提供的 WWW 信息浏览服务功能，在网上查询并浏览信息。

目前，多数用户使用微软公司的 Windows 操作系统自带的 Internet Explorer 免费浏览器来上网浏览信息，也有用户利用其他浏览器如“360 浏览器”“爱易浏览器”等上网浏览信息。同时，还可以利用 Internet 提供的“搜索引擎”工具，在网上搜索用户所需信息，现在很多知名网站都提供“搜索引擎”工具，其中最著名的网站有“百度”和“Google”。

三、相关知识点

国际互联网又称因特网(Internet),是以 TCP/IP 协议为基础,把各个国家、各个部门、各个机构的网络互联起来的网络。Internet 将全球已有的各种通信网络,如市话交换网(PSTN)、数字数据网(DDN)、分组数据交换网(PSDN)等互联起来,构成一条贯通全球的“信息高速公路”。

(一) Internet 上的各种地址

1. 物理地址

网络中的每台主机都有真实的 MAC 地址(物理地址),这是网卡制造商固化在网卡上的无法改变的地址码。为了保证正确区分不同的网卡物理地址,每一个网卡的地址码都是全球唯一的。此外,网络技术和标准不同,其网络地址编码也不同,目前我们常用的以太网卡地址采用 48 位二进制数编码,我们常用 6 个两位十六进制数表示一个网卡的物理地址,例如 0A-6C-35-4A-16-4D 就表示一个网卡的物理地址。

2. IP 地址

根据 TCP/IP 协议,连接在 Internet 上的每个设备都必须有一个 IP 地址,它是一个 32 位的二进制数,可以用十进制数字形式书写,每 8 个二进制位为一组,用一个十进制数来表示,即 0～255。每组之间用“.”隔开,例如 168.192.43.10。

IP 地址包括网络号和主机号两部分,如表 6.1 所示,这样做是为了方便寻址。

表 6.1 IP 地址的结构

类别	网络号	主机号

IP 地址通常分为 A 类、B 类、C 类、D 类、E 类。如图 6.10 所示。

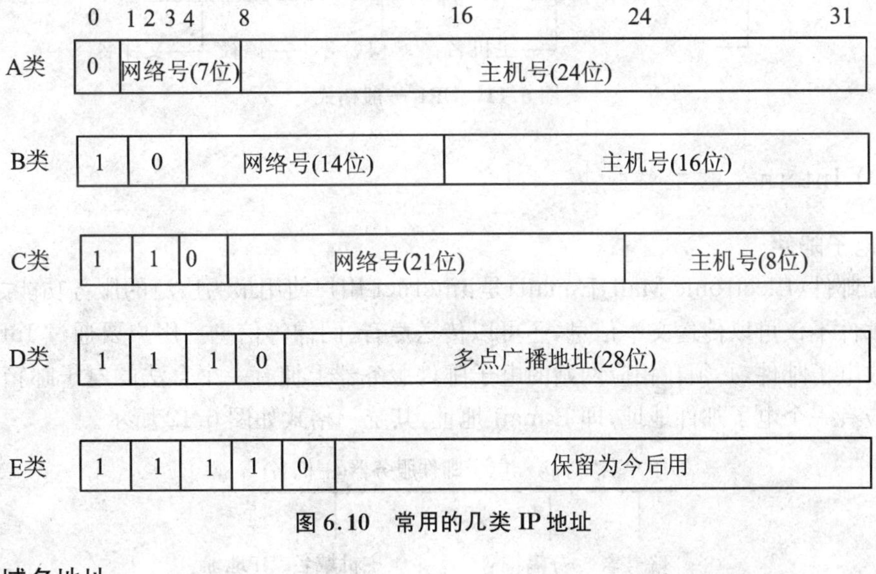

图 6.10 常用的几类 IP 地址

3. 域名地址

在 Internet 中,由于 IP 地址不直观,不方便记忆,因此 Internet 上的主机常使用便于记忆的名字来代替 IP 地址，这就是域名。域名就是对 IP 地址符号化，域名常采用层次化的结构，每一层构成一个子域名，子域名间用圆点分隔。域名空间结构采用层次结构形式，典型的域名结构为(书写次序为从右至左)：主机名.机构名.顶级域名。如：www.xcvtc.edu.cn。域名不区分大小写。域名由国际互联网信息中心(INTERNIC：Internet Information Center)统一管理，该机构所选的最高层域划分如表 6.2 所示：

表 6.2　最高层 Internet 域及其含义

域　名	含　义
COM	商业组织
EDU	教育机构
GOV	政府机构
MIL	军事机构
NET	主要网络支持中心
ORG	其他组织机构
INT	国际组织
国家(地区)代码	每个国家或地区(按地理划分)

4. URL 地址

在 WWW 中使用 URL(Uniform Resource Locator)定义资源所在地址。URL 称为统一资源定位器，即通常所说的"网址"。每一个资源文件无论以何种方式存放在何种服务器上，都有唯一的 URL 地址。通过统一资源定位器，可以访问 Internet 上任何一台主机或主机上的文件。URL 的一般格式为：＜协议＞：//＜主机名＞[：端口号]/＜路径＞/＜文件名＞。

图 6.11　URL 一般格式

（二）Internet 的主要服务

1. 电子邮件

电子邮件(Electronic Mail，E-mail)是 Internet 用户使用最为广泛的服务功能之一。利用电子邮件不仅可以传送文本信息，还可以传送声音、图像等信息。用户要通过 Internet 发送或接收电子邮件，必须在相应网站的电子邮件服务器上拥有一个合法的电子邮箱，电子邮箱都对应有一个电子邮件地址，即 E-mail 地址，其统一格式如图 6.12 所示。

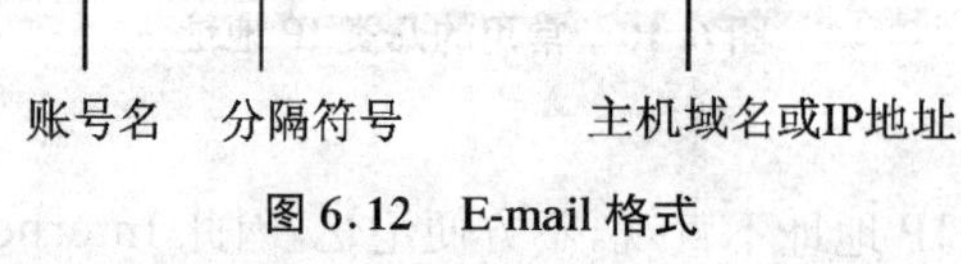

图 6.12　E-mail 格式

其中，用户名为电子邮件账号名，对应邮件服务器中的用户信箱；@为分隔符号，读做“at”，表示在哪里的意思；电子邮件服务器为电子邮件服务器的主机域名或 IP 地址。

2. 万维网

WWW（World Wide Web，简称 Web 或 3W）即万维网，也称“环球网”，是一个把信息检索技术与超文本技术融合而形成的信息查询、发布系统。WWW 以超文本标记语言（Hypertext Markup Language，HTML）与超文本传输协议（Hyper Text Transfer Protocol，HTTP）为基础，采用超文本的信息组织方式，将文本、图形、图像、声音、视频等多种媒体集成在一个页面上，并以可视化的界面提供信息，将信息之间的链接扩展到整个 Internet 上，因而它又是全球化的信息系统，是 Internet 信息服务的核心。Internet 用户可以通过本机的浏览器访问 Internet 上分布在世界各地的 WWW 服务器。

3. 搜索引擎

搜索引擎实际上是一个专用的 Web 服务器，或是 Internet 上的一类网站，这类网站主要工作是收集网络上成千上万的网站页面信息，组成庞大的索引数据库，用户使用关键词或关键词的简单逻辑组合对网页发出查询请求，搜索引擎使用关键词匹配方式在索引数据库中查找，然后显示含有该关键词的所有网站、网页、新闻等匹配信息。

目前，以中文搜索而著名的两个网站分别是“百度”（www. baidu. com）和“Google”（www. google. com）又称为“谷歌”，Google 主页中还提供了英文版链接，为有英文搜索需求的用户提供了方便。

4. 文件传输

FTP 是由文件传送协议支持的，用于连接到 Internet 网上的两台计算机之间文件的互传。使用 FTP 几乎可以传送任何类 型的文件，如文本文件、二进制文件、图像文件、声音文件、压缩文件等。只要用户登录到某个 FTP 服务器，就可以把它当做自己远方的一个“大硬盘”，其上的文件可以复制到自 己的本地计算机上，称之为下载；如果对方允许，还可以把自己的文件传到对方的磁盘上，称之为上传。FTP 实现了不同结构的网络之间计算机与 FTP 服务器的双向文件传送。

6. 电子公告牌 BBS

BBS 是英文 Bulletin Board System 的缩写，意为电子公告牌。它是随着 Internet 的发展而出现并得到快速发展的信息服务系统，目前有许多学术的、商业的、业余的 BBS 站点，为网上用户提供了大量的信息。

目前流行的 BBS 服务器有两种运行模式：一种是远程登录模式，即用户以终端仿真方式（如 Telnet 程序）登录到 BBS 服务器上，所有的操作都在服务器上进行；另一种是大家比较熟悉的方式：Web 服务器的方式，用户可以直接利用 IE 浏览器访问 BBS 站点，网络上各种各样的论坛大多都是这种方式，用户的绝大多数操作都是在用户本地机器上进行的，从而减轻了服务器的压力，提高了访问的效率。

7. 网上实时交流

在网络中，我们可以使用一些网络即时聊天工具（如 ICQ、QQ、微信等）和网络上的其他用户进行文字、语音甚至是视频聊天，既方便快捷又省钱。

此外，在 Internet 上我们还可以查看网络新闻、拨打 IP 电话，玩网络游戏，看股市行情等等。总之，Internet 能够提供的应用服务几乎涉及日常生活中的各个方面，给我们的生活带来了巨大的方便。

四、任务的实施

(一) 利用 IE 浏览器浏览网站并保存自己喜爱的网页

1. 启动 IE 浏览器

双击桌面上的“Internet Explorer”图标,或选择“开始”菜单下的“程序”选项里的“Internet Explorer”命令,或单击任务栏中央快速启动区中的 IE 图标启动 IE 浏览器。启动后的 IE 窗口如图 6.13 所示。

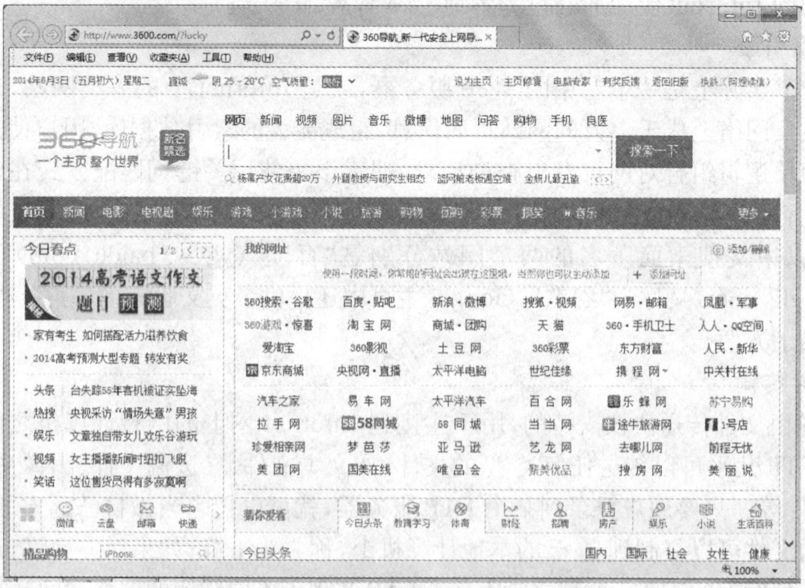

图 6.13 IE 启动窗口

2. 浏览搜狐网页

(1) 在 IE 的地址栏中输入网址“http://www.sohu.com”并按“Enter”键,即可链接到搜狐网的网站并打开主页,如图 6.14 所示。

(2) 主页上包括许多新闻标题和图片。将鼠标移动到感兴趣的新闻标题或图片上,当鼠标指针变成小手形状时单击左键,即可链接到该新闻或图片所对应的网页,浏览详细内容。如单击“体育”标题,即可浏览体育新闻。

3. 跳转网页

(1) 在 IE 地址栏中输入网址如“http://www.xcvtc.edu.cn”并按“Enter”键,或单击工具栏中的“刷新”按钮,即可打开“宣城职业技术学院”主页,浏览该网站的内容,如图 6.15 所示。

(2) 若要返回到上一个页面,可单击工具栏中的“后退”按钮;若重新回到原来的页面,则可单击工具栏上的“前进”按钮。

4. 保存网页

选择菜单“文件”下的“另存为”命令,弹出“保存网页”对话框,如图 6.16 所示,选择相应选项并保存网页。

图 6.14　搜狐网站主页

图 6.15　宣城职业技术学院主页

5. 收藏网页

选择菜单“收藏夹”下的“添加到收藏夹”命令，将弹出“添加收藏”对话框，选择相应选项可以添加网页到收藏夹，如图 6.17 所示。

（二）利用“百度”搜索网上信息

1. 打开 IE 浏览器

(1) 在地址栏中输入网址“http://www.baidu.com”并按“Enter”键，打开百度网站的主页，如图 6.18 所示。

图 6.16　保存网页

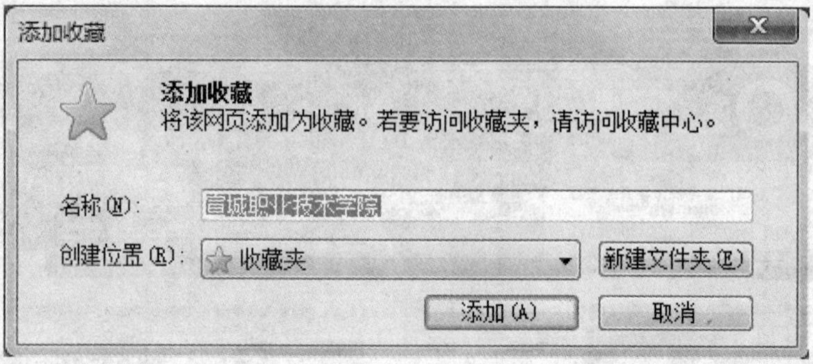

图 6.17　添加收藏

(2) 按关键字查询,在百度主页的文本框中输入所要查询信息的关键字,如“高职技能大赛”。

(3) 单击“百度一下”按钮,即可打开一个网页,该网页上显示了与“高职技能大赛”有关信息标题,如图 6.19 所示。如果用户对其中某条信息感兴趣,单击该标题即可浏览详细信息。

(4) 按分类查询信息。在百度主页的导航条上选择“图片”“音乐”,即可查询到与“图片”“音乐”有关的信息。

五、总结与提高

本任务主要使读者熟悉并掌握 Internet 的基本应用。通过本任务的学习,读者应了解的主要内容如下:

(1) 学会合理使用搜索引擎,在内容繁多的 Internet 网络中搜索自己需要的资料。

(2) 学会运用 IE 浏览器浏览网页,掌握 Internet 应用的基本技能。

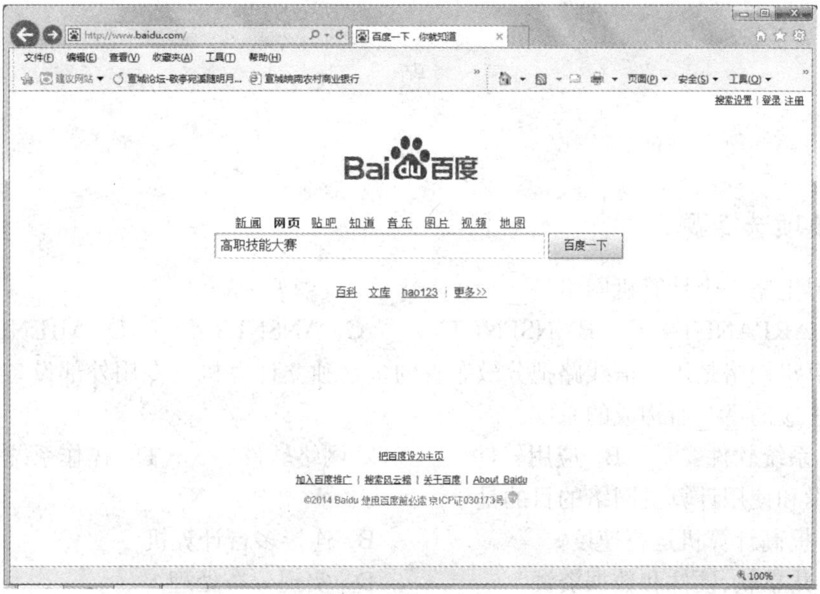

图 6.18　百度主页

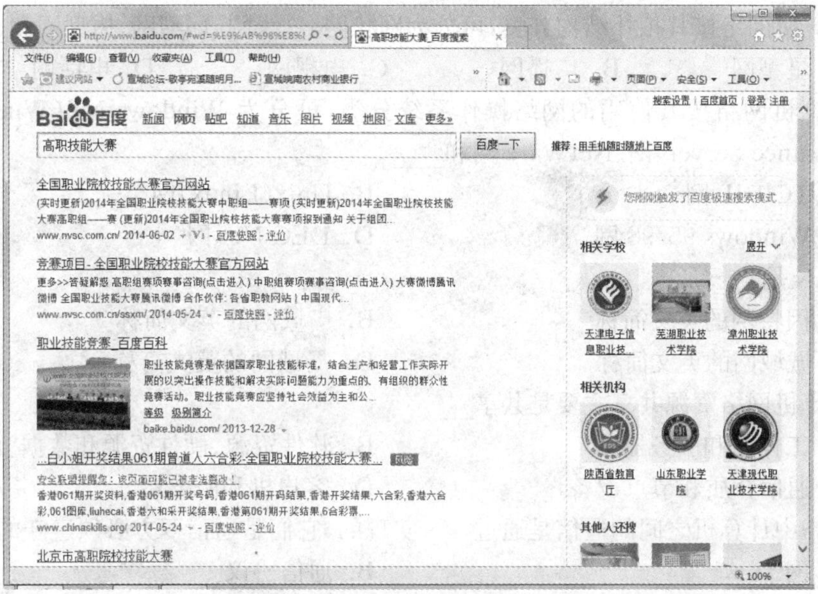

图 6.19　相关信息网页标题

(3) 发送电子邮件。

(4) 文件的下载。

习　题　六

一、单项选择题

1. 世界上第一个计算机网络是____。

A. ARPANET　　B. NSFNET　　C. ANSNET　　D. MILNET

2. 计算机网络是用通信线路把分散布置的多台独立计算机及专用外部设备互连,并配以相应的____所构成的系统。

A. 系统软件　　B. 应用软件　　C. 网络软件　　D. 操作系统

3. 建设和使用计算机网络的目的是____。

A. 提高计算机运行速度　　B. 连接多台计算机

C. 共享软、硬件和数据资源　　D. 实现分布处理

4. 计算机网络按其覆盖的范围分类,可分为局域网、城域网和____。

A. 电视网　　B. 互联网　　C. 广域网　　D. 校园网

5. 计算机网络按其拓扑结构分类,可分为网状网、总线网、环型网、树型网和____。

A. 星型网　　B. 广播网　　C. 电视网　　D. 电话网

6. 计算机网络按其使用的网络操作系统分类,可分为 Windows NT(Windows 2000 Advance Server)网、NetWare 网和____。

A. TCP/IP 网　　B. Unix(Linux)网

C. Windows 95/98 网　　D. DEC Net 网

7. LAN 是____。

A. 因特网的英文简称　　B. 广域网的英文简称

C. 城域网的英文简称　　D. 局域网的英文简称

8. 计算机网络资源共享主要是共享____。

A. 工作站和服务器　　B. 软件资源、硬件资源和数据资源

C. 通信介质和节点设备　　D. 客户机和服务器

9. 网络中计算机之间的通信是通过____实现的,它们是通信双方必须遵守的约定。

A. 网卡　　B. 通信协议

C. 磁盘　　D. 电话交换设备

10. OSI/RM 协议模型将计算机网络体系结构的通信协议规定为____。

A. 5 层　　B. 7 层　　C. 3 层　　D. 6 层

11. 下列传输介质中,提供的带宽最大的是____。

A. 双绞线　　B. 普通电线　　C. 同轴电缆　　D. 光缆

12. 下面关于集线器(Hub)的描述,不正确的是____。

A. 是多口中继器　　B. 有无源、有源和智能集线器之分

C. 工作在网络层　　D. 智能集线器支持多种网络协议

13. 路由器除了具有隔离网络、过滤和转发网络帧信息包等功能外,还具有____。

A. 干线间的连接功能　　B. 路由选择功能
C. 提高带宽功能　　D. 提供拨号上网功能

14. 互联网采用的网络拓扑结构一般是____。
A. 星型拓扑　B. 总线拓扑　C. 网状拓扑　D. 环型拓扑

15. 计算机网络中,TCP/IP 是____。
A. 网络操作系统　B. 网络协议　C. 应用软件　D. 用户数据

16. Internet 是一个____。
A. 大型网络系统　B. 国际性组织　C. 电脑软件　D. 网络的集合

17. TCP/IP 协议族把整个协议分为四个层次:应用层、传输层、网络层和____。
A. 物理层　B. 数据链路层　C. 会话层　D. 网络接口层

18. TCP 的中文含义是____。
A. 信息协议　B. 内部协议　C. 传输控制协议　D. 网络互连协议

19. IP 的中文含义是____。
A. 信息协议　B. 内部协议　C. 传输控制协议　D. 网络互连协议

20. IP 地址常分为____。
A. AB 两类　B. ABC 三类　C. ABCD 四类　D. ABCDE 五类

21. 因特网上的每台正式计算机用户都有一个独有的____。
A. Email　B. 协议　C. TCP/IP　D. IP 地址

22. 网络主机的 IP 地址由一个____的二进制数字组成。
A. 8 位　B. 16 位　C. 32 位　D. 64 位

23. 从 www.cernet.edu.cn 可以看出它是____。
A. 中国的一个政府组织站点　　B. 中国的一个商业组织的站点
C. 中国的一个军事部门站点　　D. 中国的一个教育机构的站点

24. 接入网就是我们通常所说的最后一公里的连接,即____。
A. 本地交换局到用户之间的电话网　　B. 用户终端设备与骨干网之间的连接
C. 整个有线电视网和电话网　　D. 本地接入设备到用户之间的有线电视网

25. 无线接入技术就是利用____作为传输媒介向用户提供宽带接入服务。
A. 卫星通信技术　　B. 无线技术
C. 微波通信技术　　D. 远红外通信技术

26. WWW 即 World Wide Web 我们经常称它为____。
A. 因特网　　B. 万维网
C. 综合服务数据网　　D. 电子数据交换

27. 搜索引擎是一种因特网____,它使用某种软件程序逐个访问因特网上的 Web 站点,以及其他信息服务系统。
A. 外部设备　　B. 插件
C. 管理设备　　D. 信息查询工具

28. 下载文件,特别是下载一个较大的文件,下载速度和是否支持断点续传是大家关心的,IE 是目前最流行的 Web 浏览器,____。
A. 但不具备下载文件功能　　B. 具备断点续传功能
C. 具备快速续传功能　　D. 但不具备断点续传功能

29. IE 浏览器的默认主页是指打开浏览器时自动访问的 URL 地址，用户可根据需要将自己感兴趣的单位或个人主页或其他站点设置为默认主页，首先点击的是____。

A. “工具/显示相关站点”　　B. “文件/属性”

C. “工具/Internet 选项”　　D. “收藏/添加到收藏夹”

30. 设置防火墙后，____。

A. 外网不能访问内网　　B. 部分信息可以绕过防火墙

C. 网络之间的全部信息都流经防火墙　　D. 内网不能访问外网

31. 当电子邮件在发送过程中有误时，则 ____。

A. 自动把有误的邮件删除　　B. 原邮件退回，并给出不能寄达的原因

C. 邮件将丢失　　D. 原邮件退回，但不给出不能寄达的原因

32. 在 Internet Explorer 浏览器中，“收藏夹”收藏的是 ____。

A. 网站的地址　　B. 网站的内容

C. 网页地址　　D. 网页内容

33. 系统对 WWW 网页存储的默认格式是____。

A. PPT　　B. TXT　　C. HTML　　D. DOC

二、判断题

1. E-mail 是 Internet 的一个组成部分。(　　)
2. 想加入 Internet 网络必须找一个 Internet 服务提供者。(　　)
3. test@lhw.com 是一个 E-mail 地址。(　　)
4. Internet 网址既可用 IP 地址描述，也可用域名地址描述。(　　)
5. 内置 MODEM 与外置 MODEM 的作用是相同的。(　　)
6. IE 浏览器只能显示文本文件。(　　)
7. 世界上每一个网站的网址都是唯一的。(　　)
8. 电子邮件可以在 Outlook　Express 中收发。(　　)
9. http://www.test.org 是一个电子邮件地址。(　　)
10. 一封电子邮件同时只可以向一个人发送。(　　)
11. 互联的含义是指两台计算机能相互通信。(　　)
12. 区分给定的 IP 地址是属于哪一类，可以通过其第一字段的十进制数来判断。(　　)
13. TCP 是属于 TCP/IP 模型中网际层的协议。(　　)
14. 代理服务器可以实现本地主机的计时和流量统计功能。(　　)
15. 发送电子邮件可以不知道收件人的 E-mail 地址。(　　)

三、简答题

1. 计算机网络有哪几种拓扑结构？分别有哪些优缺点？
2. 什么是网络协议？
3. TCP/IP 模型共分哪几层？
4. 简述 OSI 模型各层的主要功能。
5. Internet 的主要应用有哪些？

项目七　常用工具软件的安装与使用

学习内容

任务一　360 安全卫士的安装与使用
任务二　360 杀毒软件的安装与使用
任务三　飞信的安装与使用
任务四　压缩软件 WinRAR 的安装与使用
任务五　下载工具迅雷软件的安装与使用
任务六　多媒体工具 QQ 影音的安装与使用
任务七　PDF 文件的使用

学习目标

在本项目的学习过程中，要求了解常用软件的作用，掌握常用软件的安装和使用方法；掌握如何高效合理地使用计算机。通过本项目学习，要求学生能够利用常用软件处理计算机使用过程中的遇到的一些问题；使得计算机能够健康、稳定地运行。

任务一　360 安全卫士的安装与使用

一、任务的提出

小王家最近刚买了台计算机，有很多软件都需要下载安装，他对电脑不太懂，也不知道该安装哪些软件，听说很多软件都能在因特网上下载，但又担心下载的软件带有病毒。

二、解决方案分析

他的朋友告诉他可以使用 360 安全卫士快速安装软件，同时也能避免下载那些带有病毒的软件。对于没有安装 360 安全卫士的朋友，需要先下载并安装 360 安全卫士，如果已经安装则可以直接使用，操作界面如图 7.1 所示。

图 7.1　360 安全卫士主界面

三、相关知识点

360 安全卫士使用步骤如下：

(1) 打开 360 安全卫士后，选择软件管家，进行软件的安装，如图 7.2 所示。

图 7.2　360 安全卫士软件管家

(2) 360 软件管家界面出现后，选择你想要的软件进行下载、安装即可。可以同时点击多个软件进行下载，下载进度会在下方显示，下载过程中可以随时取消或暂停下载。在下载完成后，会自动弹出该软件的安装窗口，根据提示安装即可。软件安装成功后，360 软件管家中会显示，软件已安装的状态。

任务二　360 杀毒软件的安装与使用

一、任务的提出

小龚是一家公司的营销人员，由于工作原因经常使用电脑上网，或者使用 U 盘、移动硬盘等存储设备传递数据。最近他遇到一些奇怪的现象，电脑莫名其妙地变慢，打开网页直接跳转到陌生的页面，硬盘里出现一些自动生成的文件，甚至有些文件内容都被修改了，给他的工作带来很多麻烦。为此他专门请教了公司网络部的同事，同事告诉他可能是电脑中了计算机病毒。那如何才能删除这些讨厌的计算机病毒呢？

二、解决方案分析

同事告诉小龚可以使用 360 杀毒软件，它是一款永久免费，性能超强的杀毒软件。和 360 安全卫士配合使用，被誉为是安全上网的"黄金组合"，可以为电脑提供全面的保护，能够查杀几乎所有已知的计算机病毒。小龚立刻开始下载使用 360 杀毒软件。

三、相关知识点

（一）360 杀毒软件的下载和安装

（1）登录 360 安全中心，找到 360 杀毒软件，将鼠标放在"下载 360 杀毒软件"上并点击右键选择"另存为"，将安装文件保存在您想保存的存储设备上（如 D 盘）。

（2）打开保存在存储设备上（如 D 盘）的 360 杀毒软件的程序文件"360sd.exe"，出现如图 7.3 所示的安装界面。

图 7.3　安装界面

(3) 点击“立即安装”,按提示完成安装。

(二) 360 杀毒软件的使用

(1) 按照“您还没有进行过全盘扫描,建议您对计算机进行一次全盘扫描”的提示,点击“全盘扫描”,扫描后按提示处理,如图 7.4 所示。

图 7.4 主界面

(2) 如果您插入 U 盘,需要先查看有没有病毒,可以点击“自定义扫描”,勾选 U 盘,点击“扫描”,如图 7.5 所示。

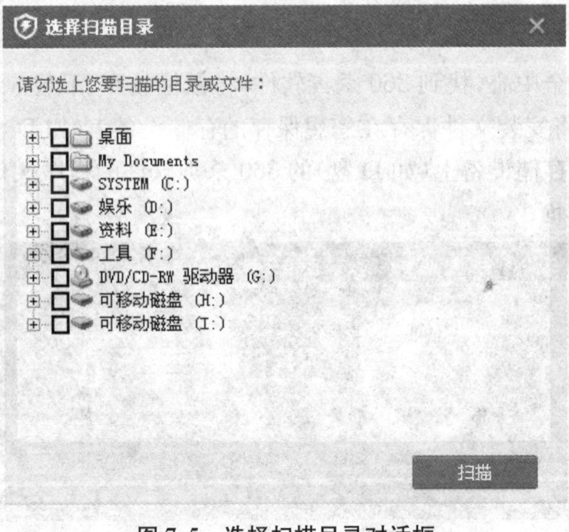

图 7.5 选择扫描目录对话框

可以勾选“扫描完成自动处理并关机”,在你不用电脑时自动查杀病毒,无需等待,如图 7.6 所示。扫描完成界面如图 7.7 所示。

(3) 360 杀毒软件默认的是“实时保护”,只要计算机一连接网络,它就开始为您的电脑提供全面的保护。

图 7.6　自定义扫描界面

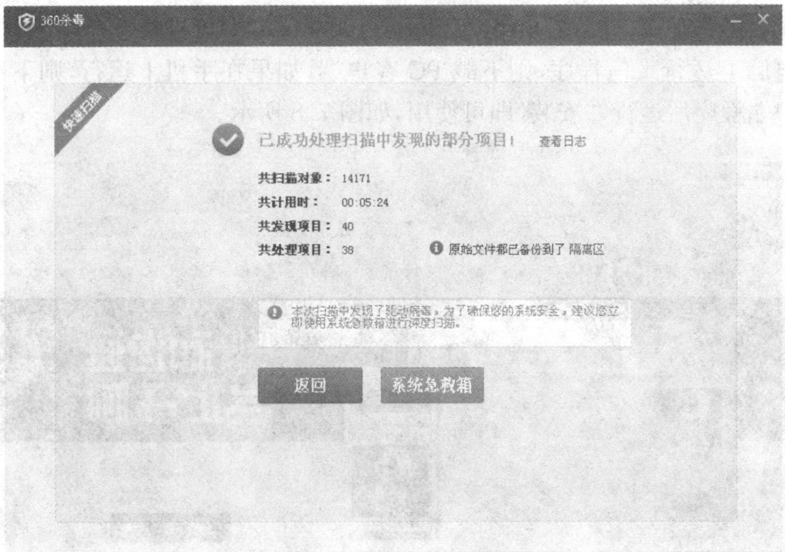

图 7.7　扫面完成界面

任务三　飞信的安装与使用

一、任务的提出

小蔡是某公司部门领导，经常要群发短信给自己的员工，使用手机群发速度很慢，而且每个月的短信费也不菲，虽然公司报销部分手机费，但是一到需要群发短信时，小蔡就非常心烦，有没有什么软件能够轻松解决这个问题呢？

二、解决方案分析

中国移动通信有限公司的工作人员告诉小蔡，可以使用飞信解决这个问题，飞信（Fetion）是中国移动通信推出的一款综合即时通信工具。它集成了聊天、交友、互动、娱乐等功能，为用户提供了一个沟通和展示自己的平台。

成功将对方添加为好友后，通过PC客户端即可给对方的手机发短信，这种发短信的方式是免费的。通过手机客户端给对方发信息，也不收"短信费"，用这种方式给好友发信息可以节约话费。

三、相关知识点

（一）下载并安装客户端

用户登录中国移动飞信网站：http://feixin.10086.cn，即可进行客户端下载。

如果在电脑上运行飞信程序，则下载PC客户端，如果在手机上运行，则下载手机客户端。下载客户端程序后运行并安装，即可使用，如图7.8所示。

图7.8　飞信下载页面

（二）免费注册

要使用飞信发短信，需要先用手机号进行注册，注册是免费的，方法如下：

(1) 运行飞信程序，在登录面板中单击"免费注册"链接，如图7.9所示。

(2) 在打开的网页中输入手机号码和验证码，并勾选"我已阅读并且接受上面的用户协议"复选框，然后单击"下一步"按钮。

(3) 稍等片刻，手机会收到短信验证码，输入此验证码，并设置登录密码，单击"下一步"按钮。

图 7.9　飞信登录界面

(4) 提示注册成功。接下来就可以利用注册的手机号或者飞信号登录飞信了。

(三) 添加好友

要使用电脑向对方手机发短信,先要将对方添加为好友,具体方法如下:

(1) 在飞信面板中单击"添加好友"按钮,打开添加好友对话框,如图 7.10 所示。

(2) 输入对方手机号,以及自己的姓名,并设置好友昵称和分组,单击"确定"按钮。

图 7.10　添加联系人

(3) 此时系统会向对方手机中发送一条短信,回复 Y 即可同意加为好友,被加为好友和接收短信都是免费的。若对方同意,则会弹出"添加手机好友反馈"对话框,显示对方已同意加为好友,单击"确定"按钮即可。

(四) 免费发送短信

添加好友后,就可以很方便地用电脑向好友手机发送消息了,方法如下:

(1) 登录飞信,在好友列表中双击要发送消息的好友,打开聊天窗口,如图 7.11 所示。

(2) 输入聊天内容,单击"发送"按钮,即可将消息以短信形式发送到对方手机上。

图 7.11　飞信主界面

任务四　压缩软件 WinRAR 的安装与使用

一、任务的提出

小裴是某大学即将毕业的学生，最近忙着写毕业论文，在和导师沟通过程中，主要使用邮箱和 QQ，但在使用邮箱和 QQ 传较大的文件时很慢，有时文件还发不出，有时看似发出去了，但导师收不到。可把小裴急坏了。

二、解决方案分析

同学告诉小裴，可以使用压缩软件减小文件的体积，还可以将一个文件夹的所有文件压缩成一个文件，便于网络传送和携带。文件之所以能够压缩，是因为文件里的数据有一定的规律，用科学的方法存储，就能使文件体积减小。常见的文件压缩软件有 WinRAR、WinZip 等。

三、相关知识点

WinRAR 是目前流行的压缩工具，界面友好，使用方便，是目前压缩率较大、压缩速度较快的格式之一。本任务以 WinRAR 为例介绍压缩软件的使用。

(一) 解压缩文件

使用压缩软件可以解压文件。大多数文件是经过压缩后传送，获得压缩文件后，就可以进行解压的操作。解压缩文件通常使用以下三种方法：

1. 解压到当前文件夹

右键单击压缩文件，在弹出的菜单中选择“解压到当前文件夹”菜单项，把文件解压到当前位置，如图 7.12 所示。

2. 解压到指定位置

右键单击压缩文件，在弹出的菜单中选择“解压到文件(夹)名\(E)”菜单项，把文件解压到一个新的文件夹中，文件夹的名称就是压缩文件名，当压缩文件中有多个文件(夹)时，此种方法比较适合，如图 7.13 所示。

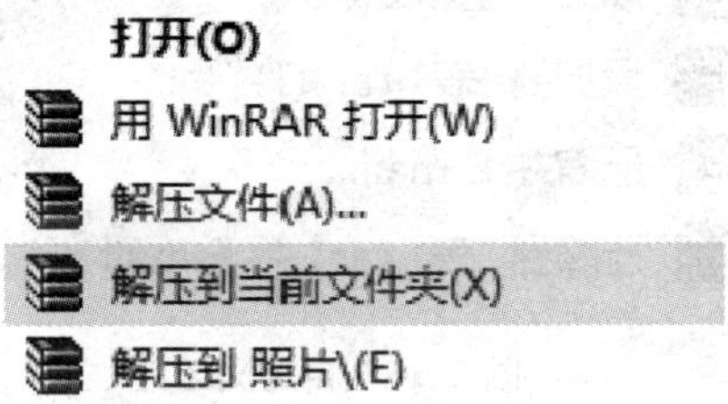

图 7.12 解压到当前文件夹定位置

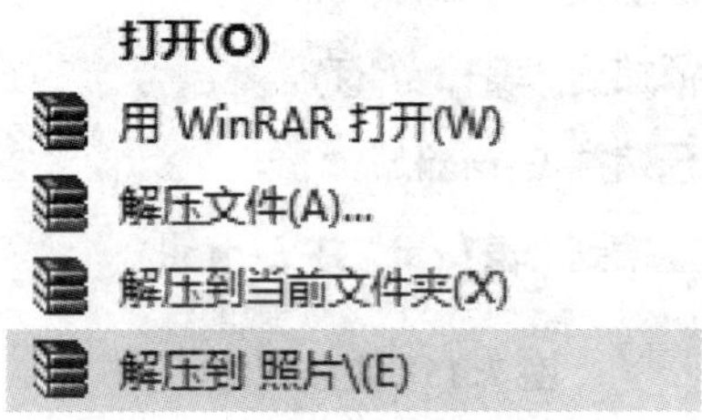

图 7.13 解压到指定位置

3. 自定义解压

右键单击压缩文件，在弹出的菜单中选择“解压文件(A)…”菜单项，这时候会弹出“解压缩路径和选项”对话框，如图 7.14 所示，可以选择解压的位置，然后点击“确定”按钮，也可以在目标路径的后面输入新的名字。

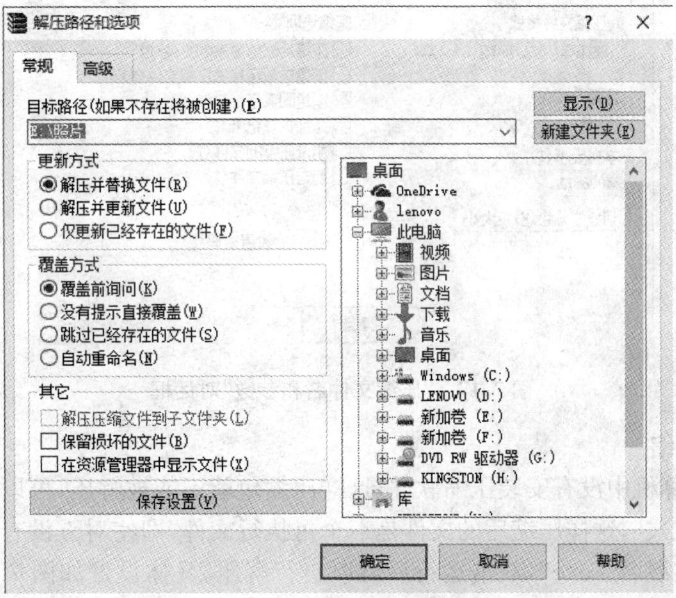

图 7.14 “解压缩路径和选项”对话框

(二) 压缩文件

1. 直接压缩

选择要压缩的文件或文件夹，单击鼠标右键，在弹出的快捷菜单中选择“添加到文件(夹)名.rar”菜单项，这时就会把该文件压缩到当前文件夹中，并以文件或文件夹的名字直接命名，如图 7.15 所示。

2. 自定义压缩

选择要压缩的文件或文件夹，单击鼠标右键，在弹出的快捷菜单中选择“添加到压缩文件…”菜单项，如图 7.16 所示，这时就会出现一个“压缩文件名和参数”对话框，如图 7.17 所示，此时可以根据自己的需要设置压缩文件名、文件格式、压缩方式等一系列参数。

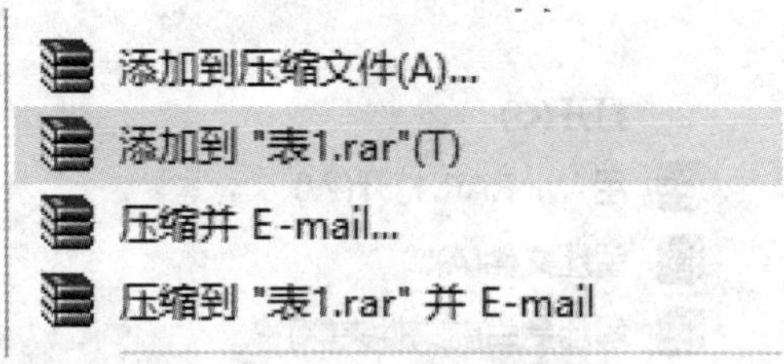

图 7.15 直接压缩

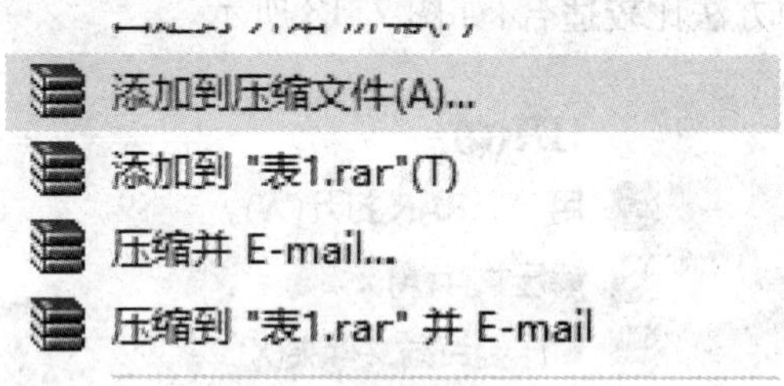

图 7.16 自定义压缩

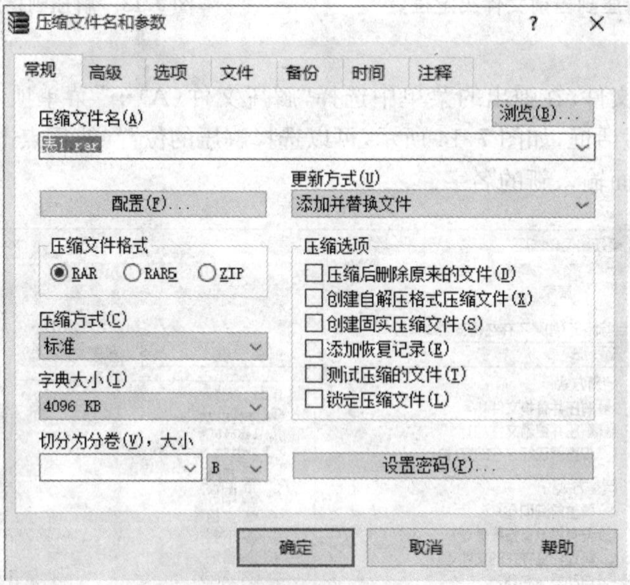

图 7.17 “压缩文件名和参数”对话框

3. 自解压压缩

当别人的计算机中没有安装压缩软件，这样压缩包就不能被解压，可以在压缩的时候勾上“创建自解压格式”，这样压缩后的文件是一个可执行文件，即使对方没有压缩文件也可以解压，此时文件扩展名“.exe”，双击运行后可以自行解压，具体设置如图 7.18 所示。在“压缩文件名和参数”对话框中勾选“创建自解压格式压缩文件”。

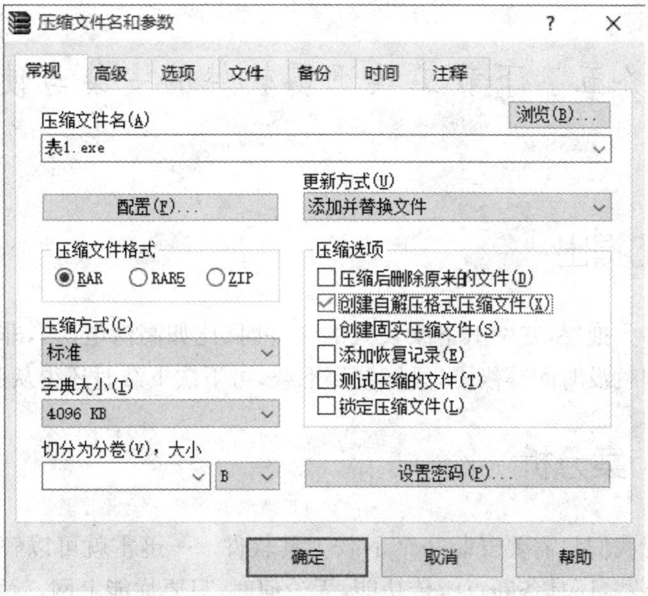

图 7.18 “压缩文件名和参数”对话框

4. 加密压缩

使用压缩软件 WinRAR 还可以对自认为需要保密的文件进行加密，设定密码后，打开文件时会提示输入密码。具体操作步骤如下：

(1) 鼠标右键单击要压缩的文件，在弹出的快捷菜单中选择“添加到压缩文件…”菜单项。

(2) 在弹出的对话框上边选择“常规”选项卡。

(3) 单击右下角的“设置密码…”按钮。

(4) 在密码框中输入密码，根据提示再次输入密码进行确认，两次输入密码必须是一致，如图 7.19 所示。

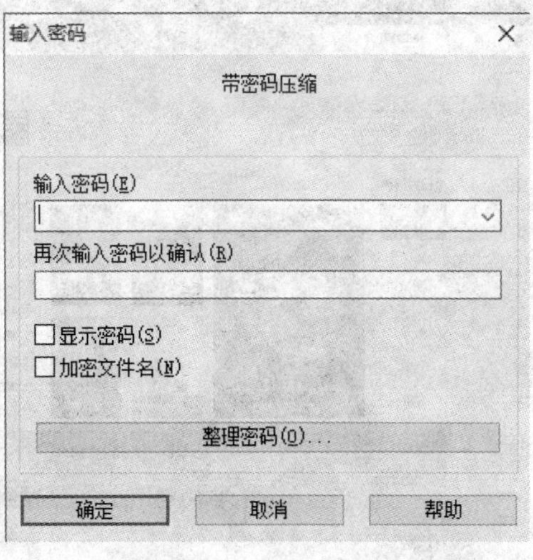

图 7.19 “输入密码”对话框

(5) 解压带密码的文件时，会提示输入密码，输入正确密码后正常解压，否则会提示失败。

任务五　下载工具迅雷软件的安装与使用

一、任务的提出

经常听到很多人抱怨，在网上下载较大的文件时（比如高清电影），非常耗时间，有时文件没有下载完用户就没时间等候了，只好放弃下载，可下次下载时还得从头开始下载。

二、解决方案分析

其实这种情况我们只需要安装一个下载工具软件——迅雷就可以解决所有问题了，它不仅能够多线程下载，还具备断点续传功能，无论何时，只要你能上网，就可以继续下载上一次未完成的下载任务。

三、相关知识点

（一）安装下载工具软件迅雷

(1) 到迅雷的官方网站下载迅雷的最新客户端安装包。以迅雷 7 为例。

(2) 双击安装文件进行安装，注意选择安装路径。

(3) 开始安装并显示安装进程。

(4) 安装完成后运行迅雷，进入迅雷主界面，如图 7.20 所示。

图 7.20　迅雷主界面

（二）通过监视浏览器单击进行下载

(1) 在浏览器中，单击想下载的 URL。

(2) 迅雷会弹出“新建任务”对话框，如果想改变保存的目录，单击“浏览”按钮选择目录，如图 7.21 所示，选择好后单击“立即下载”按钮，开始下载。

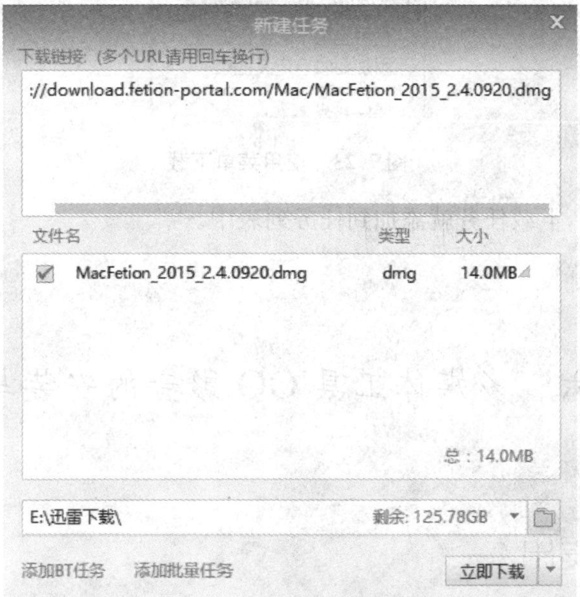

图 7.21　下载对话框

(3) 迅雷下载任务窗口，下载过程中会在下载界面任务列表区中显示一些状态，表示下载任务正在进行或下载任务成功完成等执行情况，如图 7.22 所示。

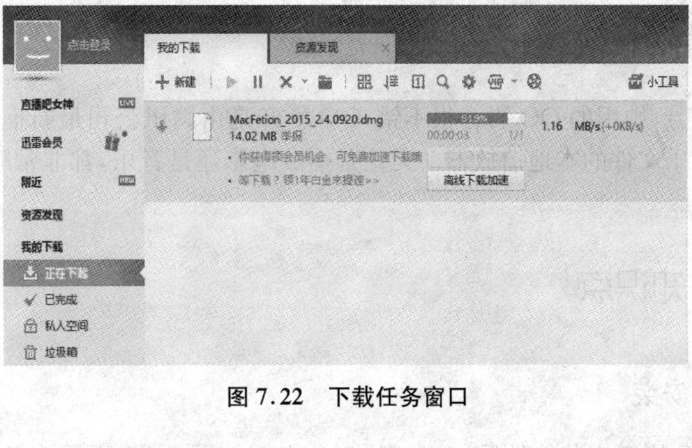

图 7.22　下载任务窗口

（三）通过 IE 的弹出式快捷菜单进行下载

1. “使用迅雷下载”快捷菜单项

(1) 在要下载的链接上单击鼠标右键，在弹出的快捷菜单中选择“使用迅雷下载”命令，如图 7.23 所示。

(2) 迅雷会弹出“新建任务”对话框，如果想改保存的目录，单击“浏览”按钮选择目录，

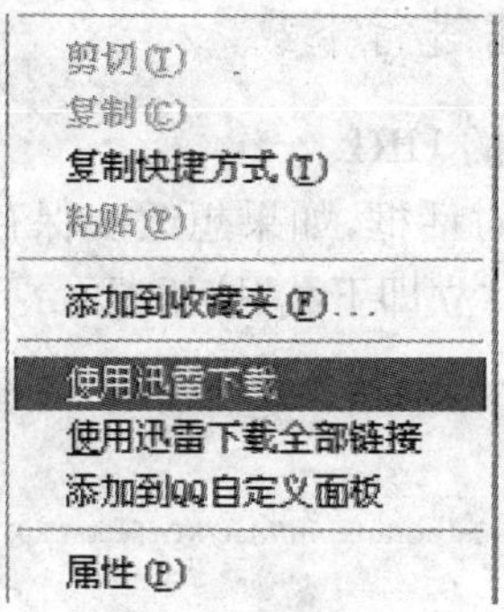

图 7.23　使用菜单下载

单击“立即下载”按钮，下载任务就添加到任务列表中。

(3) 开始下载。

任务六　多媒体工具 QQ 影音的安装与使用

一、任务的提出

高考过后是很多寒窗苦读十余年的高三学生最放松的日子，小芳也不例外，她最喜欢看电影、听音乐，高考前只是偶尔在电视上看看，高考后她问同学借了很多高清电影光盘，还下载了很多最近比较火爆的电影和音乐，可她发现很多电影使用电脑自带的播放器播放不了。

二、解决方案分析

同学告诉小芳，她用的 QQ 影音很不错，QQ 影音是由腾讯公司最新推出的一款支持任何格式影片和音乐文件的本地播放器。无论是播放电影还是音乐，都非常顺畅，真正拥有五星级的视听享受。

三、相关知识点

(一) 软件安装

(1) 下载 QQ 影音安装软件后，双击安装包，出现如图 7.24 所示的安装界面即可开始安装。

(2) 点击图 7.24 中的“下一步”按钮。

(3) 点击图 7.25 中的“我接受”按钮，按提示即可完成安装。

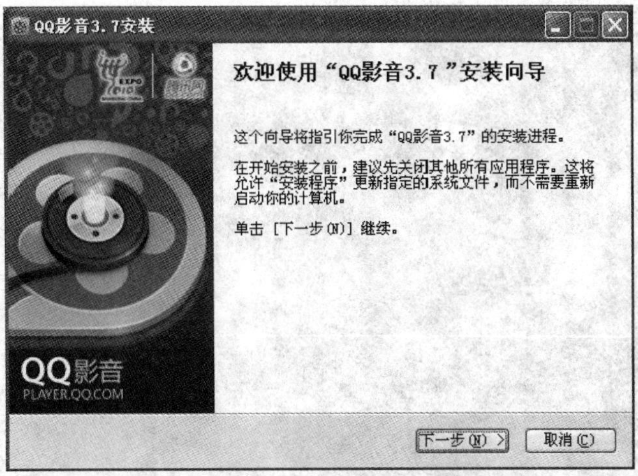

图 7.24　QQ 影音安装向导

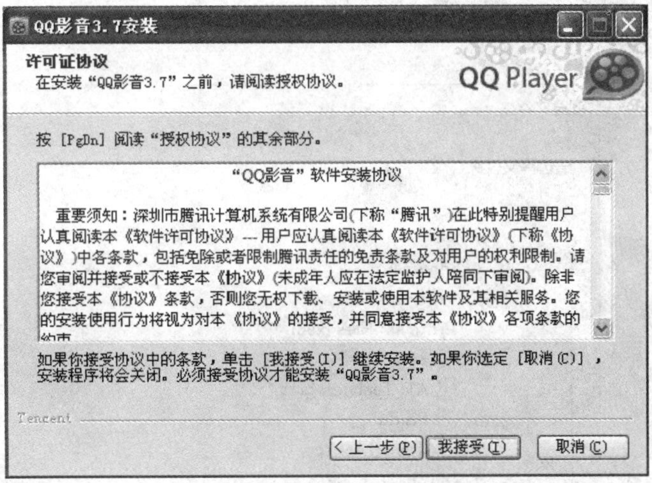

图 7.25　QQ 影音安装协议

（二）基本播放功能

QQ 影音可以播放任何格式的视频文件，如遇到不能播放的视频，QQ 影音也会自动下载解码器，下载后即可播放

1．播放视频文件

(1) 点击软件界面中间的“打开文件”按钮，如图 7.26 所示。

(2) 选择你需要播放的视频文件，选中之后再点“确定”按钮，如图 7.27 所示。视频就开始播放了。

2．播放光盘

把光盘放入光驱中，然后打开 QQ 影音，点击“打开文件”三角按钮选择“播放光盘”即可，如图 7.28 所示。

图 7.26　打开文件

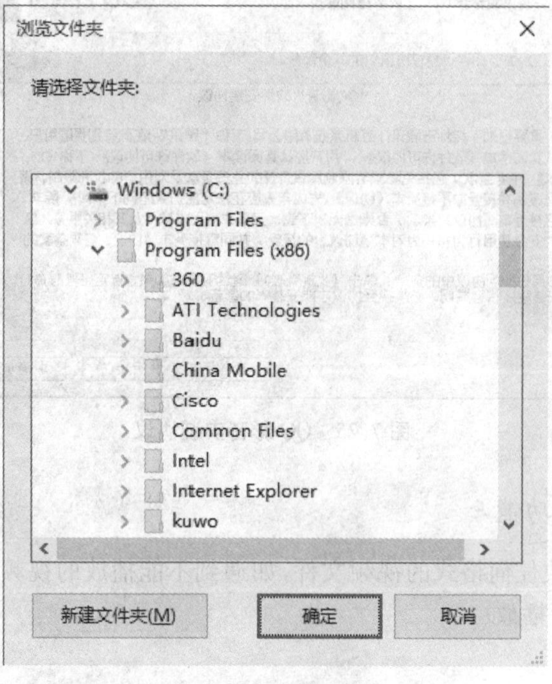

图 7.27　选择文件

(三) 常用辅助功能

点击 QQ 影音右下角扳手图标，会出现 10 个小功能，如图 7.29 所示。

(1) 截图：截取当前播放画面。

(2) 连拍：随机截取整部影片的若干画面。

(3) 动画：截取一段视频作为 GIF 图片，可以用做 QQ 表情。

(4) 截取：单独截取某段视频或者音频。

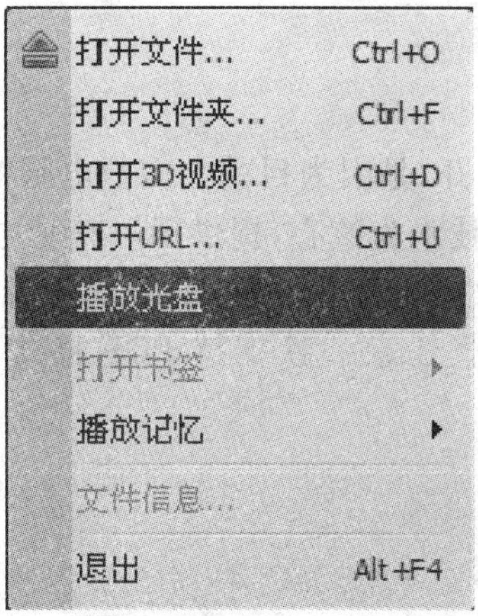

图 7.28 播放光盘

(5) 转码:转换视频的格式,比如 RMVB 转成 MP4 等。

(6) 压缩:改变视频的参数,调整视频体积。

(7) 合并:合并两个视频,或者合并视频和音频。

(8) 列表:播放列表管理,可以看到自己的播放记录。

图 7.29 QQ 影音工具箱

任务七 PDF 文件的使用

一、任务的提出

随着 Internet 的发展,很多地方出现了电子书屋、数字图书馆等新型阅读场所,同时越来越多的电子图书、产品说明、公司文告、网络资料、电子邮件开始使用 PDF 格式文件,但是很多人下载的 PDF 格式的文件在自己的电脑上都无法打开,这该怎么办呢?

二、解决方案分析

PDF 格式文件之所以打不开，是因为目前大多数电脑都没有安装支持 PDF 格式的阅读器，Adobe 公司以 PDF 文件技术为核心，提供了一整套电子和网络版解决方案分析，其中包括用于生成和阅读 PDF 文件的商业软件 Acrobat Reader 和用于编辑制作 PDF 文件的 Illustrator 等。我们可以下载任意一款支持 PDF 格式的阅读器就可以使用 PDF 文件了。

三、相关知识点

PDF 是一种电子文件格式。这种文件格式与操作系统平台无关，也就是说，PDF 文件不管是在 Windows，Unix 还是在苹果公司的 Mac OS 操作系统中都是通用的。这一特点使它成为在 Internet 上进行电子文档发行和数字化信息传播的理想文档格式。

下面我们首先来看看 Acrobat Reader 的应用界面，如图 7.30 所示，打开 Acrobat Reader 会出现一个对话框，里面显示最近打开的 PDF 文件，你还可以点击“打开”菜单打开其他位置的文件。

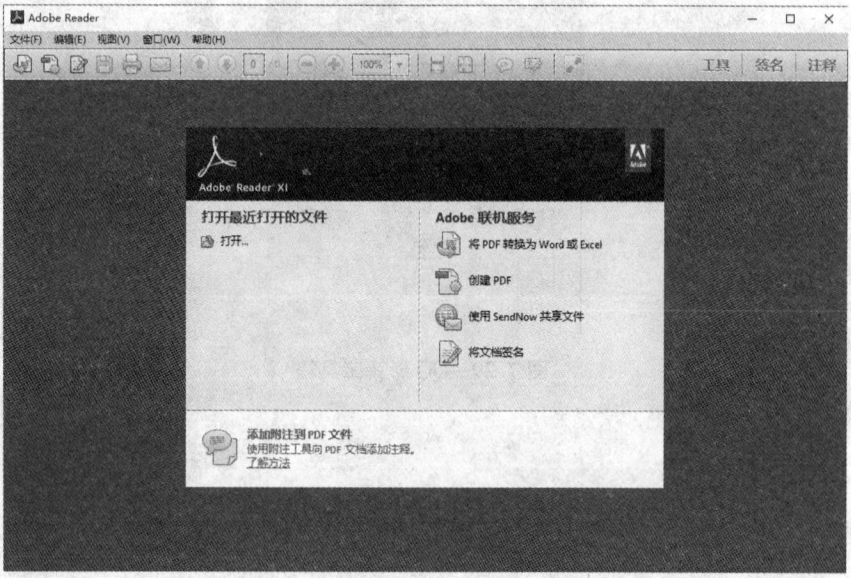

图 7.30　Acrobat Reader 启动界面

当我们打开了一个 PDF 文件后，就会出现如图 7.31 所示的窗口，你就可以轻松地翻看文件了。

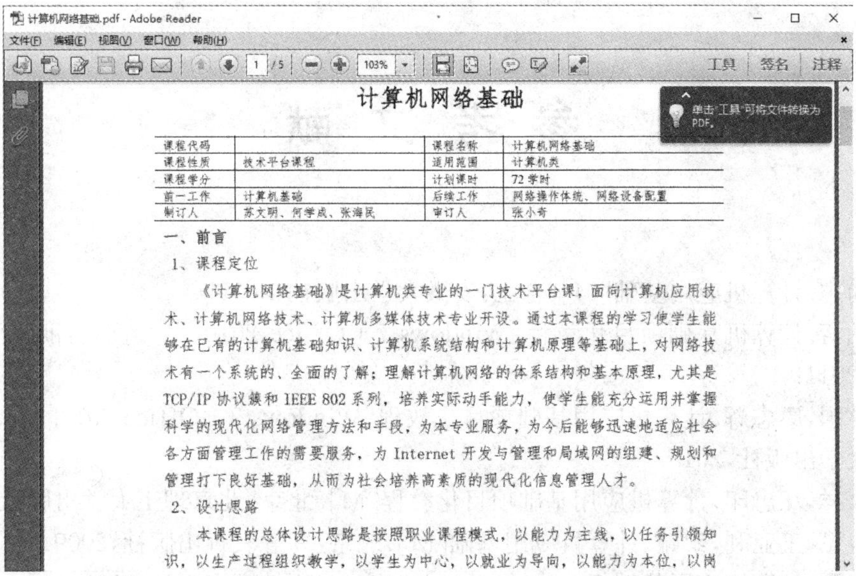

计算机网络基础

课程代码		课程名称	计算机网络基础
课程性质	技术平台课程	适用范围	计算机类
课程学分		计划课时	72 学时
前一工作	计算机基础	后续工作	网络操作体统、网络设备配置
制订人	苏文明、何学成、张海民	审订人	张小奇

一、前言

1、课程定位

《计算机网络基础》是计算机类专业的一门技术平台课，面向计算机应用技术、计算机网络技术、计算机多媒体技术专业开设。通过本课程的学习使学生能够在已有的计算机基础知识、计算机系统结构和计算机原理等基础上，对网络技术有一个系统的、全面的了解；理解计算机网络的体系结构和基本原理，尤其是TCP/IP 协议簇和 IEEE 802 系列，培养实际动手能力，使学生能充分运用并掌握科学的现代化网络管理方法和手段，为本专业服务，为今后能够迅速地适应社会各方面管理工作的需要服务，为 Internet 开发与管理和局域网的组建、规划和管理打下良好基础，从而为社会培养高素质的现代化信息管理人才。

2、设计思路

本课程的总体设计思路是按照职业课程模式，以能力为主线，以任务引领知识，以生产过程组织教学，以学生为中心，以就业为导向，以能力为本位，以岗

图 7.31 Acrobat Reader 打开文件界面

习 题 七

实训题

(1) 杀毒软件的安装与使用

要求:(1) 下载 360 杀毒软件并安装。

(2) 更新病毒库。

(3) 使用全盘杀毒,并设置杀毒完成后自动关机。

2. 计算机优化管理

要求:(1) 下载 360 安全卫士并安装。

(2) 对使用的计算机进行体检。

(3) 优化加速计算机。

(4) 卸载不常用的软件。

3. 常用软件综合实训

要求:(1) 利用 360 安全卫士下载 PhotoShop CC 软件,然后将文件压缩通过 QQ 邮箱发给自己,以备以后处理图片时使用。

(2) 下载飞信,给你的同学发送短信。

参 考 文 献

[1] 郑尚志.计算机应用基础[M].合肥:安徽大学出版社,2015.

[2] 周柏清.计算机基础项目化教程:Windows 7 + Office 2010[M].杭州:浙江大学出版社,2011.

[3] 黄林国,康志辉.计算机应用基础项目化教程:Windows 7 + Office 2010[M].北京:清华大学出版社,2013.

[4] 白永祥,汪忠印.计算机应用基础项目化教程[M].北京:北京理工大学出版社,2013.

[5] 连卫民,王亚利,黎娅.计算机应用基础[M].北京:高等教育出版社,2009.

[6] 眭碧霞.计算机应用基础任务化教程[M].北京:高等教育出版社,2011.